U0318946

重金属污染土壤修复电化学技术

张英杰　董鹏　李彬　孟奇　解若松　著

北　京

冶金工业出版社

2022

内 容 提 要

　　本书系统地介绍了重金属污染物的来源、污染现状、涉及重金属污染排放标准及政策、重金属修复控制技术及发展趋势,并对重金属污染土壤的电动修复技术研究成果进行了深入剖析,重点论述了污染土壤中重金属镉、铜、铅的电化学修复和多电解液-解吸-电动-沉淀联合修复技术,对重金属污染土壤修复提出了建议,以期为重金属污染土壤及固废修复提供科学依据和理论指导。

　　本书可供从事电化学技术、土壤污染物控制及修复的工程技术人员、科研人员和管理人员阅读,也可供高等院校环境科学与工程、化学工程、生态工程及相关专业师生参考。

图书在版编目(CIP)数据

　　重金属污染土壤修复电化学技术/张英杰等著 . —北京:冶金工业出版社,2021. 5 (2022. 7 重印)
　　ISBN 978-7-5024-8800-0

　　Ⅰ.①重… Ⅱ.①张… Ⅲ.①电化学—应用—土壤污染—重金属污染—修复—研究 Ⅳ.①X53

　　中国版本图书馆 CIP 数据核字 (2021) 第 069553 号

重金属污染土壤修复电化学技术

出版发行	冶金工业出版社	电　话	(010)64027926
地　　址	北京市东城区嵩祝院北巷 39 号	邮　编	100009
网　　址	www. mip1953. com	电子信箱	service@ mip1953. com

责任编辑　郭冬艳　美术编辑　吕欣童　版式设计　禹　蕊
责任校对　郑　娟　责任印制　禹　蕊
北京建宏印刷有限公司印刷
2021 年 5 月第 1 版,2022 年 7 月第 2 次印刷
710mm×1000mm　1/16;14 印张;270 千字;212 页
定价 81. 00 元

投稿电话　(010)64027932　投稿信箱　tougao@cnmip. com. cn
营销中心电话　(010)64044283
冶金工业出版社天猫旗舰店　yjgycbs. tmall. com
(本书如有印装质量问题,本社营销中心负责退换)

前　言

据统计，我国约 1/5 的土壤受到不同程度的污染，其中有色金属等采选、冶炼给周边土壤带来的环境问题，特别是重金属污染问题尤其严重。随着我国《土壤污染防治行动计划》的颁布实施，土壤中重金属污染治理提升到国家战略地位，土壤重金属污染治理技术的研究已成为国际热点和难点之一。尽管土壤修复的技术和市场需求旺盛，但传统的物理修复、化学修复、植物修复、微生物修复等技术存在建设或运行成本高、修复速度慢的缺点，市场上仍然缺乏成熟的重金属污染土壤修复技术。重金属污染土壤修复市场和相关的环境修复公司，都迫切需要重金属污染修复治理新的适用技术迅速出现。本书的出版必将为电化学修复技术在重金属污染土壤治理中的应用提供新的思路。

作者在承担国家重点研发计划课题"西南典型有色金属选冶渣场影响区重金属复合污染源-径-汇关系与扩散通量及其防治技术原理（课题编号：2019YFC1803501）"和"重金属尾矿污染长效固化剂-稳定剂等环境功能材料、技术与装备（课题编号：2018YFC1801702）"的基础上，结合近年来土壤重金属污染修复的研究成果，提出了适合于重金属铜、铅、锌和镉污染土壤修复的电化学技术以及电化学-化学联合技术。本书介绍了治理和修复重金属污染土壤的技术，聚焦受重金属镉、铅和铜等重金属的电化学修复技术的研究，同时也对国内外重金属污染现状和治理技术进行了综述，提出了镉、铅、铜等重金属污染土壤修复的对策和建议。全书涉及电动修复原理、实验室模拟研究和现场中试结果，深入探讨了模拟红壤中镉的电动修复过程中电极、电压和其他元素的影响；同时研究了钢铁厂周围土壤的污染特征和铅、镉联合修复技术；含铜污染土壤的修复主要考察了可渗透反应墙、阳极电解液的筛选以及反应器的设计和优化方法等内容。

本书参考了有关国内外文献，有翔实的试验数据和扩大试验设计，所收集的大量重金属污染修复的数据和图表对从事电化学修复重金属研究的工程技术人员具有重要的参考价值，为国内外的读者认识、了解、研究电化学修复技术在重金属污染土壤中的应用提供了较全面的信息。全书共分7章，第1章介绍了重金属污染现状、治理技术发展趋势和电动修复的原理技术方法等；第2章介绍了模拟土壤中重金属镉的电动修复技术，探索了不同影响因素对土壤中镉修复效果的影响；第3章介绍了钢铁厂周围土壤中铅和镉污染特征、可行的主要修复技术的优缺点以及电动修复的技术参数；第4章介绍了金矿选矿尾渣及土壤中重金属铜的概况，分析了金矿尾渣可渗透反应墙强化对电动修复的效果和控制参数；第5章介绍了多电解液及解吸-电动-沉淀联合修复土壤中的重金属技术，揭示了抗坏血酸与柠檬酸对土壤中的铅和镉联合修复的影响，加入硫化钠显著提升了重金属的沉淀效果；第6章和第7章介绍了重金属污染修复工程案例以及对重金属修复的建议，对未来重金属修复技术进行了展望。

全书由昆明理工大学张英杰教授统稿，董鹏教授、孟奇博士参与了第1章、第2章、第3章和第6章的研究和撰写工作，李彬教授、解若松博士参与了第4章、第5章和第7章的研究和撰写工作。研究生李晨晨、闫金、王捷、陈彩珠、戚江等参与了查阅文献、文字编排和图表制作。本书在撰写过程中得到了中国地质大学（北京）姚俊教授的大力支持和斧正，在此表示衷心的感谢。

由于作者水平所限，书中不足之处，敬请读者批评指正。

著者

2020 年 12 月

目　录

1　绪论 …………………………………………………………………………… 1

1.1　重金属污染物来源及现状 ……………………………………………… 2
　　1.1.1　重金属污染物来源 ………………………………………………… 2
　　1.1.2　重金属污染现状 …………………………………………………… 3
1.2　涉及重金属污染物排放标准及政策 …………………………………… 5
　　1.2.1　重金属污染物排放标准 …………………………………………… 5
　　1.2.2　重金属污染物控制政策 …………………………………………… 5
1.3　重金属污染控制现状、技术及发展趋势 ……………………………… 6
　　1.3.1　重金属污染控制现状 ……………………………………………… 6
　　1.3.2　重金属污染控制技术 ……………………………………………… 6
　　1.3.3　重金属污染控制发展趋势 ………………………………………… 13
1.4　重金属电动修复技术原理、现状及发展趋势 ………………………… 14
　　1.4.1　重金属电动修复技术原理 ………………………………………… 14
　　1.4.2　重金属电动修复技术现状 ………………………………………… 16
　　1.4.3　电动修复增强技术 ………………………………………………… 20
　　1.4.4　重金属电动修复发展趋势 ………………………………………… 25
参考文献 …………………………………………………………………… 27

2　模拟红壤中重金属镉电动修复技术 …………………………………… 31

2.1　研究目的和内容 ………………………………………………………… 31
　　2.1.1　模拟土壤研究目的 ………………………………………………… 31
　　2.1.2　模拟土壤研究内容 ………………………………………………… 31
2.2　模拟修复重金属镉方法和装置 ………………………………………… 32
　　2.2.1　试验材料 …………………………………………………………… 32
　　2.2.2　电动修复试验方法 ………………………………………………… 34
2.3　模拟重金属镉污染红壤电动修复研究 ………………………………… 34
　　2.3.1　红壤中重金属镉提取试验 ………………………………………… 34
　　2.3.2　不同阴极电解液对重金属镉的修复影响 ………………………… 36

2.3.3　不同电压梯度对重金属镉的修复影响 ……………… 42
2.3.4　不同修复时间对重金属镉的修复影响 ……………… 49
2.3.5　电动修复过程中其他元素的影响 …………………… 53
2.4　模拟修复研究结论 ………………………………………… 55
参考文献 …………………………………………………………… 56

3　钢铁厂周围土壤铅和镉修复技术 ……………………………… 58
3.1　钢铁厂周围土壤污染特征及技术选择 …………………… 58
3.1.1　钢铁厂周围土壤铅和镉污染特征 …………………… 58
3.1.2　修复技术对比选择 …………………………………… 58
3.2　铅和镉修复技术方法和装置 ……………………………… 64
3.2.1　研究方法和装置 ……………………………………… 64
3.2.2　土壤中铅和镉解吸研究 ……………………………… 68
3.3　土壤修复技术与试验研究 ………………………………… 73
3.3.1　解吸方法和电解液选择 ……………………………… 73
3.3.2　解吸和电动修复效果 ………………………………… 73
3.4　钢铁厂周围土壤修复研究结论 …………………………… 82
参考文献 …………………………………………………………… 84

4　金矿尾渣及土壤中重金属铜修复技术 ………………………… 89
4.1　金矿选矿尾渣排放特征 …………………………………… 89
4.1.1　金矿选矿工艺流程 …………………………………… 89
4.1.2　重金属铜排放特征 …………………………………… 89
4.1.3　重金属铜危害 ………………………………………… 94
4.2　重金属铜修复技术和装置 ………………………………… 96
4.2.1　修复材料及方法 ……………………………………… 96
4.2.2　修复反应器设计 ……………………………………… 99
4.3　尾渣中铜的电动修复研究 ………………………………… 99
4.3.1　可渗透反应材料、阳极液筛选及优化 ……………… 99
4.3.2　工艺参数对尾渣中铜修复效果的影响 ……………… 117
4.4　尾渣污染土壤中重金属铜的电动修复 …………………… 118
4.4.1　可渗透反应材料、阳极液筛选及优化 ……………… 118
4.4.2　工艺参数对尾渣中铜修复效果的影响 ……………… 126
4.5　金矿区重金属修复研究结论 ……………………………… 126
参考文献 …………………………………………………………… 127

5　多电解液及解吸-电动-沉淀联合修复研究 ·············· 130

5.1　抗坏血酸与柠檬酸对铅污染土壤修复技术研究 ········· 130
5.1.1　处理对象 ······································· 131
5.1.2　反应装置与研究方法 ························· 131
5.2　各操作条件对修复效果的影响 ··················· 133
5.2.1　电动修复过程中电流的变化 ················· 133
5.2.2　电动修复后土壤 pH 值分布 ·················· 134
5.2.3　土壤中 $w(Pb)$ 及 Pb 的去除率变化 ·········· 135
5.2.4　土壤中 Pb 形态变化 ························· 137
5.2.5　能耗 ····································· 139
5.3　尾矿中锌解吸-电动-硫化钠沉淀联合修复研究 ······· 139
5.3.1　修复技术研究 ··························· 139
5.3.2　修复过程与效果 ························· 141
5.4　联合修复技术结论 ··························· 146
5.4.1　抗坏血酸与柠檬酸修复小结 ················· 146
5.4.2　解吸-电动-硫化钠修复小结 ················· 146
5.5　联合修复技术优势展望 ······················· 147
参考文献 ··································· 147

6　重金属污染修复工程案例 ···················· 152

6.1　处置工程组成概况 ························· 152
6.1.1　废渣清运及渣场生态修复工程 ··············· 153
6.1.2　废渣固化工程 ··························· 153
6.1.3　全封闭填埋场工程 ······················· 154
6.2　工程设计及工程量 ························· 154
6.2.1　废渣清运及渣场生态修复工程 ··············· 154
6.2.2　填埋场废渣预处理固化工程 ················· 154
6.2.3　全封闭填埋工程 ························· 155
6.3　废渣回收资源化与填埋工程要点 ················· 156
6.3.1　废渣回收资源化工程要点 ··················· 156
6.3.2　废渣固化安全填埋工程要点 ················· 156
6.4　运行期监测系统 ··························· 162
6.4.1　监测目的 ····························· 162
6.4.2　渗滤液监测 ··························· 163

　　　6.4.3　地下水和地表水监测 ……………………………………… 163
　　　6.4.4　废气监测 …………………………………………………… 163
　　6.5　应急处理措施 …………………………………………………… 163

7　重金属污染土壤修复的对策和建议 …………………………………… 165
　　7.1　重金属污染土壤修复最佳可行性技术 ………………………… 165
　　　7.1.1　重金属污染土壤修复最佳可行性技术概况 ……………… 165
　　　7.1.2　最佳可行性技术应用潜力分析 …………………………… 165
　　7.2　重金属污染土壤控制对策与建议 ……………………………… 168
　　　7.2.1　调整土壤利用模式，降低修复费用 ……………………… 168
　　　7.2.2　多技术协同修复，深度治理污染 ………………………… 170
　　　7.2.3　健全管理体系，强化监督监管 …………………………… 170

参考文献 …………………………………………………………………… 172

附录 ………………………………………………………………………… 176
　　附录1　《中华人民共和国固体废物污染环境防治法》(2020年修订) …… 176
　　附录2　《中华人民共和国土壤污染防治法》(2018年8月31日第十三届
　　　　　　全国人民代表大会常务委员会第五次会议通过) ………… 197

1 绪 论

随着国家经济的快速发展，目前在我国至少有十分之一的生命载体——"土壤"受到了不同程度的污染。在化学学科，重金属的化学定义是：当金属的相对密度≥5时称为重金属。土壤污染中最主要的污染物是重金属，最近几年全国各地重金属污染事件的频繁发生，严重影响人们的身心健康。

有些不法厂商在生产中为减少企业的生产物料支出，往往会将未经处理并含有重金属的废弃物不计后果的直接排放到周围环境中，少量的重金属排放到土壤中可以在土壤自身细菌、活性菌的作用下将多余的重金属去除以避免土壤受到危害。但一般情况下工厂排放的生产废料中会含有数倍甚至上百倍于土壤所允许的重金属含量，使得重金属污染周边土壤的内部生物自然循环不能有效的进行，最终导致了土壤受到重金属污染，以下是最近几年我国重金属污染土壤事件，令人深省[4]。

（1）重金属污染土壤事件一。2004年，浙江省长兴县蓄电池厂私自将含有重金属的废酸液直接排放到土壤，将含有铅尘的酸雾不经处理直接排放到空气中，违反了国家环境法律的规定，使得该生产厂周围的村庄有上百名儿童出现不同程度重金属铅中毒现象，周围村庄的庄稼由于土壤中铅超标而富集了含量较高的铅。

（2）重金属污染土壤事件二。2010年12月，安徽省安庆市卫生局对该市抽检的307名儿童进行血铅初筛时发现，有228人存在血液中重金属铅浓度超标的问题（≥超过100μg/L）。经过调查发现主要是由于安庆博瑞电源有限公司违规排放废水废渣，致使周围土壤重金属铅含量超标造成的。

（3）重金属污染土壤事件三。2012年3月，广东省韶关市仁化县下属区的五一村以及该村周围的其他村庄中在对儿童血铅的检测中发现，该区域有200余名儿童出现了重金属铅超标。事发后，经调查发现凡口山铅锌矿周围地区是重金属污染区，而这些儿童的居住地或自家责任田位于重金属污染区附近。

（4）重金属污染土壤事件四。2013年2月，广东省食品安全委员会在对该地区零售及批发大米的销售点进行抽检时发现，由于一些大米产地土壤中重金属镉超标，在本次抽检的样品中有126批次的大米存在重金属镉超标的问题，这就是"有名"的镉大米事件的起因。

（5）重金属污染土壤事件五。在广西省大新县，1954 年建厂的大新铅锌矿在 2014 年被关闭。在长达 40 年的矿山开采过程中，大新铅锌矿生产中产生的大量尾矿长期堆积在耕地周围，导致耕地中土壤重金属超标，在农业环境监测站对重金属污染区产出的稻谷进行抽样检测时发现了稻谷中重金属镉含量超标，超标率达到 11.3 倍之多。

我国土壤中污染问题突出，其中土壤重度污染占 1.1%，土壤中度污染占 1.5%，土壤轻度污染占 2.3%，所占比例最高为轻微污染，占土壤面积的 11.20%。重金属铅，镉污染的土壤在我国很多的省份都有发生，其中我国云南省土壤中重金属铅和镉污染对土壤的污染最为严重。当重金属进入到土壤中就会在很大程度上造成土壤的重金属污染。土壤中的重金属还会通过食物链进入人体中并在体内累积，其中重金属铅和镉对人体的毒性较大，如食用含重金属镉稻米可直接损伤人体骨骼中的成骨细胞以及人体骨骼中的软骨细胞，也可损伤人体的肾脏而继发钙、磷和维生素 D 代谢异常；人体中重金属铅的累积会对人体中枢神经系统、血液循环中造血系统、泌尿系统、人体免疫系统产生严重影响。在此需要特别指出的是，经由食物链进入人体的重金属（重金属污染土壤，含有重金属的植物，人体的关系见图 1-1），食用初期时由于重金属的累积量相对较低，在相当长一段时间内可能不会呈现出重金属中毒的明显症状，但其同样会对人体产生危害。现在重金属污染土壤的治理工作已经受到很多国家的重视。

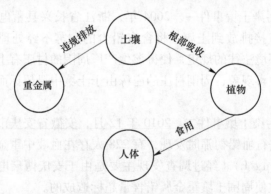

图 1-1 重金属通过食物链进入人体图示

1.1 重金属污染物来源及现状

1.1.1 重金属污染物来源

重金属是指密度 ≥5.0 的金属，如铁、锰、铜、锌、镉、铅、汞、铬、镍、钴等。Fe 和 Mn 为黑色金属并在地壳中大量存在且对人类健康危害不大，一般不被认为是土壤污染元素。像 Hg、Cd、Pb、Cr 以及类金属 As 这几种生物毒性较强而受到社会关注的重金属在自然环境中不易降解可以通过食物链威胁人类的健康。土壤中的重金属主要为自然本身存在和人类活动干扰输入两个主要来源。前者主要来源于成土母岩，而后者是通过人类活动造成的。现代工业快速发展，加剧矿产资源的需求。然而，矿产资源在开采、堆放、加工、运输和冶炼过程中容易造成人为土壤重金属污染，特别是废水和废渣处理不当经常引发环境事件。滥用农药、污水灌溉以及汽车尾气和工厂废气中的重金属在土壤沉降富集也是土壤重金属污染的重要来源。

土壤中重金属污染物主要来源于矿山开采、滥用农药、污水灌溉以及污染的大气降水等过程直接或间接地进入到土壤中。主要过程详见表1-1。

表1-1　重金属主要来源及污染途径

重金属污染物来源	污 染 途 径
机动车尾气排放	由于汽油中含有重金属，如汽油中含有的 Pb 会随着尾气排放在公路沿线两侧，尾气在空气中沉降并与周围的土壤接触，土壤中的重金属 Pb 含量会相应增加
固体废弃物	生活垃圾中产生的废弃电池以及一些电子产品，在矿山开采过程中会很大程度上产生无处丢弃的尾矿，这些尾矿中通常还有大量重金属，如尾矿中的重金属 Pb、Cu、Cd、Zn 等会在雨水冲刷下向周围土壤中扩散，只要存在重金属的扩散，那么该型的重金属极有可能是有效态重金属，而有效态重金属的迁移能力较其他形态的重金属迁移能力要强
空气介质中的重金属污染物	家庭取暖烧饭用到的燃煤以及采矿和冶炼等企业，通常为了省省成本将含有重金属污染物的废气不经处理直接排放到空气中
工矿业等的污水灌溉	这部分污水中如果含有重金属，当使用该污水对土地进行灌溉时，很多污水中的重金属会以不同的方式被土壤截留并固定下来
农业生产中化肥、农药的长期不合理使用	重金属元素在肥料中含量较多，在农业生产中施用的含磷肥中含量最多

我国土壤中重金属污染物来源广泛，主要包括直接重金属污染源以及间接重金属污染源，目前还不能定量表示土壤重金属的来源及其对土壤中重金属的贡献多少。

1.1.2　重金属污染现状

土壤的重金属污染是指由于人类的社会活动，导致土壤中的重金属元素的含量超过背景值，并随着时间而过量沉积、富集而引起的含量过高，进而对动植物、人类及生态环境造成危害。重金属是指相对密度 ≥5 的金属元素，例如铜（Cu）、铅（Pb）、锌（Zn）、铬（Cr）、镉（Cd）、镍（Ni）、锰（Mn）、铁（Fe）、汞（Hg）等。

2014 年 4 月 17 日中国环境保护部和国土资源部联合发布了全国土壤污染状况调查公报，历时九年的调查结果显示，我国整体的土壤环境现状令人担忧。土壤中污染物总的超标率为 16.1%，主要的污染类型为无机型污染，镉、镍、砷、铜、汞、铅、铬等重金属污染物的超标率分别为 7.0%、4.8%、2.7%、2.1%、1.6%、1.5%、1.1%。南方土壤污染程度比北方严重，长江三角洲、珠江三角洲和东北老工业基地中一些部分区域污染十分严重，西南、中南地区土壤重金属超标范围较大，污染范围较广；长期关注土壤现状的中国环境修复产业联盟秘书长高胜达表示，工矿业、农业等人为活动是造成土壤污染或超标的主要原因，而此次在全国调查的 70 个矿区周边的土壤采样点中，超标的点位数占 33.4%，重金属污染非常严重，主要的污染物为镉、铅、砷等。目前，我国矿产的开采仍在持续不断的进行着，如何避免周边土壤污染成为了人们亟待解决的问题。

近几年，我国的重金属污染事件频发，一次次为我们敲响了土壤保护的警钟。龙王山金矿是湖南省投资最大的黄金矿山之一，建造了江南五省唯一的全泥氢化选厂，位于常宁市；由于矿区较大，采用的是露天开采方式，开采及冶炼产生的废弃尾渣堆放在位于尾矿场东面山沟的尾矿库中，而目前已经达到库容极限的旧尾矿库的渗滤废水已经流入了库下游的龙王山水库中，造成了水体的严重污染。郴州市苏仙区东部的东河流域是一处 As 污染严重的区域，由于该流域上游有一个大型的铅锌矿——东坡矿，由于对矿产的不当开采，导致东河上游区域的耕地污染面积高达 2000hm^2，污染土壤中 As 的含量为 87.71～1351.9mg/kg，种植的粮食以及蔬菜受到了严重的 As 污染。

城市人口爆发式增长，城区面积不断扩容，城郊大量的工矿业用地未经土壤修复而修建了居民区、学校、医院等公共设施对公民的健康造成了潜在的威胁。同时大量的土壤被城市废弃物、工业重金属所污染，其中重金属污染农田面积高达 2000 万公顷，占到全国总耕地面积的六分之一，从而造成了每年粮食减产达 1000 万吨。2014 年全国土壤总的点位超标率为 16.1%，其中轻微、轻度、中度和重度污染点位超标比例分别为 11.2%、2.3%、1.5% 和 1.1%。

目前，我国污染的总体形势严峻，特别是云南、广东、四川、湖南、江西、贵州等南方有色金属矿区污染严重，这也极大地推进了我国土壤污染防治的立法。2017 年 6 月，全国人大常委会第二十八次会审议了环境与资源保护委员会提交的《中华人民共和国土壤污染防治法（草案）》。这部法律主要从五个方面解决土壤环境问题：

（1）要建立完善土壤污染防治管理体制，明确政府各部门的职责分工；

（2）按照习近平总书记关于创新驱动的要求，促进科技能力建设，建立健全土壤污染防治调查、监测标准体系；

（3）明确经济政策，加大资金投入；

（4）重点针对农用地和建设用地，保障农产品质量安全和人居环境安全；

（5）建立全社会共同参与机制，明确各级政府和企业的责任，明确公众参与途径和内容等。

1.2　涉及重金属污染物排放标准及政策

1.2.1　重金属污染物排放标准

近年来，为加大重金属污染治理力度，国家层面推出的新标准体系中，强调了重金属排放的污染控制，列举如下：

（1）GB/T 36783—2018《种植根茎类蔬菜的旱地土壤镉、铅、铬、汞、砷安全阈值》。

（2）GB/T 36869—2018《水稻生产的土壤镉、铅、铬、汞、砷安全阈值》。

（3）GB/T 36783—2018《种植根茎类蔬菜的旱地土壤镉、铅、铬、汞、砷安全阈值》。

（4）GB/T 36869—2018《水稻生产的土壤镉、铅、铬、汞、砷安全阈值》。

（5）GB 11728—1989《土壤中铜的卫生标准》。

（6）GB 8915—1988《土壤中砷的卫生标准》。

（7）ASTME 1979—2004《铅的连续测定用涂料、尘埃、土壤和气体样品的超声萃取的标准实施规范》。

（8）ASTME 1583—1993《从事测定建筑物及有关结构中及周围土壤、空气微粒、尘埃和涂料中铅含量的实验室评定标准规范》。

（9）GB 31574—2015《再生铜、铝、铅、锌工业污染物排放标准》。

（10）GB 30700—2014《锡、锑、汞工业污染物排放标准》。

（11）GB 26452—2011《钒工业污染物排放标准及修改单》。

（12）GB 25466—2010《铅、锌工业污染物排放标准及修改单》。

（13）GB 25466—2010《铜、镍、钴工业污染物排放标准及修改单》。

1.2.2　重金属污染物控制政策

与标准对应的污染控制政策也日益严格，《土壤污染防治法》《固体废物污染环境防治法》陆续出台或者修订，引导固废管理和控制水平逐步提高，近年来涉及重金属污染控制的政策主要有：

（1）《土壤污染防治先进技术装备目录》。

（2）《土壤污染防治法》。

（3）《土壤污染治理与修复成效技术评估指南（试行）》。

（4）《农用地土壤环境管理办法（试行）》。

（5）《环境影响评价技术导则土壤环境（征求意见稿）》。

（6）《"十三五"环境领域专项计划创新》。

（7）《国家环境保护标准"十三五"发展规划》。

（8）《全国土地整治规划 2016~2020》。

（9）《污染地块土壤环境管理办法（试行）》。

（10）《全国土壤污染状况详查总体方案》。

（11）《土壤污染防治行动计划》。

（12）生态环境部《关于加强涉重金属行业污染防控的意见》。

（13）环境保护部公布《重金属污染综合防治"十二五"规划》。

（14）生态环境部《关于加强涉重金属行业污染防控的意见》。

1.3 重金属污染控制现状、技术及发展趋势

1.3.1 重金属污染控制现状

土壤重金属污染指的是土壤中的各种重金属元素超标，超过土壤能够承受的极限值，重金属超标对于土壤的自循环能力有很大影响。据统计，当前我国被污染的土壤面积达到 5000 万亩，土壤中出现的重金属元素主要有汞、镉、铅、铬、锌、铜等元素。近年来，土壤中的重金属元素含量还呈现逐渐上升的趋势。影响土壤中重金属元素含量变化的主要因素有两个：

第一，由于自然环境的影响，成土母质在风化过程中会自然积累一些重金属元素，在风和水的作用下，经过物理变化和化学变化，土壤中的重金属元素含量会发生改变。

第二，人类活动导致土壤中的重金属含量逐渐增加，尤其是随着工业发展速度逐渐加快，其对土壤带来的危害越来越严重。例如，化学工业制造、金属矿山开采、日常生活废水排放以及农业生产中的农药和化肥的不规范使用等，导致土壤的重金属含量逐渐增加。

1.3.2 重金属污染控制技术

土壤中重金属的污染不仅在我国具有普遍性，在世界的其他国家重金属污染土壤也较为广泛，污染事件也时有发生，每年世界各国在环境保护中的重金属污染土壤修复方面花费都很多，如法国每年投入 4.7 亿欧元到重金属污染土壤修复，荷兰每年投入 3.2 亿欧元到重金属污染土壤修复，比利时每年投入 1.5 亿欧元到重金属污染土壤修复。自 20 世纪末期，由美国作为发起国，发起并组建的"全球土壤修复网络"也进一步说明了很多国家都面临着重金属污染土壤的困境，国内外科研工作者在此环境下也在不断寻找重金属污染土壤的修复新技术以此来改善目前的重金属污染土壤的困境。

一般而言，土壤本身由于含有的一些活性菌类也使得其在一定的程度下具有

自身净化的能力，但是由于工农业的不断发展，人们对环境的污染越发频繁，越发严重；当由于人为原因导致大量的重金属污染物进入到土壤中时，使得单独依靠土壤自身的自净化能力已经不能较大程度地有效去除重金属。

对于重金属污染土壤的修复技术的种类也比较繁多，可以从客土覆盖修复、换土置换修复技术、污染土壤翻土稀释修复技术、热处理修复污染土壤技术。固化填埋技术、土壤玻璃化修复技术、污染物真空浸提修复技术、土壤异位淋洗修复技术、土壤中钝化剂增强修复技术、自然界植物修复技术以及微生物修复技术、植物修复技术的角度对其进行分类。

目前，国内外研究较多的重金属为汞、镉、铅、铬、砷。而目前应用较多的土壤重金属污染控制主要有修复技术，包括物理修复、化学修复、植物修复、微生物修复、联合修复等；控制技术主要包括原位技术、异位技术和两者结合等。

1.3.2.1 修复治理土壤的途径

从修复治理途径上分为 11 类，分别为：

（1）客土覆盖修复。客土覆盖修复技术的主要方法是将无污染的干净土壤覆盖在已经存在重金属污染的土壤层上面，使得污染土壤深埋于地下；如果在表面种植植物，地表所种植的植物根系将不会直接接触到受到污染的土壤，这样就使得植物不会通过根系吸收到重金属等污染物。

该技术修复成本较换土置换修复技术花费要低，还可以对面积较大的污染地块进行修复，使得该修复技术具有较高的实用性以及经济方面的效益；但是，由于污染的土壤依旧没有得到有效清理，修复后的土壤中依旧存在重金属污染物，所以种植的植物仍然存在根系吸收重金属并积累的潜在威胁。另外，由于该技术的实施需要将修复的地块加高，这样对后续的耕种存在一定的影响。

（2）换土置换修复。换土置换修复技术主要是对于污染面积较小的地块，将已经污染的土壤挖出并转移，然后把无污染的干净土壤替换其中，可以达到对小块土地进行有效修复的目的。

该技术可以达到彻底清除污染土壤的目的，对后续耕种的植物无重金属污染的影响，对小块土地具有去除彻底、修复时间短的优点；该技术由于操作较为繁琐，修复成本较高，从而限制其只能应用于小块土地，一般该修复的土地播种一些经济性较高的作物，如烟草、菌类，该方法不适合对污染较广的土壤进行修复，此外原先受到重金属污染的土壤的后处理过程也没有太多的涉及。

（3）翻土稀释修复。翻土稀释修复技术主要是将污染土壤进行充分深翻，将受到人为污染的土壤得到有效的稀释，降低其浓度。

该技术花费较客土覆盖修复、换土置换修复要少，处理方法较为简单，可操作性强；但是该技术由于没有将污染土壤中的污染物彻底清理出来，故仍然存在很大的潜在重金属污染的危险。

（4）热处理修复技术。热处理修复技术是对污染的土壤进行加热，从而使得土壤中污染物，如易挥发的重金属、有机物、无机污染物等在加热的过程中会从土壤中挥发或分解，加热污染土壤的方法有很多，如射频加热法、水蒸气加热法、热辐射加热法、红外辐射加热法等。

该修复技术可以较迅速地将污染物质从土壤中进行有效的去除，而且可以大范围使用，可操作性强，目前该方法已经用于商业化除汞；但该修复技术的使用具有局限性：从污染物角度看，挥发性不强的污染物不易被加热去除，处理对象只能是一些挥发性较强的污染物，从而使该技术的处理对象具有较大的局限性；该技术对于黏性较大的土壤去除效果不好，另外对于导热性不佳的土壤修复效果也会受影响；分解并挥发出土壤的重金属直接排放进入大气循环中，对空气的危害较大，很可能通过沉降或降雨再次进入土壤使得处理效果长期来看不是很理想。

（5）固化填埋、玻璃化修复技术。固化填埋技术主要是将受污染的土壤与固化剂（如水泥、沥青、窑灰土、沸石等）按一定的比例混合并且在高温下对该混合物进行熟化，从而将固化剂包覆在重金属的表面，使重金属不易迁移出来；玻璃化修复技术则是将污染土壤直接通过高温加热使土壤熔化、冷却，使得在污染土壤的表面产生玻璃化达到阻止重金属迁移的目的。

这两种修复技术都可以达到较好的重金属污染土壤的修复效果，修复周期较短，修复效果也较为明显；但该修复技术还是存在一定的缺陷，固化填埋修复技术需要一定的修复条件，如土壤中的重金属浓度与固化剂的比例，土壤与固化剂的比例，熟化时的温度和熟化时间等，这些就会增加修复的操作难度；玻璃化修复技术也需要考虑玻璃化时的温度和操作时间，尽可能降低修复成本，操作难度较大。另外，这两种修复方法由于不能将重金属彻底去除，随着时间的推移可能还会释放到环境中，是一种潜在的"生物炸弹"。

（6）真空浸提修复技术。该技术只是通过降低土壤颗粒微孔孔隙中的气压，从而达到使孔隙中的污染物气化并从孔隙中排放出来的目的。

该技术对于低压下较易气化的重金属污染物或其他有机污染物去除效果较为明显；其缺点是：由于操作时需要将操作容器密封，而且需要抽气设备，这就增加了修复的成本；对于气化性质较差的土壤污染物去除效果不佳；即使重金属在土壤中气化并从土壤中去除，但排放进入空气的重金属依旧对生态系统产生很大的威胁。

（7）异位土壤淋洗修复技术。异位土壤淋洗修复技术是将土壤淋洗溶液（主要是表面活性剂或螯合剂）加入到重金属污染土壤中，利用水力压力作用将土壤淋洗液运送到土壤颗粒表面，将吸附在土壤颗粒表面的重金属污染物质溶解进入土壤淋洗液中，然后再将使用后的土壤淋洗液收集并进行后处理。

1990年，Dooley等研究重金属Cu、Cd、Pb、Zn污染的碱性土壤时发现，采用盐酸作为土壤淋洗液的试验组淋洗修复效果较好，当盐酸溶液的浓度达到0.1mol/L时，进行土壤淋洗修复可以达到一定的修复效果，土壤淋洗结束后土壤中重金属Cu、Cd的去除率分别达到67.4%以及74.9%，并且土壤淋洗修复技术的使用可以达到一定的经济性作用；Probstein采用磷酸作为土壤淋洗液对重金属砷污染的土壤进行土壤淋洗修复时发现，当磷酸的质量浓度接近10%时，受到污染的土壤颗粒表面上的重金属砷去除率可以达到99.9%左右；Rojo发现，由于利用较强的酸性溶液对土壤进行淋洗修复时极易对土壤的物理化学性质产生不利影响，加入的酸会使土壤微孔塌陷、结构遭到酸的破坏、土壤中的菌类在酸性环境下也会遭到失活等不利的影响，于是在试验保持中性的环境下采用较为温和的表面活性剂（如S,S-乙二胺二琥珀酸，氨三乙酸）对重金属Cu，Zn污染的土壤进行修复，修复结果显示表面活性剂的使用可以在较大程度上减少对土壤表面结构或表面化学性质的损害，其中S,S-乙二胺二琥珀酸对Cu的去除率最高，氨三乙酸对Zn的去除率最高；2007年，Lee等利用柠檬酸作为土壤淋洗液对含砷的河底泥沙进行土壤淋洗修复，达到了良好的修复效果。

该技术具有修复周期较短、修复效果较为明显的优势，可以对实际污染的土壤中进行修复；但由于该技术在修复的过程中需要加入定量的表面活性剂，可能使土壤再次受到其他污染物的污染，由于淋洗液的价格普遍较高，使得污染土壤的修复成本增加。另外，该技术对一些黏性土壤的修复效果也不佳。由于收集的土壤淋洗废液需要进行再处理后方可排入到环境中，同样增加了修复的成本。

（8）钝化剂修复技术。钝化剂修复技术是将钝化剂加入到重金属污染的土壤中，从而其与重金属污染物质反应成为更加稳定的化合物质，一定程度上降低重金属污染物在土壤孔隙液中的迁移能力，达到降低土壤中重金属污染物质的目的。

1950年，美国科学家在对放射性物质进行处理时，采用了先用水泥将污染物进行固化，而后进行深度填埋；Yuan等在研究重金属Cd污染土壤时发现，利用一定比例的石灰对污染的土壤进行土壤钝化可以将土壤中有效态的重金属Cd含量降至最低；Glavee采用粉煤灰、石灰、硫酸盐以一定的比例混合使用可以对重金属Pb、Cd、Cu污染的土壤进行有效的化学钝化，钝化后的土壤中浸出重金属量达到了重金属环境浸出标准。

该技术具有修复周期较短、修复效果较为明显的优点；但由于土壤钝化技术需要将钝化剂加入到土壤中，从而增加了土壤二次污染的可能，另外钝化剂的加入有可能与土壤中的一些微生物作用导致微生物活性消失，降低原始土壤的活性和肥力；该技术只能运用在一些小型面积的污染地块的修复，对于大型地块进行钝化修复时需要消耗更多的钝化剂，从而在较大程度上增加重金属污染土壤修复的成本。

（9）植物修复技术。植物修复技术对污染土壤的修复工作是将具有污染物富集能力（超过土壤的背景值）的植物种植在污染土壤的地面上，在植物生长的过程中常常伴随着植物根系的吸收、蒸腾、挥发等生理作用，使土壤中的重金属等污染物富集在植物的枝干等具有富集作用的部位来达到降低或去除污染土壤中污染物的目的。

根据美国环境保护局公布的数据显示，在 1977~1997 年的 20 年间，关于植物修复技术的研究性论文增加了近 30 倍。目前很多研究人员找到了富集植物的存在并将其进行分类。意大利植物学家 Cesalpino 首次发现了超富集植物——庭荠，该植物对金属 Ni 具有较强的富集能力；Boni 发现在该植物茎叶中可以富集 7900μg/g 的 Ni；我国科学家首次发现海洲香薷铜草作为一种可以富集重金属 Cu 的植物而将其称为富铜收集器；2007 年，Liu 等发现由于一般的植物对污染物的富集作用都有一定的富集上限，如果超过这一限度植物将不再吸收并富集土壤中的污染物，试验中通过从可供观赏性的花卉中筛选出具有较高富集性的花卉品种，从而使得这一试验在增加修复效果的基础上进一步产生了经济效益；2014 年，程丽娟等发现通过野生盆栽的长药八宝可以对石油烃污染的盐碱性土壤进行耐性较强的植物富集修复，可以对 4000mg/kg 的污染物进行植物富集修复。

由于植物修复技术所用的能量来自于太阳光，所以这是一个绿色可持续的污染土壤修复技术，对于降低或去除土壤中的污染物有一定的效果；植物修复技术是我国生态工程的一个分支，占有一定的比重，该技术可以达到对大面积轻度污染土壤进行原位修复的目的，修复成本较其他修复技术最低，稳定土壤并避免光照对土壤的直射而造成的水分流失，增加土壤表面的湿度。一些通过植物茎叶向下运输的污染物改变运输方向。该技术对于污染较轻的地块修复效果较好，但对于污染物浓度超过其富集作用量时就会停止对污染物的去除，此外植物修复技术的修复周期较长。

（10）微生物修复技术。微生物修复技术是利用微生物（主要是细菌）的降解作用将污染物质转化为毒性较低的形态或者将其转化为在环境中较为稳定的形态，在对污染土壤的微生物修复技术中需要有微生物、电子受体、污染物（为微生物供应生存所必需的能量）以及为微生物生长提供必要的营养物质。

Kumari 等发现，在一些植物的根系分解出来的菌株可以达到修复重金属 Cd、Cu 污染土壤的目的；通过将菌株加入到污染土壤中可以发现，受到重金属污染的土壤中重金属的形态发生了变化，即重金属的可还原态，可氧化态重金属的含量得到了降低，并且当菌株在一定的浓度下，随着菌株的质量比的增加，土壤中重金属 Cd，Cu 的其他两种形态开始向弱酸提取态转化的效率得到了增加。

该技术同样具有绿色可持续、环境友好型修复技术的优势，另外其修复周期较植物修复技术相比要短。但是由于在粒度较细的土壤中，其渗透系数较低，在微生物修复过程中不能及时有效地向微生物提供去除土壤污染物所必需的微生物、电子受体、营养物质等，故当土壤的粒度较细时，该类型的污染土壤将不再适宜用该技术进行修复。

（11）异位电动修复技术。电动修复技术的主要实施方法是将污染土壤通过装填方式置于电解槽中，然后在电解槽两端施加一直流电压梯度，重金属污染物在电场中进行定向迁移出土壤，下一节将对该技术进行详细叙述。

1802 年，Reuss 在试验中发现了电渗流现象；美国人 Acar 在试验中发现了电动修复技术；1930 年，研究人员使用受到污染的土壤（印度碱性土壤）进行电动修复试验，主要是通过直流电压梯度达到过滤出印度碱性土壤中钠离子的目的；1986 年，研究人员在美国西雅图进行了场地污染土壤的电动修复试验，这一实际场地重金属污染土壤的电动修复试验开启了电动修复土壤重金属污染物的序幕。

异位电动修复技术对于重金属污染土壤的去除效果特别显著，其中对于具有黏性性质的污染土壤更适合使用该修复技术；该方法一经推出就得到了国内外很多专家学者的关注，虽然对于该技术的实验性研究特别多，但运用到实际重金属污染土壤的电动修复试验还很少见，使得其具有很大的发展前景。

1.3.2.2 土壤修复技术

从技术归属层面，修复技术又可以分为：物理修复、化学修复、生物修复等。

（1）物理修复。传统的物理修复技术有客土法、换土法、深耕翻土法（又称旋耕法）、电动修复。客土法是将已污染的土壤和未被污染的土壤混合在一起，使得被污染的土壤中的重金属含量降低到标准限度以下，从而减少污染物和植物根系的有效接触，增强被污染土壤的自我修复速度，从而达到控制污染的目的；但该方法的局限是仅适用于污染范围较小的大棚类土质。换土法是指用未被污染的洁净土壤替代被污染的土壤，该方法相对客土法成本较大，因而也仅仅适合于小范围的土壤污染，特别适合用于处理一些易扩散且难分解的土壤污染物。深耕翻土法又可以称为"旋耕法"，其具体方法只需采用深耕技术将土壤的上下耕作层的土层打碎、拌匀、翻动，以达到降低土壤中重金属含量的目的，该方法适用于污染程度较小、土壤耕作层较厚的重金属污染。电动修复则是目前应用较多的物理原位修复法，其方法是在外部电场的作用下，以水作为导体，直接在被污染土壤中插上电极，利用电场力作用使得重金属离子沿一定方向移动，最后到达污染物收集处集中处理，此法与以往的物理修复法有所不同，相对其他修复法具有高效、节能、原位修复等优势，故被称为"绿色修复技术"。

（2）化学修复。化学修复技术主要指土壤淋洗技术，其主要方法是利用清水或化学溶剂清洗土壤污染物，通过溶解、吸收或螯合等方法将土壤中的重金属转移到清水或化学溶剂中。目前，常用的淋洗剂主要包括无机酸、有机酸、碱性物质、螯合剂、表面活性剂类等。

（3）现代生物修复技术。土壤重金属污染的生物修复是指通过动植物、微生物的新陈代谢等活动，从而达到降低或减少土壤中重金属含量的目的。目前比较热门的生物修复技术包括植物修复、微生物修复以及植物-微生物联合修复。其中，植物修复技术主要指利用植物对土壤中重金属污染物质的吸收、分解、然后转移到植物的地上部分，通过对植物上部的收割，从而达到去除重金属污染物的目的。目前与重金属污染土壤有关的植物修复技术主要包括植物提取、植物固定和植物挥发。植物修复过程实际上是一个植物、土壤、重金属物质综合反应的过程，其修复过程受植物类型、土壤特性以及重金属特性等多种因素影响。例如，三叶鬼针草能够有效地吸收土壤中的 Cd；植物商陆对 Mn 有较好的吸收效果；通过温室砂培和土培的方法发现苍耳可富集土壤中的 Pb。与传统的物理、化学修复技术相比，植物修复技术有着经济上和安全上的双重优势，主要体现在以下几个方面：

1）植物在修复被污染土壤的同时可以对周边的相关水体环境进行修复，有着一举两得的作用；

2）一般重金属污染环境中能够生存的植物其价格较低廉，从经济的角度来说更加实用；

3）植物可提高土壤的有机物含量，增强土壤肥沃程度，生态效益显著。

但是植物修复技术也有缺点，如植物对土壤中重金属含量的耐受性有限，植物修复不适合重度污染程度的土壤修复；土壤重金属污染往往是两种或两种以上重金属物质的混合污染，而一般一种植物只能单纯的修复被某一特定的重金属污染土壤。近年来，利用微生物对重金属污染的土壤进行生物处理技术成为重金属污染物修复技术的导向，微生物作为土壤中最活跃的群体，在治理重金属污染问题上发挥着重要的作用，可以说只要能找到合适的微生物，并在适合的环境下培养，所有的重金属污染物都可以得到降解和转化。土壤中的细菌、真菌以及藻类对重金属物质具有吸附、沉淀、分解等作用，从而达到降低土壤中重金属含量的目的。研究发现，蜡状芽孢杆菌通过提高细菌表面基团去除 Cd 污染能力，从而提高蜡样芽孢杆菌对 Cd 的富集能力；伯克霍尔德氏菌的表面的活性基团可与 Mn^{2+}、Zn^{2+} 结合成为螯合物，达到修复重金属物污染土壤的目的，其对重金属的修复效率分别为 52.2% 和 44%。微生物可从土壤溶液中直接和重金属物质结合，也可通过自身的新陈代谢释放出代谢产物，代谢产物与重金属污染物发生反应，使得重金属物质得以固定，实现重金属物质不同形态间的相互转换。如硫弧和脱硫肠状菌通过产生 H_2S 和有机酸固定金属，将重金属物质还原成可溶性的或挥发性的形态；生枝动胶菌可产生可溶性糖类，能够有效地和重金属结合。研究表明，微生物还可通过各种活动方式改变重金属的活跃度，使重金属在其活跃性相与非活跃性相之间转化，从而影响重金属的生物有效性。

植物-微生物联合修复技术不仅具备植物修复的环保、经济优势，还解决了植物修复中治理时间长、效率低下的问题，提升了植物在胁迫环境下的生存能力，这就使得植物-微生物联合修复技术成为土壤重金属修复研究领域的热门。由于微生物长期生活在含有高浓度的重金属土壤环境中，微生物对重金属有着较高的耐受性；而研究表明，微生物通过促进植物在胁迫环境下的营养吸收、生长发育、完成植物将土壤中的重金属污染物吸收、分解的过程。最近几年，国内外学者加大了对植物-微生物联合修复重金属污染土壤方面的研究，并取得了丰富的研究成果。目前与植物修复技术密切相关的微生物有根际微生物、根瘤菌、丛枝菌、根真菌和植物内生菌。研究结果显示，植物根际促生细菌不仅能促进苜蓿的生长、增加苜蓿根、茎长度及植株重量外，在促进植物吸收重金属 Ni 方面的作用也有非常显著的效果，与未接种的对照组相比，经过根际促生细菌处理后的苜蓿对 Ni 的吸收率提高了 46%。也有研究表明，有些根瘤菌可通过降低可溶性重金属的含量和累积，抑制其在植物体内的活动范围，从而减轻植物地上部分对重金属的吸收、促进植物的生长。土壤中重金属污染的微生物-植物修复是目前较为安全的修复方法，在其修复过程中完全没有二次污染产生，如果在未来的研究过程中能够保证微生物的稳定性，并发挥其作用，这一修复技术将是未来土壤重金属污染修复技术的趋势。

1.3.3 重金属污染控制发展趋势

我国重金属污染土壤修复存在的问题主要有：

（1）污染程度与范围调查不精确。在制定重金属污染土壤修复方案时，业主方或项目申报方对土壤污染调查工作不够重视，其采样数据不能为土壤污染程度、修复目标确定等提供支撑。冶金、矿山等重金属污染采样布点设计中引入了大网格布点技术，其布点精度不佳，不能将重污染区、中度污染区以及轻度污染区清晰划分出来，与实际污染程度之间存在较大差距，或者人为地扩大了污染的范围，或者人为地缩小了污染的范围。电镀场地、废渣堆场等都采样过浅，深度方向上污染调查存在较大不确定性，很难捕捉到地下水或渗漏所造成的土壤污染。

（2）污染暴露途径判断不准确。通常情况下需要基于生态风险与人体健康风险对土壤重金属污染进行评价，我国当前主要以土壤重金属浸出实验的结果作为判断土壤危害的依据，很少会考虑到人体直接接触的健康风险路径。稳定化技术、钝化技术的运用显然切断了重金属浸出迁移暴露的路径，但是人体直接摄入的情况依然存在着，因此必须进行风险评估，利用阻隔等措施来控制风险。对于那些未与人体直接接触的进程重金属污染土壤来说，如果不存在重金属浸出迁移的可能性，则需要根据土地利用情况来对是否需要修复进行风险评估。

（3）修复方案与污染实际不符。当前修复技术与方案较为单一，对固废处理技术过分依赖，不管其污染程度如何、土方量是大是小，均按照某修复技术进行修复，面临着严重的环境风险。对于情况复杂的污染场地，需要结合实际污染情况进行分类修复，结合土壤质地及实际用途针对重度、中度以及轻度污染土壤分别选用有针对性的修复方案和修复技术，这样不仅可以显著提升污染土壤修复的效率，同时也可以从最大程度上实现最佳费效比。

基于目前我国重金属污染土壤修复存在的问题，重金属污染控制发展趋势应当是将土壤学、遗传学、农业、化学、植物学、微生物学、环境学和生态学等多学科的紧密合作，研究和开发修复的应用技术，以资源节约和环境友好为导向，从而加快重金属污染土壤修复的步伐。

1.4　重金属电动修复技术原理、现状及发展趋势

1.4.1　重金属电动修复技术原理

电动修复技术是 20 世纪 90 年代初由美国的 Acar 等提出，在被污染的土地上插入电极通入直流电形成电场，在电场力的作用下，使污染物集中在某个区域，然后通过其他方法分离提取污染物的治理技术。电动修复已经进行了一些实验室和现场应用的科学研究，并取得了一些成果。影响电动修复的主要动力学因素有电渗析、电迁移和电泳，其中电迁移决定着整个电动修复过程的效率。

在电动修复过程的主要反应如下：

阳极：　　$2H_2O - 4e \longrightarrow O_2\uparrow + 4H^+$　　　　$E_0 = -1.229$（阳极）

阴极：　　$2H_2O + 4e \longrightarrow H_2\uparrow + 2OH^-$　　　　$E_0 = -0.828$（阴极）

式子中的 E_0 代表的是反应中标准原电极电势。

水在电场的作用下，阳极失去电子生成了 H^+，而阴极的水得到电子被还原成 OH^-，从而导致两个电极附近区域的 pH 值急剧地变化。H^+、OH^- 又以水平对流、电迁移、电渗流、扩散等方式向相反的带电电极移动，在移动的过程中两者相遇且中和。在相遇的区域产生了 pH 值的跃变，并以该跃变点为界限把整个区域划分为酸性区域和碱性区域。H^+ 和 OH^- 的一些物理和化学性质是有所区别的，其中 H^+ 的动力学条件明显优于 OH^-。有研究表明，H^+ 的迁移速度是 OH^- 的 1.8 倍。这是因为在酸性的条件下有利于金属离子从土壤中溶解和分离出来，相反在碱性区域内由于存在大量的 OH^- 极易与土壤中的重金属离子结合生产沉淀，从而

影响污染物的去除效果。

电动修复技术对于污染物中含有有机污染物、无机污染物（包括重金属污染物）以及混合污染物的颗粒较细的土壤电动修复效果尤为显著，将一个直流电场施加在待修复土壤的阴极电解室、阳极电解室的两端，经过一段时间的修复处理，土壤颗粒表面的重金属污染物将在多种迁移机制下迁移出土壤（主要是电迁移），如图 1-2 所示。当迁移进入电极室的重金属含量达到一定浓度后可以将电解液排入污水池进行回收处理。

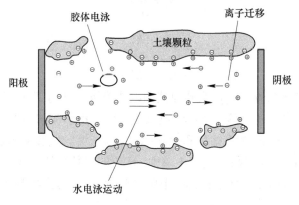

图 1-2 电动修复技术原理图

土壤中的重金属污染物在外加电场下的迁移机制有很多，人们公认的主要迁移机制为重金属的电迁移、电渗流以及电泳。

1.4.1.1 电迁移

在外加直流电场作用下土壤孔隙液中带电离子向与其电性相反的电极方向进行迁移，这种在孔隙液中的迁移运动即为电迁移。可以通过能斯特-汤森-爱因斯坦关系式中的分子扩散系数和离子移动系数对孔隙液中离子的迁移量进行理论计算，见式（1-1）和式（1-2）。

$$J_j^m = u_j^* c_j \nabla(-E) \tag{1-1}$$

$$u_j^* = u_j \tau n = \frac{D_j^* Z_j F}{RT} \tag{1-2}$$

式中，在土壤孔隙液中，J_j^m 为特定离子的有效迁移量；u_j^* 为该离子的有效移动系数；c_j 为物质量浓度；E 为电场强度，Z_j 为离子化合价；F 为法拉第常数；R 为普通气体常数；T 为系统绝对温度。

1.4.1.2 电渗流

一般情况下土壤颗粒表面带有负电荷，孔隙液中带有正电荷的阳离子就会向土壤颗粒表面聚集从而形成带电双电层，一般情况下孔隙液在直流电场中会由阳极往阴极流动。有关电场中孔隙液在土壤中的电渗流的理论计算主要是参照亥姆霍兹理论，该理论的计算公式（1-3）~式（1-7）。

$$J_j^\theta = \left(\frac{c_j}{c_w} \right) q_e \tag{1-3}$$

$$q_e = k_e^{\nabla(-E)} = k_i \tag{1-4}$$

$$k_i = \frac{k_e}{\sigma^*} \tag{1-5}$$

$$k_e = \frac{\varepsilon \zeta}{\eta} n \tag{1-6}$$

$$\xi = A - B \lg c_t \tag{1-7}$$

式中，J_j^θ 为电渗流总流量；q_e 为孔隙液的电渗流量，其与 J_j^θ 成正比，；c_j 为物质量浓度与水分子浓度（约等于 1）c_w 成反比；k_e 为电渗流渗透系数；k_i 为电渗流中水有效迁移系数；σ^* 为有效体积电导率；ε 为土壤与饱和液组成导体的介电常数；ζ 为 zeta 电位（此函数与具体土壤中 pH 值的对数呈线性关系，随着土壤 pH 值对数的数值的增加而 zeta 电位的数值随之减少）；η 为土壤颗粒黏度；A，B 为与其他函数无关的常数；公式中的 c_t 为总电解液浓度。

1.4.1.3　电泳

表面带有电荷的粒子或胶体在电场作用下向与所带电荷相反的方向迁移，一些污染物质吸附在这些物质表面时就会随之迁移出土壤，但由于这些带电粒子或胶体体积较大，在迁移过程中整体移动性很小，所以一般会忽略该作用[28]。但是当利用含表面活性剂的处理液对污染土壤进行电动修复并产生体积较大的带有电荷的络合物，或者处理泥浆时，不能忽略该迁移机制。

1.4.2　重金属电动修复技术现状

电动修复对低渗透性土壤治理尤为适用，具有使用范围广、无二次污染、修复时间短、效果良好等优点。在修复过程中，土壤中的重金属主要依靠在电场作用下的电迁移作用向阴极迁移，而电动有机净化的主要机制是基于电渗流带动非离子型污染物的运输，同时也存在电极室的电化学氧化。

治理污染土壤修复是一个受众多因素影响的复杂过程。电动修复技术因存在一些瓶颈，目前大多停留在模拟实验阶段，还需要大量数据积累和进一步探究发展。实验所用土壤多是成分单一的高岭土，而实际土壤的成分多样，导致污染物的迁移、转化规律更难掌握，各影响因素之间关系复杂；污染物存在形态受土壤 pH 值影响，可溶性污染物的迁移能力强于其他沉积和吸附态，所以控制土壤 pH

值在合适的范围，并保证污染物定向迁移是提高修复效率的关键；针对土壤复合污染现状，单一电动修复技术效率较低，多种技术的联合更受青睐，构成复合污染修复技术体系，各种技术之间互补可更高效地修复土壤。

有很多因素影响着重金属污染土壤的电动修复效果，这些因素包括电动修复技术所使用的电极材料、修复土壤的理化性质、电极极化以及电动修复的电压梯度等。

1.4.2.1 电解液组成以及 pH 值

在饱和的重金属污染土壤中最主要的过程就是水的电解过程，阴极电解室中水电解产生 OH^- 和 H_2，阳极电解室中水电解产生 H^+ 和 O_2，具体电解作用的化学式见式（1-8）。由于土壤的阻碍作用，阳极电解室产生的 H^+ 与阴极电解室产生的 OH^- 会在土壤孔隙液中迁移并迅速地将阳极附近和阴极附近的土壤酸化或碱化。这一现象的产生增加了重金属污染土壤电动修复过程中物理化学过程的复杂性，由于土壤孔隙液中的组成成分发生了变化，使得土壤中的矿物质以及土壤的成分或者黏土的成分都会发生变化。在这一系列的变化中，土壤中的颗粒表面解吸到孔隙液中的金属离子含量也在发生变化，比如当土壤呈现酸性时镁、铁离子的浓度就会增加；当土壤呈现碱性时土壤中硅离子的浓度就会增加。

阴极： $2H_2O + 2e \longrightarrow H_2\uparrow + 2OH^- \quad E^\ominus = -0.828V$

阳极： $2H_2O \longrightarrow O_2\uparrow + 4H^+ + 4e^- \quad E^\ominus = 1.229V$ (1-8)

当在阳极电解室中产生的酸性迁移带由阳极电解室往阴极电解室迁移的同时，阴极电解室中产生的碱性迁移带则由阴极电解室往阳极电解室进行迁移。由于 H^+ 的迁移能力比 OH^- 强，加之土壤孔隙液中的电渗流方向是由阳极向阴极方向移动，所以酸性迁移带的迁移速度大于碱性迁移带的迁移速度。如果土壤不是强碱性土壤或土壤的酸性缓冲能力不是特别强，则经过一段时间会发现土壤中大部分的 pH 值都在酸性范围，靠近阴极电解室附近土壤将会呈现碱性。酸性迁移带与碱性迁移带在土壤中相遇的区域，土壤在该区域 pH 值就会发生突变，这就会使得土壤颗粒表面的重金属无法进行有效的解吸。

对于不同的重金属来说，其离子的稳定存在形式需要不同的土壤 pH 值环境。当处在酸性土壤环境下易形成更多的金属阳离子（如 Cd^{2+}），当在碱性土壤环境下易形成重金属沉淀（如 $Cd(OH)_2$）。而在 pH 值突变点，重金属易形成沉淀并聚集在突变点处，如 Hamed 等人发现了重金属 Pb 污染土壤中的 Pb 聚集现象，Hicks 和 Tondorf 发现了重金属 Zn 污染土壤中的 Zn 聚集现象，Acar 发现了重金属 Cd 污染土壤中的 Cd 聚集现象，Eykholt 和 Daniel 发现了重金属 Cu 污染土壤中的 Cu 聚集现象。重金属在土壤中的聚集现象产生的位置取决于污染物的类型、土壤的性质、孔隙液中离子的类型以及电动修复处理的过程。为了提高电动修复的效果，可以通过控制土壤 pH 值来达到减少重金属沉淀，并使重金属处于稳定离子态的目的。

1.4.2.2 电导率和电场强度

在电动修复过程中，污染土壤中离子强度与土壤 pH 值的变化导致了电动修复过程中电场强度与电导率的变化不均匀性。由于在阴极电解室附近土壤中重金属的沉淀使得电导率迅速降低，电场强度发生明显的变化。

靠近阴极电解室附近土壤由于呈碱性，其 pH 值较高，导致电渗流流量增加，这是由于位于阴极电解液附近土壤中的 zeta 电位更负的原因，但是当阳极电解室水电解产生的 H^+ 在土壤中迁移时就会使电渗流流量降低；另外，由于在电解室附近产生的气泡和沉淀导致电渗流流量降至最低。当土壤孔隙液中的离子浓度增加得足够多时，电迁移占主导地位，而电渗流的影响很小。在离子浓度达到最低时，由于土壤孔隙液中酸碱离子中和产生水以及重金属离子产生沉淀，导致了土壤中电导率的下降，电迁移的影响此时也变得较小。

1.4.2.3 zeta 电位

由于土壤颗粒表面带净的负电荷，土壤中 zeta 电位的数值为负值，导致土壤孔隙液在直流电场下产生的电渗流的流动方向是由阳极到阴极。但是，在一般的电动修复情况下，由于土壤孔隙液中的离子浓度以及土壤 pH 值的影响，使得土壤中 zeta 电位的数值处于动态变化的过程中。

当土壤 pH 值处于酸性条件时，土壤中的 zeta 电位就会增加，当土壤 pH 值减小到一定值时，即达到一定的酸性 pH 值时，一般情况下此时土壤双电层中的 zeta 电位会由负值转化为正值，电渗流方向变为反向。电渗流流量会在土壤 pH 值低于中性时降低，在土壤 pH 值呈碱性时增加。在一些电动修复试验的初始阶段，由于水在阴极惰性电极表面的电解反应产生大量的 OH^- 并在电场作用下向阳极进行电迁移，从而导致在阴极电解室附近土壤呈现碱性，使得系统的电渗流流量增加。同理，可以利用 zeta 电位的减少或转换为正值解释系统电渗流流量随着电动修复时间的增加而减少甚至是反向的问题。电化学渗透理论可以解释电渗流流量随土壤 pH 值的变化的具体原因。

当孔隙液中离子浓度增加的时候，土壤 zeta 电位的数值也会受到影响，孔隙液中离子浓度越高，土壤 zeta 电位的数值就会增加。Gray 等发现，在使用重金属污染的高岭土进行电动修复试验时，当土壤孔隙液中离子浓度越高时，zeta 电位越容易呈现正值。Hunter 等发现，当土壤中出现一些自然条件下的金属正离子，如 Co^{2+}、Cd^{2+}、Cu^{2+} 等，在中性的土壤 pH 值环境下，zeta 电位的数值也会出现正值。West 等发现，当土壤中的 zeta 电位改变极性（由负值变为正值）时，土壤中孔隙液流动也会改变方向（由阴极电解室往阳极电解室方向流动）。

但是研究发现，并不是所有的土壤 zeta 电位与土壤 pH 值有密切关系。比如土壤孔隙液中的离子浓度对伊利石土、膨润土中的 zeta 电位的变化基本上没有太大的影响，所以这也跟土壤的类型有关，在分析重金属污染土壤的电动修复过程中土壤 zeta 电位变化时需要考虑到具体的土壤环境。

1.4.2.4　土壤的化学性质

研究人员使用不同化学性质的土壤对电动修复的效果进行了系统研究，结果表明，土壤中一些化学性质的变化对电动修复的影响较为明显，比如土壤中的有机质或者铁氧化物的含量会影响电动修复的效果。土壤的理化性质将会影响电动修复过程中污染物在土壤颗粒表面的迁移、解吸、离子交换等物理化学过程。另外，在颗粒较细的土壤中，土壤中污染物之间的相互作用及其变化就会特别高。

在电动修复土壤中的污染物时，只有污染物在土壤颗粒表面解吸并进入到土壤孔隙液中，并在电场中进行迁移才能达到将土壤中的污染物去除的目的；另外，当污染物浓度大于土壤的离子交换能力时，这种土壤中的污染物才会更易进行解吸并去除。具有较高的吸附能力或者具有较强的阳离子交换能力的伊利石土，膨润土在电动修复土壤时的效果要低于低吸附能力，低阳离子交换能力的高岭土、黏土等。这也与电渗流在伊利石土、膨润土中的流量低于在高岭土中相对应。

土壤 pH 值的变化也影响着土壤中的解吸性质。阳极电解室中阳极附近水在惰性电极表面电解产生的 H^+ 在土壤中进行迁移的过程中会将土壤颗粒表面的重金属离子，如 Cu^{2+}、Pb^{2+}、Cd^{2+} 等解吸到土壤孔隙液中；同时阴极电解室产生的 OH^- 会将土壤中的 CrO_4^{2-} 解吸到土壤孔隙液中，并且有试验表明 OH^- 还有利于一些有机污染物在土壤颗粒表面的解吸作用。土壤孔隙液中的 H^+ 含量多少与土壤物理化学性质中的酸碱缓冲能力有较为直接的关系。实验室在电动修复污染土壤的试验中往往使用低缓冲能力、较为干净的细粒黏土，而对于实际重金属污染土壤电动修复的研究还很少。

1.4.2.5　土壤中的含水量

污染土壤的电动修复中，污染土壤的饱和程度也会影响电动修复过程中电渗流的流量及其流动方向。在土壤电动修复过程中，随着土壤颗粒间负孔隙压的增大，土壤的含水量在土壤的不同部分的不均匀性也在增加。由于土壤不同 pH 值、电场强度以及 zeta 电位导致孔隙流的不均匀性，进而导致孔隙压不均匀性的形成。另外，由于在电场作用下土壤的温度也会增加，从而导致土壤处于加热的状态。尽管在电动修复过程中控制电动修复试验的条件，温度上升也会影响土壤中化学反应的速率，但加热条件下的电动修复系统还是会受到影响，尤其是对于中试试验和实地场地的大型试验影响更为明显，这一现象还会使得土壤龟裂或产生不均匀的孔隙流。

1.4.2.6　土壤的结构

一些其他的变化可能会改变土壤的孔隙结构或化学性质。如在蒙脱石中，当土壤中的水分降低或消失时就会使得土壤的化学性质或物理结构发生较为明显的变化。

当阴极电解室附近土壤中的重金属在碱性环境下产生的沉淀以及一些其他的混合物在土壤中形成时会阻塞土壤孔隙，使得孔隙流的流量降低甚至终止孔隙流的产生。如果电极是 Al 电极或土壤中的矿物质在酸性环境下有铝离子解吸进入孔隙液，铝离子就会与 OH^- 反应产生混合物沉淀，当使用 Fe 电极时也会出现类似的情况，所以在重金属污染土壤电动修复时要尽量避免产生金属性沉淀混合物。

1.4.2.7　电极材料及其布局

电极材料的选择影响着重金属污染土壤电动修复过程中电极反应的过程，但受限于电极材料的经济性与其加工性，通常在电极反应中要考虑电极反应将不会带入其他的污染物进入土壤。电极需要多孔与开放性，这样有利于溶液的渗透与极化产生气体的排放。一般在实验室中采用惰性电极来防止电极的极化，比如设置石墨电极，也有些在电动修复试验中采用表面覆盖有氧化物的钛电极。

电动修复中使用电极的形状，电极的大小及其放置方式都会影响电动修复的效果。

1.4.3　电动修复增强技术

电动修复技术发展到现在，增强电动修复效果的主要方法有：

（1）阴阳极电解液 pH 值的控制；

（2）通过向土壤中加入一些药剂、材料或者辅助设备对土壤中的金属离子进行解吸；

（3）其他一些方法也能提高土壤的修复效率。

1.4.3.1　控制电动修复中的 pH 值

控制 pH 值是影响电动修复最为关键的技术。在大多数情况下，需要提高阳极液的 pH 值，降低阴极液的 pH 值。阴阳极调节的主要目的有：

（1）避免阴极反应极化，避免 OH^- 的产生和渗入土壤与重金属结合产生沉淀；

（2）保持电导率的长时间的稳定，保持电渗流的对流运输对反应的积极影响；

（3）避免重金属污染物沉淀或使沉淀溶解和迁移；

（4）维持 pH 值在一定的范围内以便溶解污染物中的金属离子。

目前比较常见的 pH 值控制方法有：（1）缓冲溶液法；（2）离子交换膜法；（3）切换电场电极法。

A　缓冲溶液法

缓冲溶液法最先由 Acar 提出，即在电动修复过程中向阴极加入适量的酸，用酸中的 H^+ 中和电极电解水而生成的部分 OH^- 来控制溶液中的 pH 值。这是一种极为普遍而有效的对 pH 值进行调整的方法，不同药剂的酸性组合对修复效果影响也是不同的。Zhou 等在用不同的缓冲溶液组合调节电解液的 pH 值电动修复铜污染红土发现，用乳酸+氢氧化钠的酸组合铜的去除率高达 81%，修复效果明显优于去离子水、醋酸+醋酸钠、醋酸+醋酸钠+乙二胺四乙酸、乳酸+醋酸钠+乙二胺四乙酸组合。这是因为乙二胺四乙酸与 Cu^{2+} 结合产生复杂的化合物阻止了 Cu^{2+} 迁移到阴极，从而影响到了电动修复的效果。pH 值是影响重金属在电场迁移的主要因素。樊广萍等通过向阴阳两极加入不同的溶剂来控制电动修复过程中土壤的 pH 值。在阴极加入乳酸并控制 pH 值酸性有利于土壤中铜在电场中的迁移，实验中铜的去除率高达 78.8%。在阴极加入柠檬酸的处理中，土壤中铜、镍和六价铬的去除率均较高，分别为 68.5%、53.3% 和 52.9%。

B　离子交换膜法

离子交换膜技术是通过离子交换膜或者离子选择性膜来阻止阳极产生的 H^+ 和阴极产生的 OH^- 进入土壤，从而稳定土壤溶液的 pH 值，既避免电极之间可移动离子的竞争又增加了离子的活性。

这种膜按工作的原理可以划分为两大类。第一类是 Puppala 等在原来的酸碱对冲的原则上发展出来的一种全氟硫酸膜（NafionTM），这种离子膜的优点是不需要反复加入酸碱溶液去对冲阴阳极产生的 OH^- 和 H^+ 离子，节约了土壤电动修复的大量费用，这种离子膜最先是由 Electrokinetic 和 Acar 使用。第二类的离子选择膜是有 Li 等发展起来的，在电动修复土壤的溶液中适当位置安装一个阳离子选择膜，阻止了 OH^- 进入土壤与 Cu^{2+} 结合而产生 $Cu(OH)_2$ 沉淀以此极大地提高铜的去除率。Ravi Naidu 等利用钙离子选择膜在不同的电解液溶液中去除高岭土中的铅。当使用 $Ca(NO_3)_2$ 作为电解液时，95% 的铅能够从高岭土中解吸出来，88% 的铅能够从土壤中迁移出来。胡亚杰用电动修复的方法去除污泥中重金属的研究，采用阴阳离子膜替代滤纸作为渗透膜，同时结合阴极液循环综合使用时，土壤中的 Cu、Pb、Zn 三种重金属的去除率可以高达 75.68%、85.32%、94.28%。

C　切换电场电极

在常规的电动修复过程中，阳极发生氧化反应产生大量的 H⁺ 形成强酸区域，而阴极发生还原反应产生了大量的 OH⁻ 形成了强碱区域，两个区域之间的 pH 值存在巨大的落差不利于土壤进行电动修复。为了打破这一技术瓶颈，20 世纪 70 年代末，Wan 等提出了用定期切换电极来控制土壤的 pH 值提高污染物的去除率。Lu 等用电动法去除废弃工业用地中铬和镉的实验结果发现，当电压梯度为 1V/cm 的电场作用下，电极交换周期为 48h 的条件下土壤中铬和镉的去除率分别为 88% 和 94%，而电极交换周期为 96h 土壤中铬和镉的去除率分别为 70% 和 82%。总体而言与常规的电动修复比较，交换电极法铬和镉的去除效率分别提高了 57% 和 49%。仲洋洋在做电动力修复 Pb 污染土壤的实验研究中，使用间歇通电和交换电场有效增加了金属的去除率。实验设定交换电极方向频率为 48h 致使阴极的 pH 值得到有效控制，土壤中的 Pb 含量由 1500mg/kg 降到 390mg/kg，Pb 去除率高达 74%。

1.4.3.2　解吸及活化方法

电动修复去除重金属污染物主要由两个环节组成：

（1）重金属离子从土壤颗粒解吸进入土壤溶液；

（2）重金属离子在电场中的电迁移、电渗析、电泳等电场力作用下从土壤溶液迁移至电极工作液中与土壤完成分离。解吸、活化的方法有助于重金属从土壤中解吸出来，是提高电动修复效率的有效途径。比较常见的解吸、活化方法有：

（1）添加络合剂；

（2）使用不同的可渗透物质反应墙；

（3）使用超声波；

（4）加入表面活性剂；

（5）生物-电动联合修复；

（6）氧化还原-电动联合修复。

A　添加络合剂法

添加络合剂法最早是由 Wong 等实验研发的。络合剂能够与污染重的重金属形成稳定的化合物并且能在较大的 pH 值范围内溶解。Zhang 等使用络合剂和酸碱控制技术电动修复被铅污染的土壤，当土壤中同时加入乙酸和 EDTA（乙二胺四乙酸二胺）时，铅的去除率提高到了 72.3%。樊广萍等使用不同的增强试剂对重金属污染场地的土壤进行电动修复，分别研究了添加络合剂 EDTA、有机酸乳酸、柠檬酸以及无机酸硝酸对电动修复土壤的影响，实验结果表明增强试剂的加入显著促进了铜、铅、镍和六价铬在土壤中的迁移和去除。其中在阴极加入乳酸并控制值 pH=3.5 时，土壤中铜的去除率高达 78.7%。当阴极加入柠檬酸时，土壤中铜、镍和六价铬的去除率分别为 68.5%、53.3% 和 52.9%。当阴极加入硝酸控制值 pH=3.5 时，土壤中六价铬的去除率最高可以达到 93.3%。

B 使用不同的可渗透物质反应墙

反应墙技术首先应用于地下水的污染治理。将一些具有可吸收和分解的材料放进反应墙里，利用反应墙与水流的截面相接触吸收和分解水体中的污染物，从而达到修复的效果。反应墙技术在电动修复中应用的原理是利用修复过程中带电离子的电迁移和带电颗粒的电泳以及土壤中电渗流作用下与土壤中重金属在 PRB 表面固定或者分解，而不同的材料也决定着不同的修复效果。20 世纪 90 年代不同的材料开始应用于反应墙中去除土壤的重金属、氯化溶剂等污染物。Jung-Geun Han 等使用碳化食品废物作为反应墙电动修复含铜土壤发现，食物碳化材料作为反应墙掺杂剂的修复效果是沸石的 4~8 倍。高鹏等在做电动/PRB 联合修复铬、砷污染土壤实验研究中，将电动修复技术和渗透反应格栅（PRB）两种技术结合；在 4 天的实验中，电压持续控制为 30V，阴阳极 pH 值控制方式为醋酸和氢氧化钠平衡控制系统。整个实验中 Cr(Ⅵ)、砷的去除率分别达到了 80% 和 60% 左右，修复效果较好，而且能耗较低。

C 使用超声波电动修复土壤

超声波是由系列疏密相间的纵横波构成的，并通过介质向四周传播。当超声波能量足够高时就产生了"超声空化"现象。巨大的能量足以使有机物发生化学键断裂、水相燃烧或热分解，并能促进非均匀相界面间的搅动和界面的更新，从而加速界面的传质和传热过程。化学和物理过程中的超声强化作用主要是由于液体的超声空化产生的能量效应和机械效应引起的。超声波具备的"超声空化"现象带来的巨大能量能够促进土壤中的重金属游离出来，从而增加重金属迁移的可能性。郑雪玲等在超声波强化电动法修复铜污染土壤的研究发现，若在初始的 3h 内施加超声波，可以有效地增加 Cu^{2+} 的迁移。随着超声波的声强提高，Cu^{2+} 向阴极的迁移和富集不断提高，当超声波声强为 150V 时，阴极附近的 C/C_0 为 1.25%，比未施加超声波时提高了 43%。张春雷等在利用超声波辅助去除污染土壤中重金属的研究中，分别利用超声波单独及与硝酸联合修复铅锌矿区附近的重金属污染土壤，同时也分别考察了超声时间、功率和泥浆浓度对重金属去除的影响。研究的结果表明，电动修复中单独使用超声波能够促进重金属向溶液中转移，尤其对于 Cd 有较好的去除效果，但对 Pb、Cu、Zn 的作用有限。实验中随着超声时间、超声功率的增加（≤700W 时）以及泥浆浓度的降低有利于重金属的去除。超声波与硝酸同时应用于电动修复中时，对土壤中 Pb 和 Cu 有着较好的促进效果，但对土壤中的 Zn 和 Cd 没有效果。而在电动修复实验中先超声后酸化促进 Cd 从土壤中解吸出来，而对土壤中的 Pb、Zn 和 Cu 没有明显的促进效果。

D　加入表面活性剂

表面活性剂（surfactant）是指能显著降低液体表面和界面张力的物质。表面活性剂的分子结构具有两种极端：一端为亲水基团，另一端为疏水基团。亲水基团常为极性基团，如羧酸、磺酸、硫酸、氨基或胺基及其盐，羟基、酰胺基、醚键等也可作为极性亲水基团。而疏水基团常为长链烷烃和芳烃为代表的基团。表面活性剂分为离子型表面活性剂（包括阳离子表面活性剂与阴离子表面活性剂）、非离子型表面活性剂、两性表面活性剂、复配表面活性剂、其他表面活性剂。

表面活性剂对土壤中重金属离子具有络合作用和增流作用。在电动修复土壤的过程中加入表面活性剂是为了增加疏水重金属的可溶性，促进金属离子从土壤中解吸出来。胡劲梅等在表面活性剂强化动电技术去除污泥中铜和镉的实验中证实，采用活性剂作为阴极液能显著提升电动修复效率。相比蒸馏水作为阴极液的空白实验时铜和镉的去除率仅为 5.4% 和 1.66%，而添加了表面活性剂实验的铜和镉的修复效率有较大的跃升，分别达到了 12.1%～52.6% 和 9.1%～46.7%。另外，表面活性剂的不对称性加强了污泥中金属有机物络合态的水溶性和移动性。梁鹏等在槐糖脂生物表面活性剂增效重金属污染土壤电动修复研究中，使用槐糖脂生物表面活性剂与土壤中常见重金属离子铜、铅、锌、镉、钙、镁的络合稳定常数及温度、pH 值、离子强度对其影响。6 种金属离子与槐糖脂的络稳定常数的由小到大顺序为：$Cu^{2+}>Pb^{2+}>Cd^{2+}>Zn^{2+}>Ca^{2+}>Mg^{2+}$，其中 Pb^{2+}、Cd^{2+}、Cu^{2+}、Zn^{2+} 与槐糖脂的络合常数随溶液 pH 值增大而显著增大。当槐糖脂为 750mg/L，电压为 15V，使用 0.01mol/L 乙酸控制 pH 值，在 96h 修复之后土壤中 Pb^{2+} 和 Cd^{2+} 的去除效果最佳，去除率分别达到 52.2% 和 88.7%。

E　生物-电动联合修复

生物-电动联合修复方法是利用生物的一些性质，主要是通过它们的新陈代谢功能来改变金属的存在状态以便从土壤中解吸出，以此提高电动去除重金属的效率。该方法最早是由 Mainio 等提出并发展起来的，其主要原理是利用生物转换难溶性金属硫化物为各自可溶的硫酸盐同时对土壤进行酸化，以方便在电场的驱动下把重金属离子迁移出来。Nuzahat Habibual 等使用微生物燃料电池作为能源电动修复有毒金属污染土壤。在分别经过 143 天的修复后，镉和铅的去除率可以分别达到 31% 和 44.1%。微生物产生的电压较低使金属离子的迁移量也比较少，所以与常规的电动修复相比修复需要的时间更长。如果将能源消耗作为电动修复的一个考虑指标，微生物燃料电池具有明显的优势。未来的研究是提高金属离子的去除率，可以利用植物的根系为微生物提供稳定的碳源，从而保证金属的去除率。

F　氧化还原-电动联合修复

氧化还原剂可以通过一系列的物理化学反应降低土壤污染物的溶解度，同时还能促进一些沉淀难溶的污染物溶解并迁移出土壤，或者改变重金属的价态而降低它们的毒性。商执峰等在纳米零价铁复合粒子对 Cr(VI) 污染土壤的修复研究中，使用纳米 Fe-Ni 以及纳米 Fe-Cu 双金属复合粒子对某钢厂厂区土壤中 Cr(VI) 的进行还原-固定作用。通过设置土壤溶液 pH 值、纳米复合粒子投加量、处理时间、离子强度、共存阴离子以及腐植酸等不同的影响因素，研究这些因素对纳米 Fe-Ni 以及纳米 Fe-Cu 双金属复合粒子还原-固定土壤中 Cr(VI) 的影响。从实验数据的分析结果发现，纳米复合粒子投加量、土壤溶液的 pH 值和处理时间对土壤中 Cr(VI) 还原率的影响是显著的。其影响顺序为：处理时间>纳米零价铁复合粒子投加量>土壤溶液的 pH 值。何陈等在稳定纳米零价铁的制备与修复土壤中六价铬的研究中证明，实际离子活度条件下基于电位-pH 值热力学计算图的六价铬的去除机制，在酸性条件下 Fe^{2+}、$HCrO_4^-$ 及 Cr^{3+} 为主要存在形态有利于六价铬还原为三价铬，所以在酸性条件下六价铬去除率高。与之相反，在碱性条件下，$Cr(OH)^{2+}$、$Cr(OH)_3$、$Cr(OH)_4^-$ 及 $Fe(OH)_3$ 为主要存在形态，同时又有共沉淀物产生，故在碱性条件下六价铬去除率低。

1.4.3.3　电动修复的其他增强方法

土壤电动修复方法除了控制电动修复的 pH 值和解吸活化法来增强修复效果外，还使用了其他的方法。常见的方法有使用双向电极和逼近阳极法。在电动修复土壤的实验中，为了缩短污染物迁移的路径和增加修复系统的电流密度，有的实验在修复槽中插多个双向电极，与同等级的常规实验比较，双向电极的应用能加速实验的进程降低电阻。Henrik 在电动修复尾渣铜的实验中，得出铜的去除率从没有加双向电极的 8% （硫酸电解液、电场电压为 20V、修复时间为 8 天）跃升到到加双向电极的 42%。郑燊燊等在做逼近阳极法电动修复重金属污染土壤过程中，采用逼近阳极法以不断缩短两极间距离增强电动修复效果。在电场梯度为 1V/cm 的条件下验证逼近阳极法的修复效果。实验结果表明，逼近阳极法能够有效地降低修复过程的能耗。在达到同样修复效果的情况下，其单位体积能耗仅为常规修复方法的 56%。此外，逼近阳极法显著地增加了土壤中 Cd 的迁移速率，从而缩短了修复过程所耗的时间，整体修复耗时仅为传统方法的 60%。

1.4.4　重金属电动修复发展趋势

单纯电动修复效率不高的主要原因是污染物从土壤中解吸能力低，迁移性差。因此，电动修复技术常与其他技术结合，针对某一类污染物或几类污染物进行去除，联合技术的效果多优于单一修复技术。电动装置的设计也在不断创新中，包括升流式装置、电极排布、电解液循环使用等。

1.4.4.1　电动-淋洗联用技术

淋洗剂的解吸、螯合、络合或氧化等作用可将污染物分解、转化，从而提高去除效率，主要包括表面活性剂、络合剂、氧化剂几类。选用合适增强试剂，对污染物的去除效果显著，但淋洗技术用水量大，需要后续进一步处理水中污染物。采用此方法需关注淋洗剂种类、浓度对土壤的影响，规避土壤性质的破坏和二次污染。Ammami 等利用柠檬酸作电解液，并使用 4.94g/L TW20 淋洗提高修复效率，22d 后 PAHs、Cd、Pb、Zn 的去除率分别为 54.4%、38.6%、33.4%、51.6%。Cang 等在电动修复芘、铅复合污染土壤时比较了在阴极加入的淋洗剂对污染物的氧化作用，去除效果相对较好的是阳极通入 10% HPCD，阴极通入 0.5mol/L Na_2SO_8，控制值 pH = 3.5，反应 335h 后，芘和 Pb 的去除率分别为 50%、94%。Alc6ntara 等在对比多种淋洗剂针对铅、菲复合污染的修复效果后得出，最有效的淋洗剂是 1%TW80 和 0.1mol/L EDTA，与电动修复联合作用污染土壤 30d，对铅、PAHs 的修复效率分别为 95.1%、93.3%。

1.4.4.2　电动-生物联用技术

生物修复通过植物根系、果实对污染物的超量积累，微生物降解等途径去除污染物，其主体对土壤的无害化处理过程经济实用，适合大面积土壤修复。与电动技术联用后，电流热效应和电极反应可促进微生物对污染物的降解，解决单一生物修复耗时长的问题。但电动修复过程中，土壤 pH 值会有波动，此时要考虑生物活性是否会受到影响；重金属对生物有毒害作用，所以此方法的选用也需要考虑生物对污染物毒性的耐受能力。Dong 等针对石油烃和铅复合污染土壤采用电动-生物联用技术，在阴极通入 0.1mol/L EDTA 并控制值 pH = 5.6，修复过程中 EDTA 降低了重金属毒性，减少对生物的危害，同时阳极控制值 pH = 8.0，反应 30d 后，总石油烃、铅的去除率分别为 72.8%、81.7%；为提高总石油烃的去除效率，在前批次实验的基础上在阳极通入 2.0g/L Tween80，反应 30d 后，总石油烃、铅的去除率分别为 88.3%、81.7%。

1.4.4.3　电动-超声联用技术

声波在传递过程中会产生热效应、机械效应、空化效应等，使分子断裂生成多种自由基。污染物在超声波的激活下不仅可从土壤中解吸、脱离，还会在液相中被氧化分解。超声波技术的优势是不向土壤添加其他物质，避免二次污染，但此种技术能耗较高，需考虑成本问题。目前，电动-超声技术已在多方面得到应用，例如处理活性污泥和废水，在土壤修复方向的研究还在发展中。Oh 等利用

200kHz 超声联合电动修复 30min，As、Cd、Pb 的去除率分别为 25.55%、8.01%、34.90%。Chung 等在电动修复的基础上施加 30kHz 超声强化修复，经 175min 后，乙二醇和 Pb 的去除率分别达到 90%、80%；此外，还研究了 UESR 上流式装置在 30kHz 超声条件下对土壤中乙二醇、Pb 的去除效果，提高了电压梯度后两种污染物去除率均在反应 5h 后达到 98%。

1.4.4.4 电动-PRB 联用技术

可渗透反应墙（PRB）通过与污染物产生吸附、氧化、沉淀、生物降解反应来去除或降低污染物毒性。PRB 的位置可放在电动反应系统的两极、中间或阴极。电动修复使污染物向两端电极移动与反应墙内的填料基质充分反应。但随着污染物的积累，PRB 对污染物的处理能力下降，而更换 PRB 也带来成本的显著上升。常见的 PRB 材料有零价铁、多金属反应墙、生物反应墙等。生物反应墙可利用碳化的废料、厨余垃圾等，节约成本的同时"变废为宝"。Ma 等选用活性炭作为 PRB 材料用以吸附在电动修复土壤时迁移向两极的污染物，反应 10.5d 后，2，4-二氯苯酚、Cd 的去除率分别达到 54.9%、75.9%。孙庆春等通过在土样室两端加入以磷灰石组成 PRB，并关注土壤中的重金属 Cu、Cr，发现 PRB 在修复过程中作用明显，有效地提高了土壤中 Cu、Cr 的去除率，其中 Cu 去除率高达 84.6%，Cr 去除率也提高到 83.4%。

参 考 文 献

［1］Yeung A T. Milestone developments, myths, and future directions of electrokinetic remediation ［J］. Separation and Purification Technology, 2011, 79 (2)：124~132.

［2］陈玉娟，温琰茂，柴世伟．珠江三角洲农业土壤重金属含量特征研究 ［J］．环境科学研究，2005, 18 (3)：75~77.

［3］周东美，邓昌芬．重金属污染土壤的电动修复技术研究进展 ［J］．农业环境科学学报，2003, 22 (4)：505~508.

［4］刘霞，王建涛，张萌，等．螯合剂和生物表面活性剂对 Cu, Pb 污染塿土的淋洗修复 ［J］．环境科学，2013, 34 (4)：1590~1597.

［5］李欣．电动修复技术机理及去除污泥和尾砂中重金属的研究 ［D］．长沙：湖南大学，2007：55~100.

［6］方一丰，郑余阳，唐娜，等．EDTA 强化电动修复土壤铅污染 ［J］．农业环境科学学报，2008, 27 (2)：612~616.

［7］Wu J, Zhang J, Xiao C. Focus on factors affecting pH, flow of Cr and transformation between Cr (Ⅵ) and Cr (Ⅲ) in the soil with different electrolytes ［J］. Electrochimica Acta, 2016, 211：652~662.

［8］ Chu W, Y B, Alshawabkeh A N. Principles of electrokinetic remediation ［J］. Environ. sci. technol, 1993, 27 (13): 1161~1183.

［9］ So W S. Modeling the two stages of surfactant-aided soilwashing ［J］. Water research, 2001, 35 (3): 761~767.

［10］ McIntyre, Terry. Phytoremediation of heavy metals fromsoils ［J］. Springer Berlin Heidelberg, 2003, 78: 97~123.

［11］ 郭玲. 土壤重金属污染的危害以及防治措施 ［J］. 中国资源综合利用, 2018, 36 (1): 123~125.

［12］ 李智娟. 膜生物反应技术在环境工程污水处理中的运用 ［J］. 中国新技术新产品, 2017 (7): 102~103.

［13］ 金星, 高立新, 周笑绿. 电化学技术在废水处理中的研究与应用 ［J］. 上海电力学院学报, 2014 (1): 83~85.

［14］ Cappai G, De G G, Muntoni A, et al. Combined use of a transformed red mud reactive barrier and electrokinetics for remediation of Cr/As contaminated soil ［J］. Chemosphere, 2012, 86 (4): 400~408.

［15］ Vocciante M, Bagatin R, Ferro S. Enhancements in Electrokinetic Remediation Technology: Focus on water management and wastewater recovery ［J］. Chemical Engineering Journal, 2016, 309: 708~716.

［16］ Rosestolato D, Bagatin R, Ferro S. Electrokinetic remediation of soils polluted by heavy metals (mercury in particular) ［J］. Chemical Engineering Journal, 2015, 264: 16~23.

［17］ Kim W S, Park G Y, Kim D H, et al. In situ field scale electrokinetic remediation of multi~metals contaminated paddy soil: Influence of electrode configuration ［J］. Electrochimica Acta, 2012, 86 (1): 89~95.

［18］ 孙鹏轩. 土壤重金属污染修复技术及其研究进展 ［J］. 环境保护与循环经济, 2012 (11): 48~51.

［19］ Azzam R, Oey W. The Utilization of Electrokinetics in Geotechnical and Environmental Engineering ［J］. Transport in Porous Media, 2001, 42 (3): 293~314.

［20］ Huang Y T, Hseu Z Y, Hsi H C. Influences of thermal decontamination on mercury removal, soil properties, and repartitioning of coexisting heavy metals ［J］. Chemosphere, 2011, 84 (9): 1244.

［21］ Yeung A T, Gu Y Y. A review on techniques to enhance electrochemical remediation of contaminated soils ［J］. Journal of hazardous materials, 2011, 195: 11~29.

［22］ Maini G, Sharman A K, Sunderland G, et al. An integrated method incorporating sulfur-oxidizing bacteria and electrokinetics to enhance removal of copper from contaminatedsoil ［J］. Environmental science & technology, 2000, 34 (6): 1081~1087.

［23］ Habibul N, Hu Y, Sheng G P. Microbial fuel cell driving electrokinetic remediation of toxic metal contaminatedsoils ［J］. Journal of Hazardous Materials, 2016, 318: 9~14.

［24］ Mu'azu N D, Usman A, Jarrah N, et al. Pulsed Electrokinetic Removal of Chromium, Mercury and Cadmium from Contaminated Mixed ClaySoils ［J］. Soil and Sediment Contamination: An

International Journal, 2016, 376: 1~19.

[25] Wong J S H, Hicks R E, Probstein R F. EDTA-enhanced electroremediation of metal-contami-natedsoils [J]. Journal of Hazardous Materials, 1997, 55 (1): 61~79.

[26] Vandevivere P, Hammes F, Verstraete W, et al. Metal decontamination of soil, sediment, and sewage sludge by means of transition metal chelant [S,S]-EDDS [J]. Journal of Environmental Engineering, 2001, 127 (9): 802~811.

[27] Zhou D M, Chen H F, Cang L, et al. Ryegrass uptake of soil Cu/Zn induced by EDTA/EDDS together with a vertical direct-current electricalfield [J]. Chemosphere, 2007, 67 (8): 1671~1676.

[28] Chung H I, Lee M H. A new method for remedial treatment of contaminated clayey soils by elec-trokinetics coupled with permeable reactivebarriers [J]. Electrochimica acta, 2007, 52 (10): 3427~3431.

[29] 侯隽, 樊丽, 周明远, 等. 电动及其联用技术修复复合污染土壤的研究现状 [J]. 环境工程, 2017, 35 (7): 185~189.

[30] Wang J Y, Huang X J, Jimmy C M Kao, et al. Simultaneous removal of organic contaminants and heavy metals from kaolin using an upward electrokinetic soil remediation process [J]. Sci-ence Direct, 2007, 144 (1/2): 292~299.

[31] Risco C, Rubi-Ju6rez H, Rodrigoc S, et al. Removal of oxyfluoffen from spiked soils using electrokinetic soil flushing with the surrounding arrangements of electrodes [J]. Science of the Total Environment. 2016, 559: 94~102.

[32] 周际海, 黄荣霞, 樊后保, 等. 污染土壤修复技术研究进展 [J]. 水土保持研究, 2016, 23 (3): 366~372.

[33] Ammami M T, Portet Kohalo F, Benamar A, et al. Application of biosurfactants and periodic voltage gradient for enhanced electrokinetic remediation of metals and PAHs in dredged marine sediments [J]. Chemosphere, 2015, 125: 1~8.

[34] Cang L, Fan G P, Zhou D M, et al. Enhanced—electrokinetic remediation of copper~pyrene co~contaminated soil with different oxidants and pH control [J]. Chemosphere, 2013, 90 (8): 2326~2338.

[35] Alantara M T, Gomez J, Pazos M, et al. Remediation of soilco—contaminated with petroleum and heavy metals by the integration of electrokinetics and biostimulation [J]. Journal of Hazard-ous Materials, 2013, 260: 399~408.

[36] 王宇, 李婷婷, 魏小娜, 等. 污染土壤电动修复技术研究进展 [J]. 化学研究, 2016, 27 (1): 34~43.

[37] Park Sung Woo, Lee Jae Young, Yang Jung Seok, et al. Electrokinetic remediation of contami-nated soil with waste-lubricantoils and zinc [J]. Journal of Hazardous Materials, 2009, 169 (1/2/3): 1168~1172.

[38] 郑雪玲, 朱琨, 孙晋方, 等. 超声波强化电动法修复铜污染土壤的室内研究 [J]. 安全与环境学报, 2010, 10 (2): 57~60.

[39] Oh SeungJin, Oh Minah, Lee Jai Young. Removal of As, cadmium and lead in sandy soil with

sonification-electrokinetieremediation [J]. Soil & Groundwater Env, 2013, 18 (7): 1~11.

[40] Chung Ha Ik, Chun Byung Sik, Lee Yong Jae. The combined electrokinetic and ultrasonic remediation of sand contaminated with heavy metal and organic substance [J]. Geotechnical Engineering, 2006, 10 (5): 325~331.

[41] Ha Ik Chung. Removal of heavy metal and organic substance in contaminated soils by electrokinetic and ultrasonic remediation [J]. Jour ofthe KGS, 2003, 19 (3): 83~91.

[42] Zhu S F, Han D L, Zhou M, et al. Ammonia enhanced electrokinetics coupled with bamboo charcoal adsorption for remediation of fluorine—contaminated kaolin clay [J]. Electrochimica Acta, 2016, 198: 241~248.

[43] Esperanza Mena, José Villasenor, Manuel A Rodrigo, et al. Electrokinetic remediation of soil polluted with insoluble organics using biological permeable reactive barriers: Effect of periodic polarity reversal and voltage gradient [J]. Chemical Engineering Journal, 2016, 299: 30~36.

[44] 邓一荣, 林挺, 肖荣波, 等. EKR. PRB 耦合技术在污染场地修复中的应用研究进展 [J]. 环境工程, 2015, 33 (10): 152~157.

[45] 陈升勇, 王成端, 付馨烈, 等. 可渗透反应墙在土壤和地下水修复中的应用 [J]. 资源节约与环保, 2015 (3): 253~254.

[46] Zhao S N, Fan L, Zhou M Y, et al. Remediation of copper contaminated kaolin by clectrokinetics coupled with permeable reactive barrier [J]. Procedia Environment Sciences, 2016, 31: 274~279.

[47] Ma J W, Wang F Y, Huang Z H, et al. Simultaneous removal of 2, 4-dichlorophenol and Cd from soils by electrokinetic remediation combined with activated bamboo charcoal [J]. Journal of HazardousMaterials, 2010, 176 (1/3): 715~720.

[48] 孙庆春. 渗透反应墙及电动技术修复重金属污染地下水和土壤 [D]. 合肥: 合肥工业大学, 2013.

2 模拟红壤中重金属镉电动修复技术

<<<<<<<<<<<<<<<<<<<<<<<<<<<<<<<<<<<<<<<<<<<<<<<<<<<<<<<<<<<<

2.1 研究目的和内容

2.1.1 模拟土壤研究目的

随着工业和农业的发展，经济在提高的同时也带来更多的负面影响，如果对土壤的污染问题不加以控制，将会有更多的土壤被重金属入侵，对我们的生存介质——土壤产生更大的威胁，找出高效和经济的重金属污染土壤的修复技术对土壤可持续发展具有重大意义。

云南省处于我国西南边陲，矿产资源特别丰富，但由于对矿山资源的粗放型开采，加之开采技术还比较落后，导致很多矿场产生的尾矿不能被及时有效地处理掉。由于大部分尾矿中含有种类较多的重金属污染物，这些存在于尾矿中的重金属在经过雨水的浸泡、风化的微尘以及长期的堆放雨淋等作用进行迁移并危害周围的耕地土壤，使得尾矿周边的土壤中重金属含量逐渐增加。研究显示，全国很多省份的土壤中重金属 Cd 的含量较多，云南省也在其中。

电动修复技术针对重金属污染土壤问题可以进行原位修复，该修复技术具有修复效率高、对土壤中的重金属修复较为彻底、修复过程周期较短等优点，越来越多国内外研究人员对其进行了较为系统的研究。由于在电动修复技术实施过程中，其修复效率会受很多内在外在因素的影响，比如电动修复电压梯度、阴极电解液及其浓度、土壤饱和液及其浓度、土壤类型、土壤饱和时间以及电动修复时间等，这些影响因素使得电动修复技术变得复杂，所以对不同的重金属污染土壤进行电动修复的操作条件都有所不同。

本章立足于云南省重金属 Cd 污染土壤，对重金属 Cd 污染土壤进行电动修复研究，从而得到针对该土壤实际有效的电动修复试验参数，为今后重金属 Cd 污染土壤电动修复技术提供技术参考。

2.1.2 模拟土壤研究内容

采用 4 种不同的土壤饱和溶液（去离子水、乙酸、柠檬酸、稀盐酸）对该模拟污染土壤进行重金属 Cd 的提取试验，选取最佳的土壤饱和溶液，在此基础上进一步筛选出经济高效的饱和溶液最佳浓度，为后续的电动修复试验提供最优的土壤饱和溶液。

对阴极电解液进行优化，分别选取不同的类型溶液——去离子水，$Fe(NO_3)_3$、$Cu(SO_4)_2$ 以及柠檬酸溶液作为阴极电解液进行电动修复对比试验，研究了在不同阴极电解液情况下，电动修复技术对修复电流、土壤 pH 值、土壤中重金属 Cd 的形态变化、土壤中 $w(Cd)$、重金属 Cd 的去除率以及电动修复过程中能耗的影响，并得出最佳的阴极电解液及其浓度。

设置不同的修复电压梯度（0.5V/cm、1.0V/cm、1.5V/cm、2.0V/cm、2.5V/cm）分别进行电动修复对比试验，研究不同电压梯度对修复电流、土壤 pH 值、土壤中 $w(Cd)$、Cd 的去除率以及电动修复过程中能耗及电解液消耗的影响，并得出最佳的电动修复电压梯度。

在以上最佳参数的基础上进一步设置不同的电动修复时间（2d、5d、8d、12d、16d、20d）分别进行时间参数的电动修复对比试验，通过研究不同修复时间对修复电流、土壤中 $w(Cd)$、重金属 Cd 的去除率以及电动修复过程中能耗及电解液消耗的影响，并得出最佳的电动修复时间。

2.2　模拟修复重金属镉方法和装置

2.2.1　试验材料

（1）试验土壤。电动修复试验中使用的模拟重金属 Cd 污染红壤取自某校园（0~20cm），土壤取回后经风干并捣碎，去除土壤中的碎石草根等杂质，后经研磨过 20 目筛。将无污染的土壤与 $Cd(NO_3)_2 \cdot 4H_2O$ 在塑料桶中混匀并加水在室温下培养 2 年。土壤的基本理化性质采用标准测试方法，土壤理化性质测试结果列于表 2-1。

试验中所需的实际重金属 Cd 污染土壤取自个旧市某工业园区的实际重金属 Cd 污染土壤（0~20cm）。根据土壤基本理化性质测试方法，测试结果见表 2-1。

表 2-1　土壤基本理化性质

土壤理化性质	模拟 Cd 污染红壤	实际 Cd 污染土壤
pH 值	4.95	8.9
电导率/mS·m^{-1}	11	89.9
w(有机质)/g·kg^{-1}	26.2	29.2
阳离子交换容量/cmol·kg^{-1}	10.45	16.31
土壤含水率/%	3.2	40.9
w(Cd)/mg·kg^{-1}	485.09	5491.89
沙粒/%	19.6	20.3

续表 2-1

土壤理化性质	模拟 Cd 污染红壤	实际 Cd 污染土壤
粉粒/%	64.5	69.5
粘粒/%	15.9	10.2
$w(\mathrm{Fe})/\mathrm{g} \cdot \mathrm{kg}^{-1}$	245.4	193.4
$w(\mathrm{Ca})/\mathrm{g} \cdot \mathrm{kg}^{-1}$	168.5	127.7
$w(\mathrm{Mg})/\mathrm{g} \cdot \mathrm{kg}^{-1}$	52.1	48.6
$w(\mathrm{Al})/\mathrm{g} \cdot \mathrm{kg}^{-1}$	19.1	16.8

（2）仪器设备见表 2-2。

表 2-2 试验所需仪器

仪器编号	仪器名称	仪器型号	生产厂家
1	土壤三参仪	MH-WSY	北京九州空间科贸有限公司
2	数字酸度计	PHS-29A	上海大普仪器有限公司
3	激光粒度仪	Mastersizer 2000	英国马尔文仪器有限公司
4	马弗炉	CXL-1700C	上海钜晶精密仪器制造有限公司
5	电子分析天平	FA1004B	北京华安安特科技有限责任公司
6	回旋旋转往返振荡器	HY-2A	江苏金坛实验仪器
7	直流稳压电源	HB17300	深圳市乐达精密工具有限公司
8	低速台式离心机	DT5-1	北京时代北利离心机有限公司
9	原子分析吸收光谱仪（ICP）	Thermo ICE-3000	赛默飞世尔科技（中国）有限公司
10	恒温电热多用途消解仪	Digib Lock-S36	北京莱伯泰科仪器股份有限公司
11	调速型蠕动泵	BT300S	保定雷弗流体科技有限公司

（3）试验所需药品及其规格见表 2-3。

表 2-3 试验药品及规格

药品	规格	生产厂商
氢氟酸（HF）	分析纯	无锡展望化工试剂有限公司
高氯酸（$\mathrm{HClO_4}$）	分析纯	天津政成化学制品有限公司
硝酸（$\mathrm{HNO_3}$）	分析纯	东莞市启明化工有限公司
醋酸铵（$\mathrm{CH_3COONH_4}$）	分析纯	天科生物科技源头厂家
双氧水（$\mathrm{H_2O_2}$）	分析纯	淄博佰耐斯化学品有限公司
盐酸羟胺（$\mathrm{NH_2OH \cdot HCl}$）	分析纯	杭州双林化工试剂厂
乙酸（$\mathrm{CH_3COOH}$）	分析纯	天津市福晨化学试剂厂
硝酸铁（$\mathrm{Fe(NO_3)_3}$）	分析纯	天津市水晨方正化学试剂厂
柠檬酸	分析纯	江苏响水天益化工有限公司
硫酸铜（$\mathrm{CuSO_4}$）	分析纯	辽宁营口东盛菱镁科技有限公司

（4）反应装置。电动修复试验所用的电动反应装置为自行设计并定制，利用有机玻璃加工而成，外形呈矩形，主要分为 3 部分：中间的土壤室以及两边的阴极电解室与阳极电解室（见图 2-1）。土壤室内部尺寸（$L \times W \times H$）为 20cm×5cm×5cm，阴阳电极室（$L \times W \times H$）为 6cm×5cm×5cm。试验装置还包括直流稳压电源、石墨电极以及 pH 值自动控制系统。随着试验进行，电解液也随之消耗，将 pH 值电极放置在阴极电解室的石墨电极旁来检测阴极室 pH 值，并通过控制系统向阴极室添加对应的电解液来控制 pH 值。

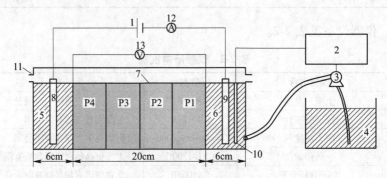

图 2-1　电动修复装置

1—直流稳压电源；2—pH 值监控器；3—蠕动泵；4—阴极电解液；5—阳极电解室；
6—阴极电解室；7—土壤；8—阳极；9—阴极；10—pH 值检测电极；
11—溢流孔；12—电流表；13—电压表；P1~P4 为采样区域编号

2.2.2　电动修复试验方法

电动修复试验前，将处理好的去除杂物的重金属 Cd 污染土壤装入土壤室，用土壤饱和溶液饱和土壤一定时间，按各试验设计加入不同的电解液后连接电源并设置电压梯度，试验过程中采用 115C 万用表测定电流变化。试验结束时，将土壤从阴极到阳极平分为 4 部分，长度均为 5cm，分别编号为 P1、P2、P3、P4。将各部分土壤取出放入铝盒，在真空干燥箱中 80℃条件下干燥 24h，过 100 目筛（0.147mm）并充分混匀，对土壤重金属 Cd 进行形态提取并测定其重金属 Cd 含量，另外测定土壤中 w(Cd) 与 pH 值。

2.3　模拟重金属镉污染红壤电动修复研究

2.3.1　红壤中重金属镉提取试验

2.3.1.1　不同提取剂对土壤中重金属 Cd 的提取

选用不同的提取剂对土壤中的重金属 Cd 进行提取，提取剂的浓度为0.1mol/L，提取时间为 5h。具体的试验参数见表 2-4。

表 2-4 试验参数

提取剂	提取剂浓度/mol·L⁻¹	提取时间/h	提取土壤质量/g
去离子水	0.1	5	0.1
乙酸溶液	0.1	5	0.1
柠檬酸	0.1	5	0.1
稀盐酸	0.1	5	0.1

试验结束后，将提取液定容于 50mL 比色管中并测定土壤中重金属 Cd 的提取量，试验结果如图 2-2 所示。

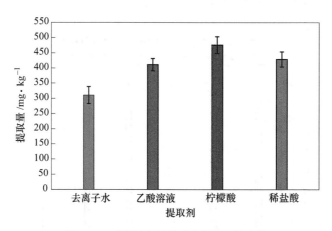

图 2-2 不同提取剂的重金属 Cd 提取量

由图 2-2 的 4 种不同提取液对土壤中重金属 Cd 的提取试验，去离子水、乙酸溶液、稀盐酸以及柠檬酸的提取量依次增加。去离子水的提取效果较有机弱酸（乙酸溶液，柠檬酸）与无机酸（稀盐酸）的要差，这是因为重金属离子吸附在污染土壤颗粒表面，而酸性溶液更容易将其解吸并离开土壤颗粒表面；所用酸性提取剂中柠檬酸的提取效果较好，主要是因为柠檬酸不仅依靠酸性将土壤颗粒表面的重金属 Cd 解吸出来，由于柠檬酸具有较强的络合能力可以与土壤中的重金属进行有效的络合，使得解吸出来的重金属 Cd 与柠檬酸形成更易溶解的配合物，这样即使在土壤 pH 值较高的环境下也可以使重金属 Cd 保持在离子状态，而其余两种酸性提取剂由于没有络合作用，解吸出的重金属 Cd 又再次吸附在土壤颗粒表面，影响重金属 Cd 在土壤颗粒表面的解吸效果。

2.3.1.2 不同浓度柠檬酸提取土壤中重金属 Cd 试验

选不同浓度的柠檬酸对土壤中重金属 Cd 进行提取试验，试验设置见表 2-5。

表 2-5　不同浓度柠檬酸提取重金属 Cd

提取剂浓度/mol·L^{-1}	提取时间/h	提取土壤质量/g
0.05	5	0.1
0.10	5	0.1
0.15	5	0.1
0.20	5	0.1
0.25	5	0.1
0.30	5	0.1

提取试验结束后，将提取液定容在 50mL 比色管中测定其土壤中重金属 Cd 的提取量，提取结果如图 2-3 所示。

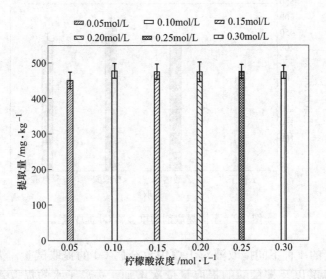

图 2-3　不同浓度柠檬酸的 Cd 提取量

由图 2-3 中结果可以看出，柠檬酸配制成浓度为 0.05mol/L 时，土壤中重金属 Cd 的提取量达到了最低，为 451.25mg/kg。当增加柠檬酸的浓度至 0.1mol/L 时，土壤中重金属 Cd 的提取量增加到了 476.15mg/kg，而继续增加柠檬酸的浓度时，提取效果并没有太大的变化。考虑经济因素，选择 0.1mol/L 的柠檬酸可以达到较为理想和经济的提取效果。

2.3.2　不同阴极电解液对重金属镉的修复影响

2.3.2.1　反应设置

针对重金属污染土壤电动修复过程中阴极电解室 pH 值升高会对重金属的去

除产生不利影响的问题，利用 Fe^{3+}/Fe^{2+}、Cu^{2+}/Cu 标准电极电位较高的优势，以人工模拟重金属 Cd 污染土壤为研究对象，对不同阴极电解液（$Fe(NO_3)_3$、$CuSO_4$、柠檬酸）的电动修复效果进行了系统分析。

共设置 4 组电动修复试验（见表 2-6）。试验前，将预先准备的重金属 Cd 污染土壤装入电动修复槽中的土壤室，在阴阳极电解室中加入 0.1mol/L 的柠檬酸，在水力梯度的作用下饱和土壤 12h，电动修复试验中电压梯度设置为 1.5V/cm，试验过程中用万用表测定电动修复过程中系统电流数值的变化。电动修复试验结束时将修复后的土壤从阴极到阳极平分为 4 部分，每部分长度均为 5cm 并分别编号为 P1、P2、P3、P4。将修复后的土壤取出并放入铝盒中，盒子盖上盖子后放置在真空干燥箱中 80℃下干燥 24h。干燥结束后，研磨并过筛，取出土壤进行以下测定，土壤重金属 Cd 形态提取并测定每一形态的具体含量，测定土壤中重金属 Cd 含量-$w(Cd)$、土壤 pH 值等电动修复的试验指标。

表 2-6　电动修复反应设置

试验组	阴、阳极电极类型	电压梯度/V·cm^{-1}	阳极电解液	阴极电解液	阴极电解室pH 值	修复时间/d
EK1	石墨电极	1.5	去离子水	去离子水	不控制	10
EK2	石墨电极	1.5	去离子水	0.1mol/L CuSO$_4$ 溶液	2~3	10
EK3	石墨电极	1.5	去离子水	0.1mol/L Fe(NO$_3$)$_3$ 溶液	2~3	10
EK4	石墨电极	1.5	去离子水	0.1mol/L 柠檬酸溶液	2~3	10

2.3.2.2　电动修复过程中电流变化

图 2-4 为电动修复试验中随着不同阴极电解液的加入，系统电流随时间变化的具体情况。由图 2-4 可以看出，EK1、EK2、EK4 的电流变化趋势基本一致，电流值都是先增大之后减小并最终趋于稳定。对于 EK1，在电动修复 0~10h 内系统电流值由最初的 2mA 增加至最大值 10mA，并在电动修复的 128h 后稳定在 2mA；EK2 在电动修复的最初时期其系统电流值为 3mA，修复至 33h 达到系统电流的最大值 15mA，在电动修复的 125h 后系统电流稳定在 7mA 左右；EK4 电动修复的最初电流为 3mA，修复至第 55h 达到最大值 20mA，190h 后稳定在 2mA 左右。可见出现这一现象的原因是，由于在电动修复初期土壤中可移动离子较多，阳极电解室中水电解产生的 H^+ 以较快的速度在孔隙液中向阴极电解室电迁移过程中会在土壤颗粒表面溶解、解吸出更多可移动离子，使电流增大。电动修复进

行至一段时间后，土壤孔隙液中大部分可移动离子在电迁移等作用下迁移出土壤，这时由于孔隙液中离子浓度的降低导致系统电流降低。当从土壤孔隙液中迁移出的可移动离子数量与土壤中后期解吸进入孔隙液而产生的可移动离子处于动态平衡状态时，电流在后期会稳定在一定范围之内。对比变化情况，EK4 系统电流在峰值处稍高于 EK2，这是因为柠檬酸 pH 值为 2.4 时，其酸性高于硫酸铜（pH 值为 2.7）。由于 EK1 阴极电解室的 pH 值最高，其电流较 EK2、EK3、EK4 最低。EK3 的电流初期也在缓慢增加，中后期（171h）迅速增加到最大值740mA，之后开始减少，其最小值出现在 190h 时，为 41mA。EK3 的电流一直大于其余三组，这是由于 Fe^{3+}/Fe^{2+} 的电极电势较高，在阴极电极附近放电能力较强，电解液中 Fe^{3+} 消耗速度会相应增加，需要加入更多 $Fe(NO_3)_3$ 溶液来控制阴极室 pH 值，致使电动体系中可移动离子的浓度增加。

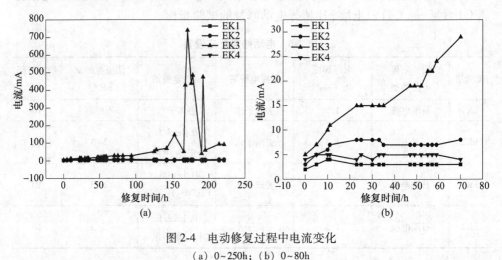

图 2-4　电动修复过程中电流变化

（a）0~250h；（b）0~80h

2.3.2.3　电动修复后土壤 pH 值分布

图 2-5 为电动修复后不同部分土壤 pH 值变化情况。由于极化作用导致 EK1 试验土壤中，靠近阳极室 P4 处土壤 pH 值低于初始 pH 值；但 P2、P3 以及靠近阴极室 P1 的 pH 值均高于初始值。由于 EK2、EK3、EK4 试验组都控制了阴极电解室的 pH 值（为 2~3），并且阳极电解室电解产生的 H^+ 通过土壤往阴极迁移，使得 EK2、EK3、EK4 试验组的土壤 pH 值在整体上都明显低于初始值，表明 $Fe(NO_3)_3$、$Cu(SO_4)_2$ 以及柠檬酸对阴极电解室的 pH 值控制效果显著。

2.3.2.4　土壤中 $w(Cd)$ 及重金属 Cd 的去除率

图 2-6 和图 2-7 分别为土壤各截面中 $w(Cd)$ 及重金属 Cd 的去除率。从图中

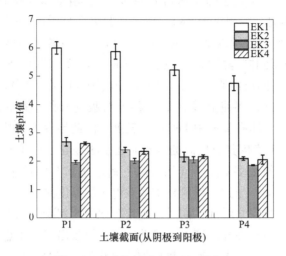

图 2-5 电动修复后土壤 pH 值分布

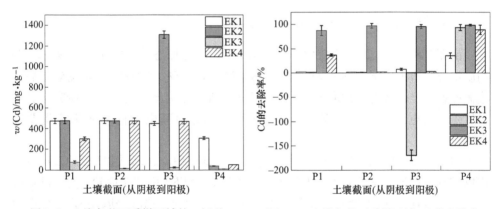

图 2-6 土壤各截面采样区域的 $w(Cd)$ | 图 2-7 土壤各截面采样区域 Cd 的去除率

可以明显看出，相对于采用传统方法的试验组 EK1，加入 $Fe(NO_3)_3$ 溶液作为阴极电解液的试验组 EK3 显示出修复重金属 Cd 污染土壤的优越性。EK1 试验组修复的土壤中，重金属 Cd 的去除率仅由 P1 处的 2.15% 增加到 P4 处的 35.74%，平均去除率为 11.6%；EK2 试验组只有在 P4 处去除率较 EK1 试验组高，为 93.5%，平均去除率为 24.4%。从整个土壤重金属 Cd 的去除效果来看，EK2 试验组在增强电动修复效果上有一定的限度；EK4 试验组重金属 Cd 的去除率在 P1 处为 36.88%，P4 处为 88.98%，而在中间部位 P2、P3 处重金属 Cd 的去除率较使用传统方法 EK1 的要低，平均去除率为 32.6%。对比 EK1、EK2、EK4 三组试验可以发现，加入 $Cu(SO_4)_2$ 和柠檬酸在修复该类型土壤时还存在着很大的缺陷。而 EK3 修复的土壤中，土壤中重金属 Cd 的总去除率由 P1 处的 87.27% 增加到 P4 处的 98.29%，平均去除率达到了 94.4%。其电动修复效果与该试验组重金属 Cd 形态分布相契合。相对于 EK1，EK3 试验组重金属 Cd 的总体去除率始终保持在一个很高的水平，所以加入 $Fe(NO_3)_3$ 可以起到最好的电动修复效果。从 $w(Cd)$ 中也可以得到同样的结论。相对于 EK1、EK2、EK4，EK3 土壤中重金属 Cd 平均去除率较高的可能原因是：（1）将 $Fe(NO_3)_3$ 作为阴极电解液，控制阴极 pH 值在 2~3 之间，促使土壤中重金属 Cd 解吸进入孔隙液中；（2）阴极电解室 Fe^{3+} 浓度较高，土壤孔隙液中 Fe^{3+} 浓度较低，由此导致 Fe^{3+} 从阴极电解室向土壤孔隙液中扩散，Fe^{3+} 因具有较高的价态而在土壤颗粒表面上对其他离子的吸附亲和力较强，从而使很多阳离子（如 Cd^{2+}）解吸进入孔隙液中；（3）由于 Fe^{3+} 吸附在土壤颗粒表面，导致土壤颗粒扩散双电子层厚度减小，进而降低土壤颗粒之间的排斥力，范德华力增加，同时产生絮凝现象，絮凝结构会增加土壤颗粒孔隙，这样就增加了离子在孔隙液中的移动速度，解吸出来的重金属离子就会得到有效迁移，同时土壤中的电导率系数增加，电流随之提高，这也是图 2-4 中 EK3 的电流较其他 3 组试验偏高的另一个重要原因。

2.3.2.5　土壤中重金属 Cd 的形态分布

由图 2-8 可见，原始土壤中，弱酸提取态、可还原态、可氧化态、残渣态 Cd 的质量分数所占比例分别为 74.57%、18.87%、6.55%、0.002%，电动修复后土壤截面各采样区域内 4 种形态 Cd 的质量分数所占比例均存在差异。研究人员对尾矿重金属电动修复时发现，土壤中重金属形态对其电动修复效果有重要的影响。

对于弱酸提取态 Cd，经电动修复后，4 组试验中 w（弱酸提取态 Cd）所占比例均有所增加（除 EK1 中 P1 处为 73.38%），而 EK3 中相应值较 w（弱酸提取态 Cd）初始值的增幅最大，其 P1、P2、P3、P4 处 w（弱酸提取态 Cd）分别为 79.97%、92.69%、91.29%、90.60%。彭桂群等[5] 在研究电动修复增强技术去除电镀污泥重金属的过程中发现，经电动修复处理后污泥中各形态重金属含量所占比例变化是由稳定态向不稳定态的弱酸提取态的转变。对于 EK1，由于在试验过程中没有调节阴极电解室 pH 值，P1 处土壤 pH 值较高，致使 P1 处 w（弱酸提取态 Cd）所占比例较 w（弱酸提取态 Cd）的初始值低，说明 pH 值的升高不利于土壤中其他形态 Cd 向弱酸提取态 Cd 的转变。元素的化学形态与其生物毒性、迁移性密切相关。吴新民等在研究土壤中 Cd、Pb、Cu 等元素含量及其形态特征时发现，由于弱酸提取态重金属与土壤颗粒表面结合较弱，在自然环境中更易被释放出来，因此具有可移动性强、生物危害性大的特点。

4 组试验中，电动修复后土壤中 w（可还原态 Cd）所占比例均有所降低。电动修复过程可以有效降低土壤中可还原态重金属含量。由于 P4 位置靠近阳极电

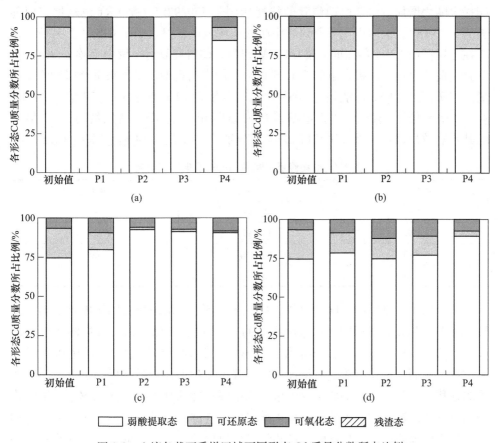

图 2-8 土壤各截面采样区域不同形态 Cd 质量分数所占比例

（a）EK1 土壤截面（从阴极到阳极）；（b）EK2 土壤截面（从阴极到阳极）；

（c）EK3 土壤截面（从阴极到阳极）；（d）EK4 土壤截面（从阴极到阳极）

解室，该处土壤 pH 值较低，修复后土壤中 w（可还原态 Cd）所占比例较其他部位更低，在 EK1、EK2、EK3、EK4 中 P4 处 w（可还原态 Cd）分别为 8.35%、10.43%、1.09%、3.31%，说明 pH 值降低有助于可还原态 Cd 在土壤颗粒表面的解吸。

电动修复后各试验组土壤中 w（可氧化态 Cd）所占比例均有所增加，可能是因为在电动修复过程中，土壤中部分重金属离子解吸进入孔隙液后又以配合物的形式重新吸附在土壤颗粒表面，进而形成可氧化态 Cd。

2.3.2.6 能耗及阴极电解液的消耗

试验消耗能量与阴极电解液消耗量的实际情况见表 2-7。从表 2-7 中可以看出，阴极电解液的消耗与能耗之间呈正相关性，即随着阴极电解液消耗的增加，能耗也随之增加。EK2 电动修复的能耗达到了 179.92kJ（是 EK1 电动修复时能耗的 2.13 倍），同时电动修复过程中阴极电解液消耗量达到了 625mL。另外，由于在土壤截面 P3 处存在重金属 Cd 聚集现象，使得修复后土壤中平均 $w(Cd)$ 大于修复前的含量，阴极电解液为 $CuSO_4$ 溶液的事后也增加了外来重金属对修复土壤的二次污染。EK3 的能耗为 2088.61kJ（分别为 EK1 能耗的 24.73 倍、EK4 能耗的 13.39 倍），消耗的阴极电解液量为 2000mL（为 EK4 消耗量的 3.77 倍），但其修复效果最好，重金属 Cd 的去除率分别为 EK1 的 8.14 倍、EK4 的 2.89 倍。

表 2-7　电动修复试验中的能耗及电解液消耗

试验组别	能耗/kJ·kg⁻¹	电解液消耗/mL
EK1	84.45	—
EK2	179.92	625
EK3	2088.61	2000
EK4	155.89	530

从结果中可以看出，$Fe(NO_3)_3$ 溶液、$Cu(SO_4)_2$ 溶液作为阴极电解液时，溶液中的 Fe^{3+} 和 Cu^{2+} 可以阻止水电离出来的 H^+ 放电，从而可以有效控制阴极室的 pH 值。0.1mol/L $Fe(NO_3)_3$ 溶液作为阴极电解液时，可以增加土壤中可移动离子数量，从而使整体电流随之增加，电场强度得到增强，最终提高了重金属镉离子的迁移速率和重金属镉离子在土壤中的解吸；加入 0.1mol/L $Cu(SO_4)_2$ 溶液作为阴极电解液没有增加整体重金属镉离子的电迁移，而且 Cu^{2+} 的加入增加对土壤二次污染的风险。加入柠檬酸的试验组虽然可以控制阴极电解液，但其修复效率较低。所以，针对该土壤选择 0.1mol/L $Fe(NO_3)_3$ 作为其阴极电解液。

2.3.3　不同电压梯度对重金属镉的修复影响

电动修复过程中，从土壤中解吸进入孔隙液中的污染物重金属 Cd 主要是在电压梯度下进行电迁移，不同的电压梯度对土壤中重金属 Cd 的修复效果有不同的影响。

2.3.3.1　反应设置

电动修复试验共设置 5 组，见表 2-8。

2.3.3.2　电动修复过程中电流的变化

图 2-9 为电动修复过程中不同电压梯度时电流随时间变化情况。由图 2-9 (a) 可以看出，在整个电动修复过程中，EK5~EK9（0.5~2.5V/cm）的电流变化趋势基本一致，先增加至最大值后再下降到稳定的范围。在 0~100h 范围内

表 2-8 电动修复试验反应设置

试验组	阴、阳极电极类型	电压梯度 /V·cm⁻¹	阳极电解液	阴极电解液	阴极电解室 pH 值	修复时间 /d
EK5	石墨电极	0.5	去离子水	0.1mol/L $Fe(NO_3)_3$溶液	2~3	10
EK6	石墨电极	1	去离子水	0.1mol/L $Fe(NO_3)_3$溶液	2~3	10
EK7	石墨电极	1.5	去离子水	0.1mol/L $Fe(NO_3)_3$溶液	2~3	10
EK8	石墨电极	2	去离子水	0.1mol/L $Fe(NO_3)_3$溶液	2~3	10
EK9	石墨电极	2.5	去离子水	0.1mol/L $Fe(NO_3)_3$溶液	2~3	10

电流呈直线上升趋势，在一定的时间内电流值的大小是：EK9>EK8>EK7>EK6>EK5，在 100h 时 EK5~EK9 的电流分别为 27mA，30mA，48mA，90mA 以及 100mA，如图 2-9（b）所示。这种现象的出现符合欧姆定律，根据欧姆定律：$V=IR$，当升高电压时，在系统电阻变化不大的情况下，电动修复试验中系统的电流值也会相应的增加。但是 5 组电流之间比较增加的幅度不完全相同，说明即使对于同种土壤，当其电动修复时的电压梯度不一样时，其系统电阻也不会完全相同。另外，对于同组试验电流来说，当修复时间不同时，其电流的增加率也会不同。这两种情况都说明当电压梯度不同时，阳极电解室中水的电解速率也会不同，当电动修复过程中施加较大的电压梯度时，阳极电解产生更多的 H^+，在该电压梯度下其同时具有较高的迁移速度，迁移的过程中解吸出更多的重金属离子以及其他常规的离子进入土壤孔隙液中并进行电迁移，增加土壤电导率，电流随之增加。

由图 2-9（c）看出，在 150~200h 范围内，5 组电动修复试验都达到了其电流最高值，EK5 试验组最大值为 261mA，EK6 试验组最大值为 427h，EK7 试验组最大值为 485mA，EK8 试验组最大值为 753mA，EK9 试验组最大值为 800mA。电流最高值没有出现在最初电动修复的阶段，主要有以下两种原因：（1）电动修复初始阶段电解室中产生的 H^+还没有完全通过整个土壤，由受土壤 pH 值变化较为敏感的离子不能充分解吸进入到土壤孔隙液中，致使可移动离子浓度较低；（2）电动修复开始阶段，阴极电解室迁移的 Fe^{3+}还不能完全通过整个土壤，受价态影响解吸进入土壤孔隙液中的可移动离子数，包括重金属离子将会较少，导致电动修复电流不会在短期内增大到最大值。

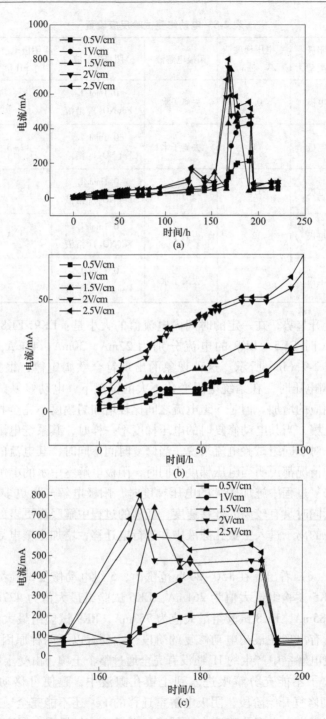

图 2-9 电动修复过程中电流的变化

(a) 0~250h; (b) 0~100h; (c) 160~200h

另外，还可以看出当电压梯度在 1.5V/cm（EK7）；2V/cm（EK8），2.5V/cm（EK9）时，其电流的最大值出现时间早于 0.5V/cm（EK5）与 1V/cm（EK6），当电流最大值时土壤中的污染物重金属 Cd 的迁移率也较高，这样就可以降低电动修复的时间，从而提高电动修复的效率。5 组试验中最大电流值出现的前后与电动修复有一定的联系，EK5 试验组在 192h 时达到最大值，EK6 试验组在 185h 时达到最大值，EK7 试验组在 178h 时达到最大值，EK8 试验组在 168h 时达到最大值，EK9 试验组在 150h 时达到最大值。最大值的变化与电动修复中重金属 Cd 的迁移有一定关系，当电流值最大时，重金属 Cd 的迁移量也增加到最高值，这就决定了最佳修复时间，当电压梯度越大、电动修复达到平衡时的时间越短，所以 EK9 试验组可以在较短的时间达到电动修复平衡。

2.3.3.3　电动修复后土壤 pH 值分布

图 2-10 为电动修复结束后不同截面土壤的 pH 值的变化，从图中可以看出在不同的电压梯度下，当修复结束后土壤各部分 pH 值都小于 2.25，在此 pH 值范围内，重金属 Cd 主要以 H_2L^-、HL^{2-}、H_3L 形式的络合态存在，从而 5 组试验中土壤 pH 值都可以在较高的程度下将土壤颗粒表面的重金属 Cd 解吸进入土壤孔隙液，减少重金属 Cd 在较高 pH 值下形成沉淀的可能。所以，电压梯度的变化对土壤 pH 值的变化没有太大的影响。

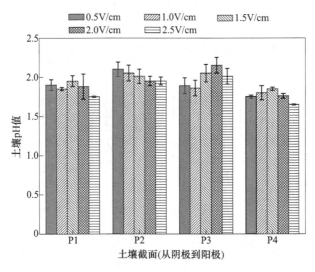

图 2-10　电动修复后土壤 pH 值分布

2.3.3.4　土壤中 $w(Cd)$ 及重金属 Cd 的去除率

图 2-11 和图 2-12 分别为不同土壤截面下 $w(Cd)$ 与重金属 Cd 的去除率，5

组试验中重金属 Cd 在土壤的不同截面处含量都有所不同。如在 P1 部分，土壤的重金属 Cd 含量较高，而 P4 部分土壤中重金属 Cd 的含量较低；在 P1 部分中，EK5～EK9 中重金属的含量分别为 80.51mg/kg，74.99mg/kg，75.95mg/kg，74.54mg/kg 以及 75.6mg/kg；而在 P4 部分中，EK5～EK9 中重金属的含量分别为 10.25mg/kg，7.49mg/kg，9.13mg/kg，7.60mg/kg 以及 6.38mg/kg。重金属 Cd 在土壤不同截面物去除率也呈现这一趋势。

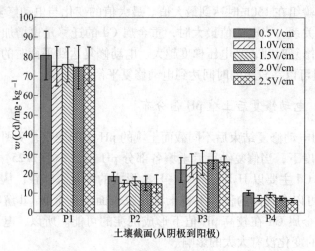

图 2-11　土壤各截面采样区域的 $w(\text{Cd})$

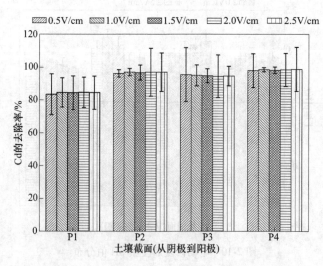

图 2-12　土壤各截面采样区域 Cd 的去除率

在图 2-12 的 P1 部分中，EK5～EK9 中重金属 Cd 的去除率分别为 83.40%，84.53%，84.34%，84.63% 以及 84.42%；而在 P4 部分中，EK5～EK9 中重金属

Cd 的去除率分别为 97.88%，98.45%，98.11%，98.43% 以及 98.68%。出现此种情况是在电动修复试验过程中土壤颗粒表面的 Cd 通过酸性解吸或高价阳离子（如 Fe^{3+}）的置换作用将 Cd 从土壤中释放进入土壤孔隙液，但由于重金属镉离子带正电并在电场作用下往阴极方向进行电迁移，这就是导致在阴极附近土壤中重金属 Cd 的含量较高的主要原因。

5 组不同电压梯度下的电动修复试验相对比，其土壤中重金属 Cd 的去除率以及 $w(Cd)$ 的变化情况没有太大的差异，所以修复效果无明显变化。

2.3.3.5 土壤中重金属 Cd 的形态分布

电动修复试验处理后可以将一些稳定的重金属形态（残余态，可氧化态）转化为不稳定的重金属形态（弱酸提取态，可还原态）。如果电动修复试验结束后土壤中弱酸提取态的比例较初始值有所提高，就说明电动修复过程对土壤中重金属的修复起到积极的作用。图 2-13 为 5 组电动修复试验结束后不同土壤截面各形态重金属 Cd 质量分数。EK5，EK6，EK7，EK8，EK9 5 组试验中不同土壤截面其各形态重金属 Cd 质量分数所占比例都有所不同，如在 P1，P2，P3，P4处，EK5 中弱酸提取态 Cd 质量分数分别为：79.765%，94.027%，93.689% 以及 91.738%；EK6 中弱酸提取态 Cd 质量分数分别为：94.286%，95.4835%，94.7285%，95.4835%；EK7 中弱酸提取态 Cd 质量分数分别为：79.97%，92.699%，91.294%，90.601%；EK8 中弱酸提取态 Cd 质量分数分别为：77.312%，96.154%，95.55%，97.257%；EK9 中弱酸提取态 Cd 质量分数分别为：80.501%，95.37%，93.1721%，90.3931%。

5 组试验中弱酸提取态重金属 Cd 与初始值相比较其含量在土壤中得到了增加，说明该条件下的电动修复试验可以更加有效地将土壤中其他形态的重金属 Cd（可还原态，可氧化态以及残余态）转化为更易在电动修复过程中进行电迁移的弱酸提取态重金属 Cd。从形态 Cd 质量分数角度看，电动修复过程中改变修复电压梯度对 Cd 形态的影响不是特别明显。

2.3.3.6 能耗及阴极电解液消耗

根据能耗计算公式，计算得到各试验组能量消耗见表 2-9，可以发现随着电动修复电压梯度的增加，电流增大，从 EK5～EK9 的能耗分别为 1256.31kJ/kg、1978.25kJ/kg、2088.61kJ/kg、5659.22kJ/kg 以及 7931.17kJ/kg，由于电压梯度的增加导致了电动修复中能耗的增加。从能耗角度分析，当电压梯度在 0.5～1.5V/cm 之间时，随着电压梯度的增加，能耗的增加量不是特别高；但当电压梯度超过 1.5V/cm 时，随着电动修复试验的进行，能耗也在迅速地增加。

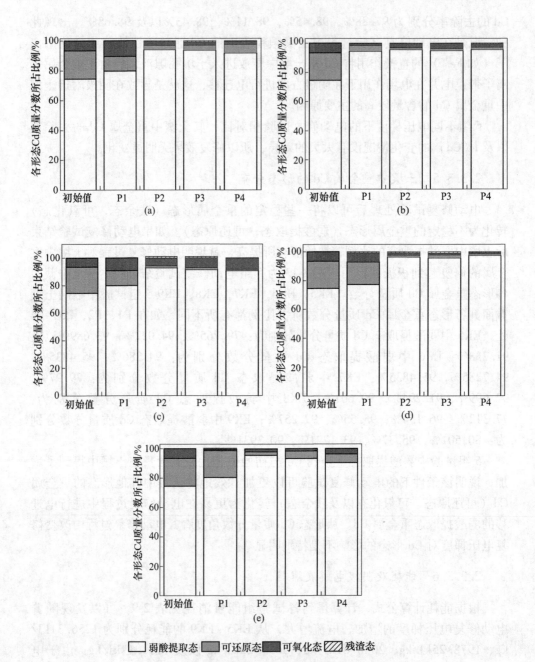

图 2-13　土壤各截面采样区域不同形态 Cd 质量分数

（a）EK5 土壤截面（从阴极到阳极）；（b）EK6 土壤截面（从阴极到阳极）；

（c）EK7 土壤截面（从阴极到阳极）；（d）EK8 土壤截面（从阴极到阳极）；

（e）EK9 土壤截面（从阴极到阳极）

表 2-9 电动修复试验中的能耗及电解液消耗

试验组别	能耗/kJ·kg^{-1}	电解液消耗/mL
EK5	1256.31	326
EK6	1978.25	370
EK7	2088.61	429
EK8	5659.22	514
EK9	7931.17	1999

通过对阴极电解液消耗量的计算可以发现，随着电动修复过程中电压梯度的增加，阴极电解液的消耗也在增加。从 EK5~EK9，阴极电解液的消耗分别达到了 326mL、370mL、429mL、514mL 以及 1999mL。这说明在电压梯度增加的同时，阴极电解室中电解能力增加，电流密度增加，导致更多的 Fe^{3+} 被消耗，从而加入 $Fe(NO_3)_3$ 的量也会增加；当电压梯度由 EK5 中的 0.5V/cm 增加到 EK9 中的 2.5V/cm 时，电压梯度值增加了 5 倍，电解液的消耗增加 6.1 倍。

经过综合比较，当修复电压梯度作为变量进行重金属 Cd 污染土壤电动修复试验时，综合考虑修复结束后土壤中剩余重金属 Cd 含量、重金属 Cd 的去除率以及电动修复过程中的能耗与阴极电解液消耗，当电压梯度达到 1.5V/cm 时可以达到较为经济又高效的修复效果。

2.3.4 不同修复时间对重金属镉的修复影响

2.3.4.1 反应试验设置

选取已优化出的最佳电动修复试验结果，即 0.1mol/L 的 $Fe(NO_3)_3$ 作为阴极电解液，电动修复过程中的电压梯度选用 1.5V/cm，设置一系列的电动修复时间进行电动修复试验。试验设置见表 2-10。

表 2-10 电动修复试验设置

试验组	阴、阳极电极类型	电压梯度/V·cm^{-1}	阳极电解液	阴极电解液	阴极电解室pH值	修复时间/d
EK10	石墨电极	1.5	去离子水	0.1mol/L $Fe(NO_3)_3$	2~3	2
EK11	石墨电极	1.5	去离子水	0.1mol/L $Fe(NO_3)_3$	2~3	4
EK12	石墨电极	1.5	去离子水	0.1mol/L $Fe(NO_3)_3$	2~3	6

试验组	阴、阳极电极类型	电压梯度/V·cm⁻¹	阳极电解液	阴极电解液	阴极电解室pH 值	修复时间/d
EK13	石墨电极	1.5	去离子水	0.1mol/L Fe(NO₃)₃	2~3	8
EK14	石墨电极	1.5	去离子水	0.1mol/L Fe(NO₃)₃	2~3	10
EK15	石墨电极	1.5	去离子水	0.1mol/L Fe(NO₃)₃	2~3	12
EK16	石墨电极	1.5	去离子水	0.1mol/L Fe(NO₃)₃	2~3	14
EK17	石墨电极	1.5	去离子水	0.1mol/L Fe(NO₃)₃	2~3	16

2.3.4.2 电动修复过程中电流的变化

图 2-14 为不同修复时间（2d、4d、6d、8d、10d、12d、14d、16d）下电流的变化，这一变化趋势及其原因前面已经进行了详细的叙述，在此不再重复。从图 2-14 中可以看出，电动修复 10d（240h）后电动修复系统的电流不再有显著的变化，一直维持在一定的区间附近（85~90mA）。故 10d 后土壤颗粒表面的离子吸附解吸已经达到了平衡状态，电流密度此后没有太大变化。

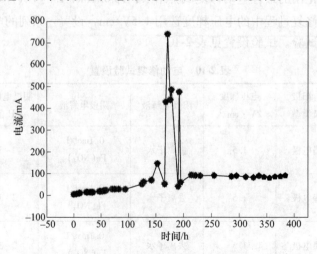

图 2-14 电动修复过程中电流的变化

2.3.4.3 土壤中重金属 Cd 的去除率

图 2-15 中为不同修复时间下土壤中 Cd 的去除率。当时间在 2~10d 时，土壤不同部位其重金属 Cd 的去除率都在增加。在 P1 处，修复时间 2d，4d，6d，8d，10d 时土壤中重金属 Cd 的去除率分别为 12.45%，25.79%，39.17%，45.37%以及 84.34%；在 P2 处，修复时间 2d，4d，6d，8d，10d 时重金属 Cd 的去除率分别为 10.19%，22.71%，35.61%，50.35% 以及 96.64%；在 P3 处，修复时间 2d，4d，6d，8d，10d 时重金属 Cd 的去除率分别为 16.38%，25.12%，29.79%，49.31%以及 94.72%；在 P4 处，修复时间 2d，4d，6d，8d，10d 时重金属 Cd 的去除率分别为 10.27%，20.37%，26.37%，56.19% 以及 98.11%。这一过程与电动修复过程中的电流变化相一致（见图 2-14），在 171h 以前系统电流值呈现递增趋势，由电动修复试验的初始系统电流值 5mA 增加到 171h 时达到系统电流的最大值，为 740mA。在这一时间范围内，电流和土壤中重金属 Cd 的去除率都在增加，出现这一结果的主要原因是土壤颗粒双电子层厚度减小，从而使得土壤颗粒间的斥力随之降低，使土壤产生絮凝结构；絮凝结构的产生可以增大离子在土壤颗粒间进行电迁移时的迁移通道，从而增大离子在孔隙流中的移动速度，电流得到了提高，溶解或解吸出的重金属 Cd 的电迁移速度也会增大，所以系统电流和重金属 Cd 的去除率在这一时期都在增大，进一步说明电动修复过程中系统电流值的变化与重金属的迁移有着密切的联系。

土壤颗粒双电子层厚度的变化主要有下面三点原因：（1）当阴极电解液采用 0.1mol/L 的 $Fe(NO_3)_3$ 时，其电离产生的 Fe^{3+} 价态比一般的阳离子价态（如 Ca^{2+}，Pb^{2+}，Cd^{2+}，Na^+）高，而阳离子溶液会影响土壤颗粒的扩散双电层的厚度，见公式（3-5），其中 $1/\kappa(m)$ 是土壤双电层的厚度；$\varepsilon(F/m)$ 为土壤孔隙流中的介电常数；R 为常用气体常数，取 8.314；$T(K)$ 是系统的绝对温度；c 为土壤颗粒的扩散双电子层中的阳离子浓度；F 为法拉第常数，通常取 96485C/mol；z 为在土壤颗粒的扩散双电子层的阳离子所带电荷数。当土壤颗粒表面吸附高价态阳离子时，公式中的阳离子所带电荷数 z 就会增大，土壤颗粒表面的扩散双电子层厚度将会减小；（2）由于控制阴极电解室 pH 值，使得土壤 pH 值减小，从而土壤颗粒表面更多的物质以离子形式溶解或解吸进入土壤，另外由于一直在阴极电解室中不断加入控制 pH 值的 $Fe(NO_3)_3$ 溶液也会不断地向土壤中引入阳离子，所以土壤颗粒的扩散双电子层中阳离子浓度增加导致了土壤颗粒的扩散双电子层厚度的减小；（3）另外降低电动修复过程中因通电而产生的热量，从而降低系统的温度也可以达到减少土壤颗粒的扩散双电子层的作用。

$$\frac{1}{\kappa} = \sqrt{\frac{\varepsilon RT}{2000 \times cF^2z^2}} \tag{2-1}$$

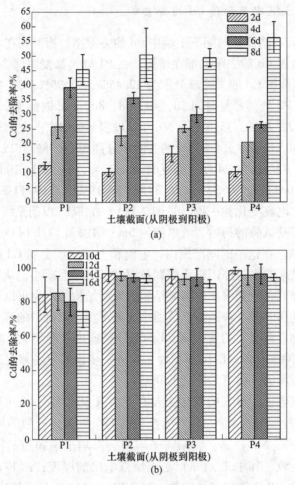

图 2-15　土壤各截面采样区域 Cd 的去除率

(a) 2~8d；(b) 10~16d

　　从不同修复时间下土壤中重金属 Cd 的去除率图 2-15 还可以看出，修复时间为 12d，14d，16d 时重金属 Cd 的去除率，随着修复时间的增加，土壤中重金属 Cd 的去除率无太明显的变化。在 P1 处，修复时间 12d，14d，16d 时重金属 Cd 的去除率分别为 85.13%，79.97% 以及 74.57%；在 P2 处，修复时间 12d，14d，16d 时重金属 Cd 的去除率分别为 95.10%，94.07% 以及 93.72%；在 P3 处，修复时间 12d，14d，16d 时重金属 Cd 的去除率分别为 93.17%，94.28% 以及 90.39%；在 P4 处，修复时间 12d，14d，16d 时重金属 Cd 的去除率分别为 95.48%，96.15% 以及 94.07%。通过与电动修复过程中系统电流变化的对比可以看出，系统电流在 10d 后基本无太显著的变化，电流值趋于平缓，这与该时期内重金属 Cd 的去除率相对应，通过上面数据的分析可以看出，重金属 Cd 的去除率与电动修复过程中系统电流的变化相对应，这在前期的研究中很少提到。

2.3.4.4 能耗与阴极电解液的消耗

表 2-11 为不同修复时间时的能量消耗以及阴极电解液的消耗情况。由表可知，随着修复时间的增加，电动修复过程中消耗的电能增加，阴极电解液的消耗量增大。如当电动修复时间为 10d 时能量消耗为 2088.61kJ/kg，当电动修复时间增加到 12d 时，其能量消耗为 10d 时的 1.3 倍；当电动修复时间增大到 14d 时，其能量消耗为 10d 时的 1.51 倍；当电动修复时间增大到 16d 时，其能量消耗为 10d 时的 1.58 倍。所以从经济角度考虑，并不是电动修复时间越长越好，如果达到电动修复的标准，即可结束电动修复试验。

表 2-11 电动修复过程中的能耗及电解液消耗

试验组别	能耗/kJ·kg^{-1}	电解液消耗/mL
EK10	417.72	428
EK11	835.44	856
EK12	1253.16	1284
EK13	1670.88	1712
EK14	2088.61	2140
EK15	2506.33	2568
EK16	2924.05	2996
EK17	3341.77	3424

2.3.5 电动修复过程中其他元素的影响

虽然在电动修复过程中土壤的污染物重金属 Cd 得到了去除，但是土壤中一些其他化学元素（如 Fe，K，Al，Ca，Mg，Zn）也会或多或少存在一些变化。

一些土壤中的常规元素缺失时就会对植物的生长产生很多不利的影响。如土壤中 Fe 含量较高，Fe 也是地壳中含量最多的元素之一，一般土壤中所含的全 Fe 量在 10000~100000mg/kg 之间，而 Fe 在植物体中占其干重的 3‰左右，在植物的生长过程中 Fe 主要存在于叶绿体中参与植物叶绿素的合成，所以当植物中缺 Fe 时就会导致叶片枯黄；此外 Fe 还是植物进行呼吸作用酶的主要组成物质，对植物的呼吸作用起到了关键作用；土壤中 Mg 含量在 3~25g/kg，Mg 在植物体内的作用与铁相当，是植物生长过程中叶绿素的主要组成元素，在许多酶的作用代谢中充当催化剂的作用，当土壤中缺 Mg 时植物出现叶片泛黄，严重时叶片枯黄并脱落；土壤中 K 的含量（全 K）为 1000~30000mg/kg，K 在植物体内是一种必需元素，对植物的生长起着重要的促进作用，但是 K 不直接构成植物体，只是在 K 的作用下更多的酶可以更好地发挥作用，K 可以促进植物的光合作用，研究显示植物叶片中含 K 量较高的植物比含量 K 低的植物在光合作用下可以多转换 50%左右的光能，此外 K 还可以促进植物生长过程中的代谢作用，比如碳水化合物的代谢作用以及氮素的代谢作用等，促进植物的抗旱、抗低温、抗病虫害以及抗倒伏的能力；土壤中 Ca 含量在一般大于 3%，Ca 是植物细胞壁结构的重要组成元素，可以与蛋白质的分子结合在一起，这一结合产物是质膜的重要组成部分，Ca 还可以作为某些植物细胞内产生的酶的活化剂，通过酶的活化作用调节植物细胞的生命代谢，对控制植物体的各项生理状态具有密不可分的联系，当土壤中缺少钙质时，植物体由于在生长过程中无法进行吸收补充其需量，使得植物的植株生长矮小，土壤中的根系发育不良，进而影响植物的茎叶生长。

　　本节选取由以上步骤优选出来的最佳电动修复参数对重金属 Cd 污染的土壤进行电动修复，对土壤在电动修复前后的 Fe，K，Al，Ca，Mg，Zn 等元素含量进行对比分析，得出电动修复过程对土壤的一些其他影响。表 2-12 为电动修复前后土壤中一些植物生长必需元素含量的变化。从表 2-12 中可以看到，经过电动修复后土壤中这些元素的含量都有所变化，但基本都是向元素含量降低的方向进行，只有 Fe 的含量是升高的。这是由于在电动修复过程中阴极电解液是 0.1mol/L $Fe(NO_3)_3$，由于土壤孔隙液中的 Fe 与阴极电解液中的 Fe 存在浓度差并由此产生浓度扩散，在扩散作用力的推动下阴极电解室中的 Fe 向着土壤中进行浓度扩散，土壤中的扩散公式为：

$$J_j^d = D_j^* \nabla(-C_j)$$

$$D_j^* = D_j \tau n$$

式中，J_j^d 为扩散物质流量；D_j^* 为有效扩散系数；C_j 为物质量浓度；τ 为曲折因子；n 为孔隙率；D_j 为溶液中离子扩散系数。

　　在其他电动修复前后含量减少的土壤元素中，Ca 的减少量为 44.16%、K 的减少量为 56.33%、Mg 的减少量为 15.02%、Al 的减少量为 7.73%、Zn 的减少量为 20.83%。从中可以看出，经过电动修复过程，土壤中 Al 的含量减少量最低，而 K 的含量减少量最高，这与土壤颗粒表面对这些元素的吸附能力有关，阳离子

表 2-12　土壤中常规元素的含量

土壤中元素	电动修复前含量	电动修复后含量
Fe	19.34%	25.27%
Ca	12.77%	7.13%
K	21000mg/kg	9170mg/kg
Mg	4.86%	4.13%
Al	1.68%	1.55%
Zn	0.24%	0.19%

价态越高越有利于吸附在土壤颗粒表面，从而难以解吸进入土壤孔隙液并进行迁移，所以土壤颗粒表面中较少的 Al 解吸出来，而 K 的解吸量较高。

2.4 模拟修复研究结论

本章以重金属 Cd 污染土壤作为试验对象，采用电动修复技术对模拟重金属 Cd 污染红壤以及实际重金属 Cd 污染土壤进行电动修复试验。研究了不同提取剂对模拟重金属 Cd 污染红壤的提取率，不同阴极电解液、不同修复电压梯度、不同电动修复时间对模拟重金属 Cd 污染红壤的电动修复研究，在模拟重金属 Cd 污染红壤的电动修复过程中找到针对该土壤最佳的电动修复参数，之后运用电动修复参数对实际重金属 Cd 污染土壤进行了电动修复试验，以期对电动修复参数进行验证。试验结论如下：

（1）模拟重金属 Cd 污染红壤的提取试验中，柠檬酸作为提取剂可以利用其络合能力将污染土壤中的重金属 Cd 有效提取出来。当柠檬酸浓度为 0.1mol/L 时，模拟重金属 Cd 污染红壤中 Cd 的提取量最高可达 746.15mg/kg，具有较好的提取效果。

（2）在模拟重金属 Cd 污染红壤的电动修复过程中，阴极电解液的选取对阴极电解室 pH 值的变化有直接的影响，最终可以影响到土壤中 Cd 的去除效果。试验表明，当选用 0.1mol/L 的 $Fe(NO_3)_3$ 作为阴极电解液时可以有以下优势：1）由于其较低的 pH 值以及 Fe^{3+}/Fe^{2+} 具有较高的标准氧化还原电位，阴极电解室的 pH 值得到了控制；2）土壤颗粒表面阳离子（包括污染物 Cd^{2+}）在 Fe^{3+} 作用下解吸进入孔隙液中；3）由于 Fe^{3+} 吸附在土壤颗粒表面，导致土壤颗粒扩散双电子层厚度减小，进而降低土壤颗粒之间的排斥力，范德华力增加，同时产生絮凝现象；絮凝结构会增加土壤颗粒孔隙，这样就增加了离子在孔隙液中的移动速度，解吸出来的重金属离子就会得到有效迁移，同时土壤中的电导率系数增加，电流随之提高，土壤孔隙液中解吸出来的 Cd^{2+} 迁移速度增加。结果表明，$Fe(NO_3)_3$ 作为阴极电解液可以将模拟重金属 Cd 污染土壤中 94.4% 的 Cd 去除，达到了较高的修复效果。

（3）当选用 1.5V/cm 的电压梯度作为电动修复模拟 Cd 污染红壤时，土壤中的平均重金属 Cd 去除率达到 90% 以上。电压梯度对土壤中重金属 Cd 的影响主要是通过在电解室的电解作用下产生有利于土壤颗粒表面重金属 Cd 解吸的离子（如 H^+），这些离子在电场或浓差扩散的作用下进入土壤并产生作用，当电压梯度在合适的范围内有利于离子态的 Cd 进行电迁移。

（4）当对模拟重金属 Cd 污染红壤进行电动修复，电动修复时间为 10d 可以达到较好的修复效果。在此电动修复时间下，在确保模拟重金属 Cd 污染红壤的电动修复效率的前提下进一步减少了能量的消耗。

（5）在实际重金属 Cd 污染土壤中利用得到的电动修复参数对其进行电动修复试验，试验结果表明，实际土壤中重金属 Cd 的去除率达到了 55% 以上，显示了良好的修复效果，说明该电动修复参数对重金属 Cd 污染土壤的修复具有普遍适用性。在实际重金属 Cd 污染土壤中有很多复杂的因素影响着电动修复的效果，如试验中所用的土壤为具有强酸性缓冲能力的碱性土壤，由于 pH 值较高，电动修复过程中土壤颗粒表面吸附的 Cd 不能有效地解吸并在电场作用下进行有效的电迁移，加入的柠檬酸饱和溶液通过与 Cd 的络合作用可以提高 Cd 的去除率，但是较模拟重金属 Cd 污染红壤还是有一定的差距。

参 考 文 献

[1] Jeon E K, Jung J M, Kim W S, et al. In situ electrokinetic remediation of As-, Cu-, and Pb-contaminated paddy soil using hexagonal electrode configuration: a full scale study [J]. Environmental Science and Pollution Research, 2015, 22 (1): 711~720.

[2] Gao J, Luo Q, Zhang C, et al. Enhanced electrokinetic removal of cadmium from sludge using a coupled catholyte circulation system with multilayer of anion exchange resin [J]. Chemical engineering journal, 2013, 234: 1~8.

[3] Ottosen L M. Electrokinetics in the removal of metal ions fromsoils [M]. Encyclopedia of Applied Electrochemistry. Springer New York, 2014: 742~746.

[4] Moon D H, Jo R, Koutsospyros A, et al. Soil Washing of Fluorine Contaminated Soil Using Various Washing Solutions [J]. Bulletin of environmental contamination and toxicology, 2015, 94 (3): 334~339.

[5] 彭桂群，田光明. 采用电动修复增强技术去除电镀污泥中重金属 [J]. 中国环境科学，2010, 30 (3): 349~356.

[6] 吴新民，李恋卿，潘根兴，等. 南京市不同功能城区土壤中重金属 Cu, Zn, Pb 和 Cd 的污染特征 [J]. 环境科学，2003, 24 (3): 105~111.

[7] Yoo J C, Yang J S, Jeon E K, et al. Enhanced-electrokinetic extraction of heavy metals from dredged harbor sediment [J]. Environmental Science and Pollution Research, 2015, 22 (13): 9912~9921.

[8] Bejan D, Bunce N J. Acid mine drainage: electrochemical approaches to prevention and remediation of acidity and toxicmetals [J]. Journal of Applied Electrochemistry, 2015, 45 (12): 1239~1254.

[9] Villen Guzman M, Paz Garcia J M, Rodriguez-Maroto J M, et al. Scaling-up the acid-enhanced electrokinetic remediation of a real contaminatedsoil [J]. Electrochimica Acta, 2015, 181: 139~145.

[10] Cai Z P, Chen D R, Fang Z Q, et al. Enhanced Electrokinetic Remediation of Copper-Contaminated Soils near a Mine Tailing Using the Approaching-Anode Technique [J]. Journal of Envi-

ronmental Engineering, 2015, 142 (2): 5041~5079.

[11] Cameselle C, Chirakkara R A, Reddy K R. Electrokinetic-enhanced phytoremediation of soils: status andopportunities [J]. Chemosphere, 2013, 93 (4): 626~636.

[12] Llorente I, Fajardo S, Bastidas J M. Applications of electrokinetic phenomena in materials science [J]. Journal of Solid State Electrochemistry, 2014, 18 (2): 293~307.

[13] Lee K Y, Moon D H, Lee S H, et al. Simultaneous stabilization of arsenic, lead, and copper in contaminated soil using mixed waste resources [J]. Environmental earth sciences, 2013, 69 (6): 1813~1820.

[14] Tang X, Li Q, Wu M, et al. Review of remediation practices regarding cadmium-enriched farmland soil with particular reference to China [J]. Journal of environmental management, 2016, 181: 646~662.

[15] Li W W, Yu H Q. Electro-assisted groundwater bioremediation: Fundamentals, challenges and future perspectives [J]. Bioresource technology, 2015, 196: 677~684.

[16] Mu'azu N D, Usman A, Jarrah N, et al. Pulsed Electrokinetic Removal of Chromium, Mercury and Cadmium from Contaminated Mixed Clay Soils [J]. Soil and Sediment Contamination: An International Journal, 2016, 25 (7): 757~775.

3 钢铁厂周围土壤铅和镉修复技术

3.1 钢铁厂周围土壤污染特征及技术选择

3.1.1 钢铁厂周围土壤铅和镉污染特征

随着社会经济的不断发展，环境问题日益严峻，其中土壤的重金属污染已成为一个典型的问题。矿产资源的开采和冶炼、工业废水的排放、农业中过度使用化肥和杀虫剂都是土壤重金属污染的主要来源，特别是铅和镉污染土壤已经遍及全球。最为严重的是，铅和镉会通过食物链和饮用水等途径进入人体，从而对人的健康造成危害。

城市人口爆发式增长，城区面积不断扩大，城郊大量的工矿业用地未经土壤修复而修建了居民区、学校、医院等公共设施对公民的健康造成了潜在的威胁。同时大量的土壤被城市废弃物、工业重金属所污染，其中重金属污染农田面积高达2000万公顷，占到全国总耕地面积的六分之一，从而造成了每年粮食减产达1000万吨。2014年全国土壤总的点位超标率为16.1%，其中轻微、轻度、中度和重度污染点位超标比例分别为11.2%、2.3%、1.5%和1.1%。我国污染的总体形势严峻，特别是云南、广东、四川、湖南、江西、贵州等南方有色金属矿区污染严重。

铅和镉土壤污染的主要特点有：隐蔽性和滞后性，不能通过直观感受进行检测，土壤污染的形成需要较长的时间；累积性，土壤由于内部结构的原因而造成了重金属的不断富集；不可逆性，重金属一般是固体形态存在不易降解；难治理性，现在国内外采取的土壤治理方法，如换土、淋洗等工程量巨大，成本过高。

3.1.2 修复技术对比选择

与经济较为发达的国家和地区相比，中国在土壤重金属防治方面的工作起步较晚。目前我国关于土壤重金属污染的基础研究工作薄弱，防治的技术与体系有待进一步加强。

土壤重金属污染修复一般是指利用物理、化学和生物的方法将土壤中的重金属去除或降低重金属的生物活性。因此，土壤修复可以大体分为物理、化学和生物三个方面。

3.1.2.1 物理方法

根据土壤的不同物理化学性质和各种重金属的特点，通过一些物理方法对土壤中的重金属进行清除或者钝化，以此降低环境污染的风险。

A 热脱附修复技术

土壤热脱附修复是将受重金属污染的土壤加热，达到一定温度时土壤中的重金属（如汞）变成挥发性气态被收集起来处理的一种方法。一般采用异位加热的方法将汞及其化合物转化为挥发性汞从污染的土壤中清除。汞在土壤中一般都以单质或二价汞的状态存在，当土壤加热到一定温度时，各种形态的汞都会转化为气相，从而被回收。Huang 等在 550℃温度下对含汞土壤进行热解处理，1h 之后 3 种不同汞含量土壤中汞的浓度由原始的 180mg/kg、767mg/kg 和 1320mg/kg 分别降至 4mg/kg、8mg/kg 和 6mg/kg。作为一种物理的修复方法，热脱附具有机理和工艺简单的特征，其修复效率远远超过相同时间内的淋洗和电动修复等方法。但是，加热土壤需要消耗大量的能源而且操作费用非常的昂贵，对熔点较高的常规金属没有去除效率。因此，热脱附修复重金属土壤的应用范围非常狭窄，很难广泛地推广。

B 玻璃化修复技术

玻璃化修复技术是通过对污染土壤固体组分施加 1600~2000℃的高温处理，有机污染物在高温下被蒸发去除，冷却后无机离子形成化学性质稳定、不渗水、坚硬的玻璃态物质并将重金属固定于其中，达到从根本上消除土壤重金属污染的目的。王贝贝等采用微波技术对土壤中镉进行玻璃化固定处理，实验表明，延长辐照时间和增大微波功率，土壤外观发生明显团聚结晶的玻璃化现象，当使用 539W 的微波辐照 5min 时，镉的玻璃化率可达 95%以上。玻璃化修复技术可以从根本上消除土壤中重金属的污染且修复时间短，但是在修复过程中要回收一些挥发性重金属气体和一些玻璃化的残渣而导致巨大的工程量和高昂的修复费用，只适合用于重金属污染严重地区的抢救性修复。

C 固定-稳定化技术

固定-稳定化技术是指将黏结剂或稳定剂加入土壤中混合，从而使被污染的土壤实现物理封存防止或降低重金属从土壤中释放出来的一种修复技术。固化-稳定化包括固化和稳定化两个理念，固化就是把重金属包裹封存起来，使重金属没有机会泄露；稳定化是指通过氧化、还原、吸附、溶解、沉淀等手段来降低重金属的活跃度和生物毒性。在实际的工程应用中已有较多的固化-稳定剂得以应用，石灰、粉煤灰、赤泥、沸石等一些工业副产物和一些矿物质可以降低土壤中的 Pb、Cd、Cu、Zn、Cr 等重金属活性[13]。用固定-稳定化技术来处理重金属污染土壤的研究大多数处于实验室级别或者小规模田间实验阶段，目前只有少量的大范围的工程实际应用。为了保证国家南水北调工程的水源地水质安全，湖北省十堰市对规划为丹江口水库淹没区域及淹没后水位线附近的 4 家主要从事电镀生产的铬、铅、镉、铜、砷等重金属污染土壤进行异位稳定化-固化技术和阻隔填埋技术对受污染的土壤治理。与其他土壤修复技术相比，固定-稳定化修复技术具有巨大的优势：费用低、易操作；由于固化材料的抗生物降解能力强，固化后土壤中的重金属能保持长期稳定；固化材料易获得，且不对环境造成伤害。然而固化-稳定修复方法并没有从根本上减小土壤中的重金属含量反而增加了土壤的体积量，固化后的土壤被作为固体废物进行处理增加了处理的场地和难度。

D　客土法和翻土法

客土法、换土法和翻土法是土壤修复中常用的工程措施，通过遮盖、掩埋等物理手段将人、农作物、家畜等与被重金属污染土壤隔绝，能够有效降低表层土壤的重金属含量。客土对比较黏重和有机质含量高的土壤有较好的效果，对于浅根植物和移动较差的重金属采用客土法效果明显。通常情况下，小面积严重污染且污染金属具有放射性或易扩散难分解的土壤必须进行客土修复，以彻底清除重金属防止污染扩大危害人类健康。客土、换土、翻土修复法对污染土壤的治理比较彻底，且见效快，但是其修复工程人力、物力、财力消耗巨大。同时采取换土方式对污染土壤进行改良时所换出的土壤很容易造成二次污染，而对原土壤进行挖取时，很大程度上破坏了土体的原有结构。

3.1.2.2　化学修复方法

化学修复就是通过向被重金属污染的土壤中加入一些化学试剂改变土壤的物理化学性质来降低重金属的生物毒性以减少对环境的危害，通常会加入一些常见的经济有效的矿石类化学改良剂，如石灰、沸石、碳酸钙、磷酸盐、硅酸盐等。它们可以通过一系列的物理化学反应解吸、清洗或钝化土壤中重金属的活性来降低重金属的生物毒性从而达到修复土壤的目的。化学修复费用较低，可用于大面积的重金属污染农田，且操作简单修复效果较好。

A　土壤淋洗修复技术

淋洗法是将能够促进土壤中重金属从土壤颗粒解吸和溶解的溶液注入污染土壤中，溶液与重金属发生解吸、螯合、溶解、络合等一系列的反应最终形成了可以迁移的化合物被清除出土壤。土壤淋洗去除重金属的关键在于寻找一种经济实用有机淋洗剂，这些淋洗剂在有效地去除各种形态的重金属同时又不对环境造成伤害。

目前，对镉、铜、锌和铅 4 种重金属淋洗的研究较多，特别是镉和铅。研究表明，土壤质地特征、重金属的形态、淋洗过程中重金属转移所遭遇的阻力以及淋洗使用的水土比、时间、次数都影响了重金属的淋洗效果。其中重金属的形态与淋洗去除效率密切相关，从易到难的顺序为：可交换态>碳酸盐结合态>铁锰氧化物结合态>有机物结合态>残渣态。不同淋洗剂具有不同的化学性质，同时也存在一些局限性。无机强酸会引起土壤 pH 值的改变，致使土壤的物理化学性质被破坏，影响植物的生长；人工螯合剂价格昂贵不易被生物降解，通常伴随着对土壤的二次伤害；天然有机酸被生物降解，但是产量低，实际推广困难。

B 土壤改良修复技术

土壤改良修复就是利用一些改良剂，经过氧化还原、沉淀、吸附、络合、螯合、抑制和拮抗等作用来降低土壤中重金属的活性。在改良的过程中，土壤的 pH 值、Eh 等理化性质发生了改变致使土壤中的重金属被钝化。目前常用的土壤改良剂有无机改良剂和有机改良剂，但是它们的反应机理和反应过程完全不同，主要包括吸附、沉淀、络合、离子交换和氧化还原。这些改良剂主要有生物炭、石灰和磷酸盐等碱性材料、土壤有机改良剂。

很多改良剂如生物炭等，其本身不仅对重金属离子有较强的吸附能力，还可以中和土壤酸度降低对植物的生物毒性。生物碳含有丰富的营养元素而且能有效地提高土壤的肥力，提高作物的产量。李丛蕾等在野外旱地红壤定位实验中证实，施用生物质炭与过氧化钙后，土壤水稳性大团聚体的含量及团聚体平均重量直径均得到了不同程度的提高。改良剂能有效改善旱地红壤团聚体稳定性及提高有机碳含量，且配施效果优于单施。

土壤中加入石灰等碱性材料后，pH 值升高有利于重金属离子形成氢氧化物或碳酸盐结合态沉淀。同时 pH 值升高，也增加了土壤颗粒表面负电荷，对带正电的金属离子吸附增强。土壤中的磷酸根离子可以与多种重金属离子形成溶解度极小的金属磷酸盐沉淀。铁锰氧化物和铁屑与金属离子可以发生强烈的物理和化学反应，再通过表面的络合、沉淀形成稳定的氢氧化物。孙岩等在田间大规模实验中施加蘑菇渣肥、云母和沸石，这些改良剂有效地降低了玉米籽粒和茎叶中 Cd 和 Pb 的含量。这是因为云母和沸石可以显著提高土壤 pH 值，降低土壤可交换态 Cd 和 Pb 的含量，从而降低两种植物对 Cd 和 Pb 的吸收。

有机质中含有大量的极性基团，如—COOH、—OH、$C=O$、—NH_2、—SH 等，这些极性基团可以与重金属离子形成稳定的络合物，从而降低重金属的生物可利用性。有研究表明，有机质中的—COOH 及—SH 可以与土壤中的镉形成稳定的络合物，从而降低镉的活性。

3.1.2.3 生物修复方法

生物修复技术就是通过生物的新陈代谢来削减、净化土壤中的重金属或降低其活性。该技术主要是从两个方面来修复土壤：利用生物来改变重金属的形态，使其钝化以降低活动性和生物可利用性；通过生物提取、代谢达到对土壤中重金属总量的削减。生物修复主要包括微生物修复和植物修复两个方面。

A　植物修复技术

植物修复技术起步于 20 世纪 80 年代，作为一项有着发展前景的修复技术，其本身具备修复成本低廉、操作简单、安全可靠等特点，同时能在不破坏土壤结构的基础上进行原位修复。植物修复适合大规模的推广应用，能绿化环境，有利于土壤的水土保持，对环境扰动小等优点。植物修复的基本原理是利用植物根部在生长过程中对土壤中的重金属进行吸收、富集或转化等生理生化过程来降低土壤中的重金属含量。

植物从三个方面对土壤中的重金属进行修复：将土壤的重金属富集到植物根部和茎部，通过收割植物重金属富集部分来降低土壤中重金属的浓度；植物分泌物使土壤中的重金属产生沉淀，使其不易迁移；通过氧化还原反应降低重金属的毒性。植物修复的主要方式为植物萃取、降解、挥发、固定、刺激和根际过滤。

但是植物修复也存在一些缺点，和其他方法相比其修复周期偏长，而且对土壤的性质有着较严格的要求，另外超富集的植物对个别重金属具有选择性，不适合多金属污染土壤的修复。在修复过程中，对生长出来的超富集植物处理不当会使植物提取的重金属又重新进入土壤。

B　微生物修复技术

土壤中的微生物参与了土壤发生、发展、发育的过程，它是土壤中最为活跃的部分，被称为有机养分的"转换器"，对环境和陆地生态起着重要的调节作用。通常情况下，微生物修复主要从微生物固定、转化、强化以及微生物-植物相互作用四个方面对重金属施加影响。

生物吸附、富集和沉淀是微生物对重金属进行固定的三个方面。微生物中的阴离子基团，可以与重金属离子通过离子交换、络合、螯合、静电吸附进行结合。微生物富集是一个主动运输过程，发生在活细胞中，细胞通过平衡或者降低细胞的活性来适应重金属。细胞的新陈代谢产物与重金属结合容易形成生物沉淀来降低重金属的生物毒性。

生物溶解、氧化/还原是微生物对重金属转换的重要方面。土壤中存在的一些变价金属，它们在高价化合物时是难溶物质。而微生物溶解、氧化/还原反应可以改变重金属离子的价态、溶解性、流动性。一些微生物在新陈代谢的过程中会分泌氧化还原酶，而这些酶能溶解并与土壤中一些毒性强的重金属离子发生氧化还原反应使氧化态的重金属离子被还原为低毒或无毒性的离子。

相对于其他的土壤重金属修复方法，微生物修复有着突出的优势。它操作简单、修复费用低，可以大范围地进行推广应用，具有良好的社会、生态效益。但是，它同时也存在一定的问题。微生物不易被控制，对重金属的吸附和累积量有限，修复效率偏低，金属回收困难。因此，在未来较长的一段时间内要不断地筛选和驯化优良菌株和菌群，培育超级蓄积重金属的微生物，充分利用微生物与其他修复手段的集成，提高修复效率，以补充单一手段的不足。

3.1.2.4 电动修复技术

电动修复技术是20世纪90年代初由美国的 Acar 等提出，在被污染的土地上插入电极通入直流电形成电场，在电场力的作用下，使污染物集中在某个区域，然后通过其他方法分离提取污染物的治理技术。电动修复已经进行了一些实验室和现场应用的科学研究，并取得了一些成果。影响电动修复的主要动力学因素有电渗析、电迁移和电泳，其中电迁移决定整个电动修复过程的效率。

在电动修复过程的主要反应如下：

阳极：$2H_2O - 4e^- \longrightarrow O_2 \uparrow + 4H^+$

阴极：$2H_2O + 4e^- \longrightarrow H_2 \uparrow + 2OH^-$

水在电场力的作用下，阳极失去电子生成了 H^+，而阴极的水得到电子被还原成 OH^-，从而导致两极附近区域的 pH 值急剧地变化。H^+、OH^- 又以水平对流、电迁移、电渗流、扩散等方式向相反的带电电极移动，在移动的过程中两者相遇且中和。在相遇的区域产生了 pH 值的跃变，并以该跃变点为界限把整个区域划分为酸性区域和碱性区域。H^+ 和 OH^- 的一些物理和化学性质是有所区别的，其中 H^+ 的动力学条件明显优于 OH^-。有研究表明，H^+ 的迁移速度是 OH^- 的 1.8 倍。这是因为在酸性的条件下有利于金属离子从土壤中溶解和分离出来，相反在碱性区域内由于存在大量的 OH^- 极易与土壤中的重金属离子结合生成沉淀，从而影响污染物的去除效果。

电动修复技术发展到现在，增强电动修复效果的主要方法有：阴阳极电解液 pH 值的控制；通过向土壤中加入一些药剂、材料或者辅助设备对土壤中的金属离子进行解吸；其他一些方法也能提高土壤的修复效率。

控制 pH 值是影响电动修复最为关键的技术。在大多数情况下，需要提高阳极液的 pH 值，降低阴极液的 pH 值。阴阳极 pH 值调节的主要目的有：避免阴极反应极化，避免 OH^- 的产生和渗入土壤与重金属结合产生沉淀；保持电导率的长时间的稳定，保持电渗流的对流运输对反应的积极影响；避免重金属污染物沉淀或使沉淀溶解和迁移；维持 pH 值在一定的范围内以便溶解污染物中的重金属离子。目前比较常见的 pH 值控制方法有：缓冲溶液法，离子交换膜法，切换电场电极法。电动修复去除重金属污染物主要由两个环节组成：重金属离子从土壤颗粒解吸进入土壤溶液；重金属离子在电场中的电迁移、电渗析、电泳等电场力作用下从土壤溶液迁移至电极工作液中与土壤完成分离。解吸、活化的方法有助于重金属从土壤中解吸出来，是提高电动修复效率的有效途径。比较常见的解吸活化方法有：添加络合剂，使用不同的可渗透物质反应墙，使用超声波，加入表面活性剂，生物-电动联合修复，氧化还原-电动联合修复。

土壤电动修复方法除了控制电动修复的 pH 值和解吸活化法来增强修复效果外，还使用了其他的方法，常见的方法有使用双向电极和逼近阳极法。在电动修复土壤的实验中，为了缩短污染物迁移的路径和增加修复系统的电流密度，有的实验在修复槽中插多个双向电极，与同等级的常规实验比较双向电极的应用能加速实验的进程降低电阻。Henrik 在电动修复尾渣铜的实验中得出，铜的去除率从没有加双向电极的 8%（硫酸电解液、电场电压为 20V、修复时间为 8 天）跃升到加双向电极的 42%。郑燊燊等在做逼近阳极法电动修复重金属污染土壤过程中，采用逼近阳极法以不断缩短两极间距离增强电动修复效果。在电场梯度为 1V/cm 条件下验证逼近阳极法的修复效果。实验结果表明，逼近阳极法能够有效地降低修复过程的能耗。在达到同样修复效果的情况下，其单位体积能耗仅为常规修复方法的 56%。此外，逼近阳极法显著地增加了土壤中 Cd 的迁移速率，从而缩短了修复时间，整体修复耗时仅为传统方法的 60%。

3.2 铅和镉修复技术方法和装置

3.2.1 研究方法和装置

3.2.1.1 实验器材及主要仪器

实验中所用的土壤试样取自云南省某钢铁厂周边受重金属铅和镉污染的稻田，土壤中含有的稻根和石块被清理干净，经过自然风干之后用土壤粉碎机制粉然后过 10 目筛。土样的基本物理化学性质见表 3-1，实验仪器见表 3-2，主要化学药剂见表 3-3。

表 3-1　污染土壤试样的基本物理化学性质

土壤酸碱度	pH 值	8.97
土壤粒度分布/%	沙粒	18.36
	粉粒	58.08
	粘粒	23.56
土样中金属含量/mg·kg^{-1}	Pb	944.91
	Cd	7.53

续表 3-1

	Si		24.88
	Al		11.19
土样中主要元素含量/%	Fe		3.54
	Ca		2.96
	K		2.67

表 3-2 实验仪器

仪器	仪器名称	仪器型号	生产厂家
1	电导率仪	DDS-307	上海精密仪器有限公司
2	数字酸度计	PHS-29A	上海大普仪器有限公司
3	电热恒温鼓风干燥箱	GZX-GF101	上海跃进器械有限公司
4	电子分析天平	FA1004B	北京华运安特科技有限责任公司
5	调速多用振荡器	HY-2A	常州朗越仪器有限公司
6	直流稳压电源	WYK-1109026	广东易事特电源股份有限公司
7	低速台式离心机	DT5-1	北京时代北利有限公司
8	原子分析吸收光谱仪	Thermo iCE-3300	赛默飞世尔科技有限公司
9	恒温电热多用途消解仪	Digib Lock-S36	北京莱伯泰科仪器股份有限公司
10	扫描电子显微镜	Tescan Vega3	泰思肯有限公司
11	X射线衍射仪	X'Pert^3 Powder	荷兰帕纳科公司
12	X射线荧光光谱分析仪	Axios-max	荷兰帕纳科公司
13	傅里叶变换红外光谱仪	Nicolet iS 10	美国赛默飞世尔科技公司

表 3-3 主要化学药剂

药 品	级 别	生 产 厂 商
氯化镁（$MgCl_2$）	分析纯	天津市风船化学试剂科技有限公司
乙酸钠（NaAc）	分析纯	天津市风船化学试剂科技有限公司
盐酸羟胺（$NH_2OH \cdot HCl$）	分析纯	天津市风船化学试剂科技有限公司
乙酸铵（NH_4OAc）	分析纯	天津市风船化学试剂科技有限公司
双氧水（H_2O_2）	分析纯	上海桃浦化工厂
柠檬酸（$C_6H_8O_7 \cdot H_2O$）	分析纯	天津市鼎盛鑫化工有限公司
乙酸（HAc）	分析纯	广东省化学试剂工程技术研究开发中心
氢氟酸（HF）	分析纯	天津市风船化学试剂科技有限公司
高氯酸（$HClO_4$）	分析纯	天津政成化学制品有限公司

药 品	级 别	生 产 厂 商
硝酸（HNO₃）	分析纯	成都科龙化工试剂厂
盐酸（HCl）	分析纯	成都盛大创业化工有限公司
氯化钠（NaCl）	分析纯	汕头市达濠精细化学品有限公司
氯化钾（KCl）	分析纯	广东省化学试剂工程技术研究开发中心

3.2.1.2　土壤物理化学性质测试

通过不同测试手段确定土壤修复前后的一系列参数，如土壤中的含水率、pH 值、电导率、矿物元素组成、铅和镉的含量。

A　土样 pH 值和电导率的测定

称取 20g 经过研磨过筛的土样放入干燥的三角瓶中，加入 100mL 的去离子水充分搅拌（土与水质量比为 1∶5）；然后用酸度计和电导率仪进行多次重复测试和记录，取所有数据的平均值。

B　土样含水率的测定

取 20g 土样放入样品盒内，在 120℃ 电热恒温鼓风干燥箱内干燥 2 天取出、称重，计算出土壤损失重量就是土壤中水分挥发的重量。

C　土壤矿物元素的测定

使用 X 射线荧光光谱分析仪（XRF）对土壤中的主要元素进行定量分析。同时使用 X 射线衍射仪（XRD）探测土壤中化合物的物相。结合 XRF 和 XRD 的分析结果，分析出土壤中主要的矿物结构。

D　土壤中电流的测定方法

在电动修复的过程中，每隔 2h 对实验各个部位的电流进行多次重复测定并获得准确的数值进行记录，计算出每天的平均电流值并且进行统计。

E　土壤中铅和镉的形态分析和测定

土壤中不同的重金属形态在电动修复过程表现出不同的活跃程度和去除效率，使用了 Tessier 五步连续提取法来分析土壤中铅和镉的形态。

称取（2.0000±0.0005）g 土样放入 20mL 硬质塑料离心管内，再进行五步连续提取法，操作步骤如下。

a　可交换态

向离心管内加入 16mL 浓度为 1mol/L 的 MgCl₂ 溶液，溶液的 pH 值控制在 7.0。使用振荡器在室温的条件下对溶液连续振荡 1h。再用台式离心机在 3000r/min 的条件下离心 30min 后，取出上清液定容在 50mL 的玻璃比色管内。

b 碳酸盐结合态

向上一步的剩余土壤塑料离心管内加入 16mL 浓度为 1mol/L 的 NaAc 溶液，用硝酸溶液调整 pH 值约为 5.0。在室温的条件下对溶液连续振荡 8h，再对溶液离心 30min，取出上清液定容在 50mL 的玻璃比色管内。

c 铁锰氧化物结合态

向上一步的剩余土壤塑料离心管内加入 16mL 浓度为 0.04mol/L 的 $NH_2OH \cdot HCl$ 和含有 25% HAc 的混合溶液，用硝酸溶液调整 pH 值约为 5.0。在 93~99℃ 的温度条件下断断续续振荡 4h，溶液离心 30 min 后，取出上清液定容在 50mL 的玻璃比色管内。

d 有机结合态和硫化物结合态

向上一步的剩余土样塑料离心管内加入 3mL 浓度为 0.02mol/L 的 $IINO_3$ 和 5mL 30% H_2O_2，并用硝酸溶液调整 pH 值至 2.0。在 83~87℃ 的温度条件下用水浴加热混合溶液 2h，并断续振荡。再次向塑料离心管内加入 5mL pH 值为 2.0 的 H_2O_2，在 83~87℃ 条件下继续加热 3h。把混合溶液冷却到室温后，加入 5mL 浓度为 3.2mol/L 的 NH_4OAc 和的 20%（V/V）HNO_3 溶液在室温下连续振荡 30min。溶液离心 30min 后，取出上清液定容在 50mL 的玻璃比色管内。

e 残余态

将剩余的土样在 $HCl+HF+HClO_4+HNO_3$ 的体系中温度为 160℃ 的消解仪上进行消解，消解后将溶液转入 50mL 的玻璃比色管中定容。

将定容好的溶液，利用 iCE3300 原子吸收光谱仪测得溶液中铅和镉的含量。

3.2.1.3 反应装置

实验室电动修复微型反应装置是有机玻璃制作而成。如图 3-1 所示，电解槽可以分为 1 个土壤室（长×宽×高＝20cm×5cm×5cm）和 2 个电极室（长×宽×高＝6cm×5cm×5cm）。在土壤室与电极室之间使用了带孔洞的树脂玻璃板和滤纸防止土壤室内的土壤颗粒进入电极室，在阴极室的一端装有溢流管。在电场力的作用下，电解液从阳极室向阴极室进行电渗流通过溢流管进入烧杯。电动修复实验中使用的电极为高纯度石墨电极，实验中使用直流稳压电源持续向整个实验提供30V 的电压。土壤室的土样从阳极到阴极分为 S1~S5 5 个区域。

如图 3-2 所示，土壤电动修复扩大实验是在砖砌成的反应槽内进行（长×宽×高＝56cm×56cm×30cm）。6 个阳极分为两排安装在土壤室的两端，而两个阴极安装在土壤室的中心。在整个实验中使用的电极为高纯度石墨电极（直径×高＝3cm×12cm）。土壤室中安装的电极井为直径 11cm、高 10cm 的聚乙烯管，管壁上钻有大量细微孔洞以使电解液从中通过。电极井壁上包裹着可渗透的土工布以防止土壤中的颗粒进入电极井内干扰修复实验。为了提高土壤槽的防水性，在砖槽

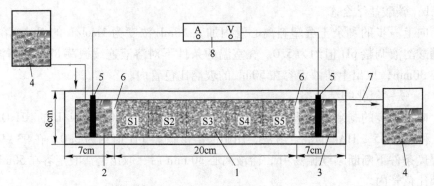

图 3-1　电动修复微型试验装置

1—土壤室；2—阳极室；3—阴极室；4—电解液储存槽；5—石墨电极；
6—树脂玻璃和滤纸；7—溢流管；8—直流电源

的表面涂上了一层不可渗透的涂层，同时在修复的土样和砖槽之间布置了一层可以防水的土工布以防止可能的泄漏。

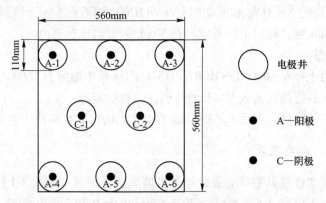

图 3-2　电动修复扩大实验装置

3.2.2　土壤中铅和镉解吸研究

　　土壤中重金属的解吸、还原和沉淀在整个电动修复过程中起着至关重要的作用。土壤中的重金属需要从土壤基质里解吸出来，然后溶解在电解液里，最终大多数的重金属在电场的作用下被迫迁移到电极室并随着电解液一起被清除出土壤。两种机理可以解释阴离子对 Pb 和 Cd 吸附的影响：电解阴离子的离子化合物与重金属结合以减少其吸附能力；镉和铅吸附的增加是由于配体阴离子的特异性吸附所造成的。所以，有必要通过不同品种和不同浓度的药剂对土壤中的重金属进行解吸实验，来寻找合适的电解液组合和各种药剂的浓度。

3.2.2.1 电解液试剂的选择

A 土壤铅和镉的解吸方法

称取 0.2000g 土样（精确到 0.0005g）放入到 10mL 的塑料离心管内，同时向离心管内加入 0.2mol/L 的不同药剂溶液。使用振荡器连续振动 16h，用离心机离心后取出上清液并定容在 50mL 玻璃比色管内。用火焰原子吸收光谱仪检测溶液中重金属铅和镉的含量。通过计算解吸在溶液的铅和镉占土壤总量铅和镉的比例，就是土壤的解吸效率。

B 不同化学试剂对土壤中铅和镉的解吸效果

在电动修复实验之前，作者尝试了大量不同的化学试剂制备成 0.2mol/L 的溶液对土壤中铅和镉进行解吸实验，这些药剂包括亚硫酸钠、乙酸铵、草酸、硫代硫酸钠、乙酸钠、氯化铵、过氧化氢、乙酸锰、氨水、乙酸、硫化钠、柠檬酸钠、硫酸钠、硫酸亚铁、氯化钠等。但是这些药剂对重金属铅和镉没有太大的解吸效果，土壤中解吸出来的重金属效率低于 10%，所以认为这些化学试剂不适合作为电解液。在这些解吸试验中，发现一些化学试剂溶液能够有效地解吸稻田土壤中的铅和镉。如图 3-3 和图 3-4 所示，硝酸钠、草酸铵、硫代硫酸钠和硫酸对土壤中的铅和镉有一定的解吸能力。土壤中大约 20% 的铅和 30% 的镉能被解吸、溶解进入电解液里。而柠檬酸、硝酸铁和盐酸对稻田土样中的重金属有着非常强的解吸能力。硝酸铁和盐酸能分别解吸土壤中 67.21%、67.21% 的铅和 79.46%、80.49% 的镉，但是它们作为无机强酸，对土壤中生态环境的破坏是致命的。硝酸铁溶液作为电解液加入土壤后，在电解作用下硝酸铁容易产生腐蚀性强的无机酸，同时给土壤带来外生杂质。从环保的角度看，硝酸铁不适合作为电解液加入土壤中。

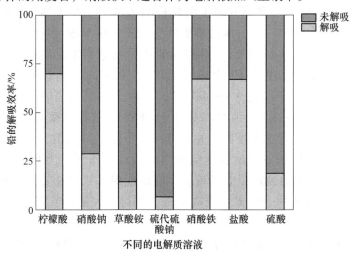

图 3-3 几种化学药剂对土壤中铅的解吸效率

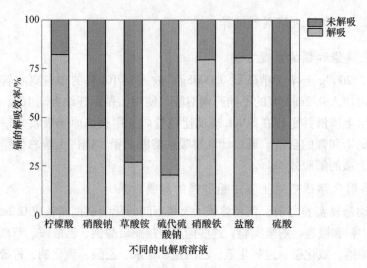

图 3-4 几种化学药剂对土壤中镉的解吸效率

本研究为了保护生态环境，所以选择一种环境友好且对重金属有着较强解吸能力的有机酸是非常必要的。在进行所有的解吸实验中，柠檬酸对稻田土壤中的铅和镉具有非常强的解吸能力，70.12%的铅和82.18%的镉能被解吸出土壤；同时也发现，镉的解吸效率明显高于铅，这也导致在土壤的电动修复过程中铅的去除效果好于镉。

C 电动修复中电解液的选择

柠檬酸作为环境友好型且价格低廉的有机酸，它大量存在于植物的根部，因此它与土壤中的环境有着非常好的兼容性，被广泛作为电解液用于电动土壤修复实验。图 3-5 和图 3-6 是不同浓度的柠檬酸溶液对土壤中铅和镉的解吸效率分布，从图中可以看出，铅、镉的解吸效率随着柠檬酸浓度的增加而增加。当柠檬酸的浓度低于 0.1mol/L 时，铅和镉的解吸效率增加迅猛；当柠檬酸的浓度为 0.05mol/L 时，土壤中 49.58%的铅和 58.12%的镉能够从土壤中解吸出来；当柠檬酸的浓度增加到 0.1mol/L 时，土壤中的铅和镉的解吸效率分别增加了 18.62%和 20.04%，达到 68.2%和 78.16%。随着柠檬酸浓度继续增加，土壤中铅、镉的解吸效率缓慢增加并维持在一个较高的范围，铅的解吸效率能够达到 70%，镉的解析效率能够达到 80%。因此，作者认为 0.1mol/L 柠檬酸溶液是进行土壤电动修复的最合理浓度，它既能保证土壤中铅和镉最大限度地被解吸出来为重金属的去除提供先决条件，同时又大量地节省了柠檬酸的使用量控制土壤的治理成本。

通过解吸实验发现，氯化钠对土壤中的重金属基本上没有解吸能力。但是氯化钠溶液作为电解液具有很强的导电能力，它能大幅度地提高电动修复实验中的

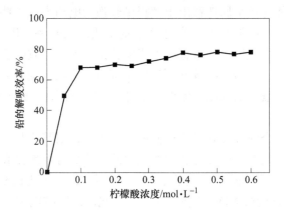

图 3-5　不同浓度的柠檬酸对土壤中铅的解吸效率

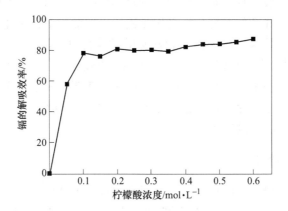

图 3-6　不同浓度的柠檬酸对土壤中镉的解吸效率

电流强度。柠檬酸和氯化钠的联合溶液不仅能够提高土壤中铅和镉的解吸效率，还能增加土壤的电导率，为土壤中污染物的迁移提供电动力。

D　柠檬酸和氯化钠在电动修复过程的作用

在电动修复重金属污染土壤的过程中，通常会加入一些螯合剂和络合剂来提高重金属从土壤中的解吸效率。溶解在电解液里的螯合物和络合物吸收土壤中的重金属，同时转化为易溶的金属螯合物或者金属络合物。螯合物和络合物价格便宜，且对环境没有危害。

氯化钠是一种容易获得且广泛分布在自然界特别是海洋中的一种盐，氯化钠电解之后能够产生大量的 Na^+、Cl^-、OH^- 和 H^+，它们能促进土壤中铅和镉的溶解和迁移。土壤中带正电的金属离子铅和镉与带负电的氯离子络合生成 Cd-Cl 和 Pb-Cl。在电动修复的过程中，络合物 Cd-Cl 和 Pb-Cl 有效提高了土壤中铅和镉的解吸效率，同时也阻止了铅和镉再次被土壤颗粒吸附。同时，氯化钠溶液具有较强的导电性能，能为重金属迁移出土壤提供较强的电动力。一些研究表明，在电动修复实验中氯化钠能够有效提高土壤中重金属的去除率。Reddy KR 等用电动修复的方法修复冰川土壤中的重金属，当氯化钠加入乙二胺四乙酸（EDTA）时，铬的去除效果提升了 1 倍。Li 等在利用阳极逼近的方法电动修复铬污染土壤的试验中，当氯化钠溶液被加入阳极室时土壤中 92.5% 的六价铬和 35.96% 的总量铬被去除。

柠檬酸作为一个环境友好且价格低廉的有机酸，因其能与土壤中的重金属络合生成可溶的柠檬酸盐而被视为理想的电解液，能够有效地提高重金属的去除效率。Fu 等发现，当柠檬酸作为电解液加入电动修复工业用土的试验时，土壤中 94.27% 的六价铬都能被去除。同时 Song 等发现，柠檬酸电解液对于多种重金属污染的河底淤泥也具有非常好的修复效果。

氯化钠和柠檬酸都具有非常好的生物降解性能，所以它们的联合电解液可以认为是一种环境友好型的电解液。当氯化钠加入柠檬酸中，它能显著地提高重金属的解吸效率。这是因为在氯化钠和柠檬酸的联合电解液中大量存在着—COOH 和 Cl^-，它们通过与重金属络合产生易溶的铅/镉螯合化合物来提高土壤中铅、镉的解吸效率。氯化钠溶液具有很好的导电性能，能够提高电动修复过程土壤中的电流强度，再加上柠檬酸和氯化钠在电动修复过程中电解产生大量的 H^+ 加速了重金属铅、镉从土壤中的解吸。

3.2.2.2　试验应用

通过大量土壤铅、镉的解吸实验并对其解吸效果进行对比分析，从环境保护的角度出发选择了植物本身就能生产的柠檬酸。柠檬酸是有机螯合物，当它溶解在溶液中时能水解产生大量的 H^+、羟基和羧基。而这些柠檬酸的水解物加速了土壤中重金属的解吸、溶解和迁移试验证明，当柠檬酸的浓度达到 0.1mol/L 时，土壤中铅、镉的解吸效率分别达到了 68.2% 和 78.16%；而当柠檬酸的浓度大于 0.1mol/L 时，土壤中铅和镉的解吸效率也没有明显的提升。从土壤中重金属的解吸效率和土壤修复的成本考虑，0.1mol/L 的柠檬酸溶液是电动修复最为合理的浓度。虽然氯化钠对土壤中重金属的解吸能力有限，但是氯化钠的加入极大地增强了整个试验的电流强度，为土壤修复提供足够的电能保证。

为了验证在解吸试验的基础上提出的土壤电动修复试验条件的假设。作者使用了相同的条件（20 天的修复时间和 1.5V/cm 的电压梯度），分别采用去离子水、氯化钠、柠檬酸和氯化钠+柠檬酸四组不同的电解液电动修复被铅、镉污染的土壤；然后，对土壤电动修复微型试验的测试结果进行分析，为土壤电动修复扩大试验提供可靠的数据支撑。

3.3 土壤修复技术与试验研究

3.3.1 解吸方法和电解液选择

3.3.1.1 解吸方法

试验中所用的土壤，经过原子分析吸收光谱仪检测到原始土壤中铅和镉的含量为 944.91mg/kg 和 7.53mg/kg，其化学物理性质见表 3-1。形状如图 3-1 所示，土壤室从阳极到阴极同样被分为 S1~S5 五个区域。

在整个电动修复的过程中，累计电能的消耗计算公式如下：

$$W = \int_0^t UI\mathrm{d}t$$

式中，W 为整个电动修复过程中电能的消耗；U 为电动修复过程中施加的电压，V；I 为土壤中施加的电流强度，A；t 为整个试验中所用的时间，h。

3.3.1.2 电解液选择

试验微型土壤条件见表 3-4。在相同的电压梯度（1.5V/cm）和修复时间（20 天）内采用了不同的电解液（溶液浓度都为 0.1mol/L）。

表 3-4 电动修复铅、镉污染土壤的试验条件

试验	电解液	电压梯度/V·cm⁻¹	修复时间/天
试验 1	去离子水	1.5	20
试验 2	氯化钠	1.5	20
试验 3	柠檬酸	1.5	20
试验 4	氯化钠 + 柠檬酸	1.5	20

3.3.2 解吸和电动修复效果

3.3.2.1 电动修复前后土壤中 pH 值和电导率的分布

在电动修复过程中，由于电流的存在电极室内的溶液发生了电解反应。阴极和阳极分别产生大量的 OH^- 和 H^+，这些离子通过电迁移、电渗流、电泳和离子扩散到相反电荷的一端。当 OH^- 和 H^+ 在迁移过程相遇时，土壤中的 pH 值以此为界线被划分为酸性区域和碱性区域。大量研究证明，H^+ 的移动性是 OH^- 的 1.8 倍，同时 H^+ 加速重金属从土壤中解吸出来并溶入电解液。

电动修复前后土壤 pH 值的变化如图 3-7 所示。土壤中原样的 pH 值为 8.38，用虚线标识，土壤的 pH 值是从阳极向阴极递增。虽然 4 组试验中使用了不同的电解液，但是在靠近阳极区域的土壤中 pH 值都接近 2。与之相反的是，4 组试验中溶液电解强度的不同阴极附近土壤中 pH 值存在较大的差异，从试验 3 中 S5 的 4.12 跃升到实验 2 中 S5 的 12.72。这是因为试验 3 和试验 4 中加入了柠檬酸作为电解液，柠檬酸在水解时产生了大量的 H^+。

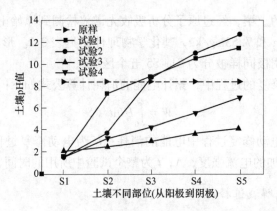

图 3-7　电动修复后土壤 pH 值的变化

　　因此试验 3 和试验 4 中土壤的 pH 值都明显低于试验 1 和试验 2。从图中可以看出 4 组实验中，试验 3 土壤的 pH 值控制在最低的水平范围，整组试验土壤 pH 值维持在 2.05~4.12 之间。这是因为试验 3 中施加电流较弱致使电解反应不能产生足够的 OH^- 和 H^+ 来改变土壤中的 pH 值，同时外加的柠檬酸对土壤中的 pH 值进行有效地控制。与试验 3 相比试验 4 中的电解液加入了氯化钠，氯化钠的电解反应增加了土壤中 pH 值的波动。因此，试验 4 中 S5 的 pH 值要比试验 3 中 S5 高出 2.8，达到 6.92。

　　土壤颗粒表面带电矿物和土壤溶液中的离子浓度是土壤电导率两个关键因素。与阳离子相比，溶解在土壤溶液里的阴离子对土壤中的电导率影响更大。如图 3-8 所示，大部分电动修复之后的土壤电导率都有大幅度地增加且呈现与土壤 pH 值完全相反的趋势，从阳极到阴极快速减小。氯化钠在试验过程中产生的 Cl^- 对土壤中的电导率有着非常大的影响。氯化钠作为电解液单独加入试验 2 中致使其土壤的电导率是 4 组试验中最高的。土壤中平均电导率是原样的 2.2 倍，其中靠近阳极 S1 的电导率达到了 $657\mu S/cm$ 是原样的 3 倍多。柠檬酸对重金属和各种离子有着非常强的络合作用，再加上强大的外加电场促进了各类离子迁移出土壤，所以试验 4 中土壤的电导率维持在一个较低的水平范围内。与试验 2 和试验 4 相比，试验 1 和试验 3 中施加的电流偏小没有足够的电场力迫使土壤中的离子迁移出，所以两组试验中土壤的电导率维持在较低的水平。

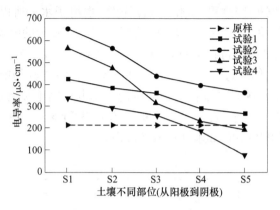

图 3-8 电动修复后土壤电导率的变化

3.3.2.2 电动修复试验中电流的变化和电能消耗

电流强度与电动修复土壤溶液中的可移动离子有着非常密切的关系。如图 3-9所示，在电动修复试验刚开始时，试验 1 到试验 4 电流强度分别为 21mA、96mA、60mA 和 115mA。在整个试验过程中，电流变化最大的为试验 4。这是因为柠檬酸在电动修复过程中从土壤颗粒中解吸出来重金属离子与之结合产生易溶的柠檬酸盐，同时柠檬酸和氯化钠电解产生大量的 Na^+、Cl^-、H^+、OH^- 等导致溶液的电导率急速增加。试验 4 的电流从第 7 天的 143mA 增加到第 12 天的峰值453mA，最后随着土壤中大多数的可移动离子被迫迁移到土壤的两端，电流随着土壤中的电阻增加而降低。试验 4 在第 20 天时电流强度稳定在 134mA。相同的电流变化趋势也发生在其他 3 组试验中，试验开始时电流慢慢增加，试验中期达到峰值然后慢慢减小，最终电流维持在一个较低的范围。不同的电解液决定了各组试验施加的不同电流强度。4 组电动修复试验中土壤中可移动离子的浓度由大

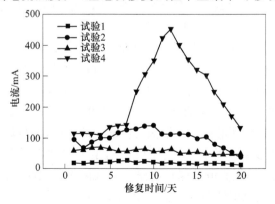

图 3-9 电动修复试验中电流的变化

到小顺序为：氯化钠+柠檬酸>氯化钠>柠檬酸>去离子水，所以试验中施加的电流强度顺序是：试验4>试验2>试验3>试验1。经过20天的电动修复试验，试验1到试验4的电流最终维持在14mA、40mA、49mA和134mA。

　　在20天的电动修复过程中，电流强度决定了各组试验的能源消耗。图3-10是4组试验在整个土壤修复过程消耗的电能。总电耗因电流施加的强度而不同，4组试验消耗电能的顺序是：$W(试验4)=3.458kWh>W(试验2)=1.449kWh>W(试验3)=0.834kWh>W(试验1)=0.302kWh$。

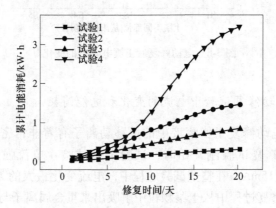

图 3-10　电动修复试验中累计电能消耗

　　表3-5归纳了4组电动修复试验的各项参数（电解液组成、总电耗、铅、镉去除效率），电能消耗与电动修复过程中重金属的去除效率有着重要的关系。试验1消耗的总电能是0.302kWh，相当于试验4消耗总电能3.458kWh的8.73%，试验1中只有15.47%和21.11%的铅、镉被去除，仅仅相当于试验4中铅和镉去除量的19.25%和23.24%。与试验3相比，试验2电能消耗较高，但是总的铅、镉去除率偏低，这是因为氯化钠对土壤中重金属的解吸能力远远低于柠檬酸。氯化钠进入电解液之后增加了整个电动修复过程中化学反应强度，也增加了土壤溶液中的离子浓度导致电导率大幅增加。在试验4中氯化钠被加入柠檬酸溶液里，柠檬酸和氯化钠的两个优点都能在电动修复的过程中呈现出来。铅和镉的去除率由试验3的56.85%和62.26%增长到80.37%和90.86%。同时，更多的电能被用来去除土壤中的铅和镉，电能消耗由试验3的0.834kWh增加到3.458kWh。电动修复过程中除去重金属的迁移，溶液的电解、离子的迁移以及热损失都导致了电能消耗。在电动修复过程中电解液的pH值是土壤重金属去除率的关键因素，较低的pH值环境能够提高电动修复过程中的氧化还原反应。柠檬酸在电动修复过程中不仅用来控制电解液的pH值，同时也是因为自身对重金属有着较强的络合能力，从而能够提高电动修复的效果。

表 3-5 电动修复铅、镉污染土壤的结果

试验	电解液	总电耗/kWh	铅去除率/%	镉去除率/%
试验 1	去离子水	0.302	15.47	21.11
试验 2	氯化钠	1.449	23.10	27.94
试验 3	柠檬酸	0.834	56.85	62.26
试验 4	氯化钠+柠檬酸	3.458	80.37	90.86

3.3.2.3 电动修复后土壤中铅和镉的去除率

吸附/解吸、沉淀/溶解和氧化/还原是电动修复过程的主要反应。在电动修复的过程中重金属从土壤的基质里被分离出来然后溶解在溶液中，最后大多数的重金属被迁移到阴极室，然后随着电解液一起被提取出去。

电动修复后土壤室的土壤从阳极到阴极被均匀地划分为 5 个部分（S1～S5）。通过检测这 5 个土壤区域中铅和镉的残余量来计算和分析整个试验的修复效率。图 3-11 和图 3-12 分别是经过 20 天电动修复后土壤中各部位铅和镉残余量的对比。C_0 和 C_1 分别代表土壤修复前后铅和镉的浓度。从图中可以看到，4 组试验各个土壤区域铅和镉的去除效果存在一定的差异。其中，试验 1 和试验 2 只有少量的铅和镉被去除，试验 1 中 S2～S5 土壤区域残余的铅分别是原样的 1.01、0.99、0.944 和 0.92。在同一区域，土壤中残余的镉分别是原样的 98.23%、95.34%、70.73% 和 75.61%。类似的情况同样发生在试验 2 中，土壤中大多数的重金属富集在 S3～S5 区域中，在这个区域的土壤中残余的铅分别是原样的 121.43%、112.76% 和 91.61%，土壤中残余的镉分别是原样的 99.78%、101.11% 和 80.04%。

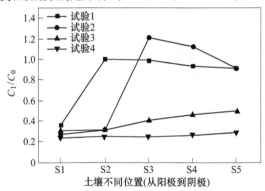

图 3-11 电动修复试验后土壤中不同位置残留铅的比例

氯化钠在溶液中能电解出大量的 Cl^-，而这些离子能与铅和镉络合生成 Pb—Cl，Cd—Cl，所以试验 2 中铅和镉的去除率能够达到 23.10% 和 27.97%，略微高于试验 1 中铅和镉的去除率（15.47% 铅和 21.11% 的镉）。

电动修复过程中电迁移和电渗流是重金属从土壤迁移除去两大主要机理。较

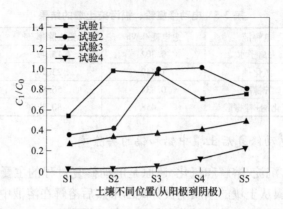

图 3-12　电动修复试验后土壤中不同位置残留镉的比例

低的 pH 值溶液环境有利于重金属从土壤中解吸出来。在电动修复过程中，大量的 H^+ 从阳极被释放出来，靠近阳极的土壤被酸化，土壤中的金属离子容易被解吸出来并且溶解在电解液中，最终通过电迁移和电渗流被移出土壤。另外，土壤室的重金属离子与电极室中的电解液之间存在巨大的浓度梯度，致使靠近阳极土壤中的重金属通过离子扩散迁移出去，所以在靠近阳极位置的土壤中残留少量的重金属。在试验 1 的 S1 和试验 2 的 S1~S2 土壤区域中残余的铅分别是原样的 36.48%、27.24% 和 31.45%，镉分别是原样的 54.55%、36.81% 和 42.57%。

柠檬酸作为一种环境友好且价格低廉的有机酸能与土壤中的重金属络合生成可溶的柠檬酸盐而被视为理想的电解液。柠檬酸水解产生大量的 H^+ 不仅能有效控制电解液的 pH 值，也促进了重金属离子在土壤中解吸，加速了重金属离子在溶液中的溶解、迁移。当柠檬酸作为电解液单独使用在试验 3 中，土壤中56.85% 铅和 62.26% 镉能够被去除出土壤。在各种电场力的作用下，带正电的金属离子被迫聚集到靠近阴极的区域。试验 3 从靠近阳极的 S1 到靠近阴极 S5 土壤中，残余的铅和镉从原样的 30.83% 和 26.83% 增加到原样的 49.67% 和 49.22%。

氯化钠和柠檬酸都具有非常好的生物降解性能，因此它们的联合电解液可以认为是一种环境友好型的电解液。当氯化钠加入柠檬酸中，它能显著地提高重金属的解吸效率。试验 4 中柠檬酸和氯化钠同时加入电解液溶液中，大量的—COOH 和 Cl^- 在水解和电解中被产生，它们与重金属络合产生铅/镉螯合化合物。氯化钠溶液具有良好的导电性能，它能够增强电动修复过程中的电流强度。同时柠檬酸和氯化钠在电动修复过程中电解产生大量的 H^+ 加速了重金属铅、镉从土壤中的解吸。因此，试验 4 稻田土壤中大多数的铅和镉都能被成功去除。当溶液中的 pH 值控制在较低的水平时，镉的潜在移动性能是优于铅的。4 组试验修复的结果已经证明，镉的去除率要优于铅的去除率。在试验 4 的 S1~S4 区域土壤中镉的最终残余浓度只是原样的 1.77%、3.33%、5.32% 和 12.42%，远远低于同一区域铅的残余浓度（是原样的 24.18%、25.19%、24.92%和 26.25%），试验 4 总的铅和镉去除率为 80.37%和 90.83%。

3.3.2.4 电动修复后铅和镉的形态变化

试验 1 和试验 2 的电解液中没有加入柠檬酸，经过电动修复后大多数形态的铅和镉仍然残留在土壤中。如图 3-13 所示，土壤中大多数形态的铅和镉都富集在土壤室的中间以及靠近阴极的位置。这是因为电动修复过程中，溶液在阴极室电解产生了大量的 OH^- 并且与土壤中的重金属离子结合生成沉淀来阻止重金属在土壤中自由迁移。与其相反的是由于阳极室的电解反应（$2H_2O - 4e \rightarrow O_2 \uparrow + 4H^+$）产生大量的 H^+，土壤溶液的 pH 值急速下降。土壤中可交换态和碳酸盐态金属对溶液中 pH 值变化非常敏感。因此，在靠近阳极土壤区域，大部分的可交换态和碳酸盐态金属都能被去除。试验 1 的 S1 和试验 2 的 S1～S2 中 80%以上的可交换态和碳酸盐态的铅、镉都能被去除。

电动修复过程中土壤的 pH 值是控制金属形态转换的重要因素。靠近阴极的区域由于土壤中 OH^- 浓度的增加，土壤中 pH 值也随之增加，导致重金属在该区域的富集，这些重金属被吸附在土壤的表层或者以氢氧化合物的沉淀形态存在。与之相反的是，当溶液呈酸性时有利于土壤中的铅、镉离子从土壤中解吸出来。为了提高土壤金属氢氧化合物沉淀和各种形态重金属溶解率，向电动修复液中加入柠檬酸是非常必要的。随着溶液中 pH 值的降低，金属的吸附能力和生物性能也随之降低，但是金属离子的可迁移性得到了加强。试验 3 中单独使用柠檬酸溶液作为电解液，土壤中大多数的可交换态和碳酸盐态的金属都能被去除。这些被去除的金属形态包括 86.13%的可交换态和 65.78%碳酸盐态的铅，以及 80.50%的可交换态和 52.83%碳酸盐态的镉。整个试验 3 中，铅和镉的去除率分别为 56.85%和 62.26%；与之形成对比的是，试验 3 中其他 3 种形态的铅和镉基本上没有去除。

氯化钠被加入电解液之后，电能损失导致溶液的温度上升，溶液中氧化还原电势能增加。在试验 4 中超过 90%的可交换态和碳酸盐态的重金属被去除，去除率略微高于试验 3。土壤中大多数的铁锰氧化态和有机态的铅和镉都被去除，这与试验 3 中的铁锰氧化态和有机态的铅和镉基本上没有被去除形成了鲜明的对比。整个试验 4 中大约 79%的铁锰氧化态的铅、86.43%铁锰氧化态的镉以及 85.78%有机态的镉都能被去除，这是因为试验 4 处于较低的 pH 值和较高的氧化还原电势的环境。试验 4 中铁锰氧化态和有机态的重金属都能被去除，但是由于这两种形态的金属在总金属占比太低（26.35%和 22.40%），土壤中重金属的去除率并没有明显的提高。如果土壤中这两种形态的重金属占据较大的份额，以柠檬酸和氯化钠作为联合电解液的优势就能最大程度彰显出来。在电动修复过程中，土壤中的残渣金属是很难去除的。

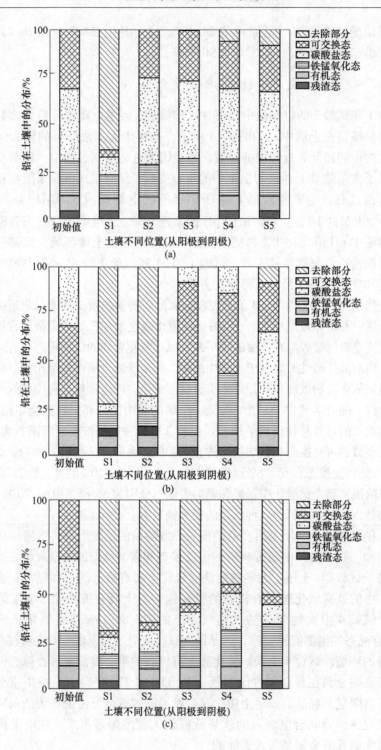

(a)

(b)

(c)

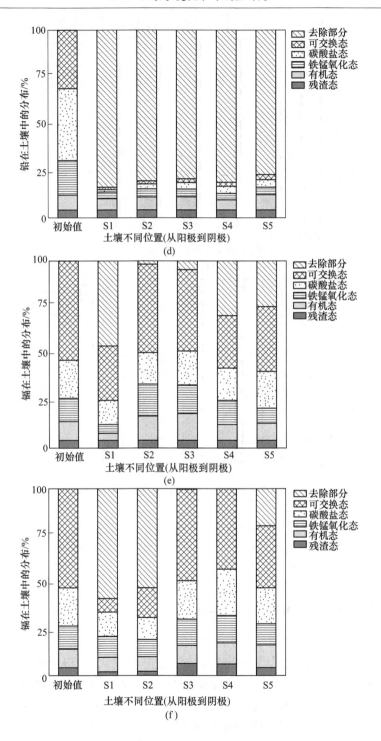

(d)

(e)

(f)

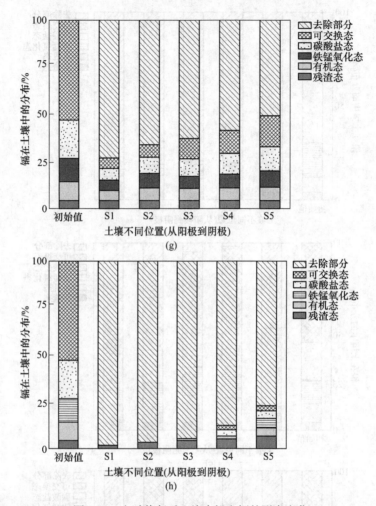

图 3-13　电动修复后土壤中铅和镉的形态变化

（a）试验 1-Pb；（b）试验 2-Pb；（c）试验 3-Pb；（d）试验 4-Pb；

（e）试验 1-Cd；（f）试验 2-Cd；（g）试验 3-Cd；（h）试验 4-Cd

3.4　钢铁厂周围土壤修复研究结论

在整个电动修复过程中，使用 4 种不同的电解液电动修复铅、镉污染的土壤。通过对 4 组试验的修复结果进行对比、分析，发现柠檬+氯化钠的是电动土壤修复中最佳的电解液组合。柠檬酸可以从土壤颗粒中解吸重金属并促进它们溶解进入电解液中，同时对土壤环境没有损害。氯化钠在电解液中电解产生大量 Cl^-，它们会与土壤中的铅和镉反应生成 Pb—Cl、Cd—Cl。另外，氯化钠溶液具有非常强的电导率性能，它能为土壤中重金属的解吸、迁移提供电能。铅和镉在电动修复中的去除率从单独使用柠檬酸的 56.85%、62.26% 提升到使用氯化钠和柠檬酸作为联合电解液的 80.37%、90.86%。在整个修复过程中镉表现出更高的离子活性，所以镉的去除率略高于铅。与一些强烈的无机酸（如硝酸、盐酸、硫酸）相比，柠檬酸+氯化钠联合电解液表现出环境友好性。此外，电解液柠檬酸和氯化钠对土壤中的重金属有着非常好的协同去除能力。氯化钠增强了电动修复试验中电能消耗。试验 2 和试验 4 中加入了氯化钠，它们的电能消耗分别达到了 3.458kWh 和 1.449kWh，远远超过试验 1 和试验 3 消耗的 0.302kWh 和 0.834kWh。较高的电能消耗也提高了土壤修复环境中的氧化还原电势，试验 2 和试验 4 中大部分铁锰氧化态和有机态的铅、镉都被去除。但是，由于两种形态的金属在总金属占比太低（26.35% 和 22.40%），土壤中重金属的去除率并没有明显的提高。在整个 4 组试验中，土壤中的残渣态金属都是很难去除的。

通过这次土壤试验，作者认为柠檬酸+氯化钠的电解液组合能够有效地去除稻田土壤中铅和镉且对土壤本身不会造成伤害，为大规模农田土壤修复治理提供可能。为了验证土壤电动修复规模扩大之后，土壤中重金属的去除效果，进行了 20kg 级别的电动修复铅、镉污染稻田土壤扩大试验，扩大试验的修复结果表明大规模的土壤修复需要更长的时间，铅和镉的去除率并不理想。

与各项土壤试验对比数据，研究所得主要结论如下：

（1）在解吸试验中，使用了各种化学溶液对土壤中的铅和镉进行解吸。当柠檬酸的浓度为 0.1mol/L 时，稻田土壤中铅和镉的解吸效率为 68.2% 和 78.16%。这是因为柠檬酸在水解时产生了大量的 H^+ 对土壤的 pH 值有着很好的控制，另外柠檬酸自带的有机官能团对土壤中的重金属有非常好的络合作用。

（2）氯化钠能大幅地增加溶液的导电性能，增强整个试验的电流强度和电能消耗。充足的电能消耗为电动修复过程中土壤中重金属的解吸、迁移提供能量保障。当联合使用氯化钠和柠檬酸作为电解液时，柠檬酸和氯化钠对土壤中的重金属有着很好的协同去除能力。土壤修复试验中铅的去除效率从单独使用柠檬酸的 56.85% 提升到 80.37%。与铅相比，镉在电动修复过程中表现更高的离子活性，镉的去除率从单独使用柠檬酸的 62.26% 提升到联合使用氯化钠和柠檬酸的 90.86%。与一些强烈的无机酸（如硝酸、盐酸、硫酸）相比，柠檬酸+氯化钠的电解液更符合环境的要求。

（3）试验中充足的电能消耗和较低的 pH 值环境提高了土壤中的氧化还原电势。在土壤电动修复过程中，大部分难以去除的铁锰氧化态和有机态金属都能被去除。

（4）在土壤扩大试验的土壤室中，6 个电极作为阳极安装在土壤室的两端，两个电极作为阴极安装在土壤室的中心。这种电极排布缩短了电极之间的距离，增加了整个修复试验的电流强度和电能消耗，同时也提高了重金属铅和镉的去除率，缩短了修复周期。经过两个月的电动修复，土壤中 57.02% 的铅和 69.95% 的镉被成功去除。

（5）对土壤电动修复和土壤扩大试验的修复结果进行对比。在使用相同的电解液组合（0.1mol/L 柠檬酸＋0.1mol/L 氯化钠）和接近的电压梯度（土壤试验的电压梯度为 1.5V/cm；土壤扩大试验的电压梯度为 1.4V/cm）的条件下，土壤电动修复时间只用了 20 天，而土壤扩大试验修复的时间长达两个月。然而，土壤电动修复铅和镉的去除率高达 80.37% 和 90.86%，远远高于土壤扩大试验 57.02% 的铅和 69.95% 的镉。所以，土壤电动修复的难点是，当土壤修复规模扩大之后土壤中重金属的去除率很难达到理想值。

参 考 文 献

[1] 张伟. 快速城市化进程中土地保护和粮食安全分析 [J]. 南方农业, 2016, 10 (15)：135~136.

[2] 王玉军, 刘存, 周东美, 等. 客观地看待我国耕地土壤环境质量的现状——关于《全国土壤污染状况调查公报》中有关问题的讨论和建议 [J]. 农业环境科学学报, 2014, 33 (8)：1465~1473.

[3] 张乃明. 重金属污染土壤修复理论与实践 [J]. 农业环境科学学报, 2017 (10)：76~85.

[4] 李玲. 土壤污染特点现状以及监测技术浅析 [J]. 黑龙江科技信息, 2013 (23)：34.

[5] 孙鹏轩. 土壤重金属污染修复技术及其研究进展 [J]. 环境保护与循环经济, 2012 (11)：48~51.

[6] 卢光华, 岳昌盛, 彭犇, 等. 汞污染土壤修复技术的研究进展 [J]. 北京科技大学学报, 2017, 39 (1)：1~12.

[7] 丁园. 重金属污染土壤的治理方法 [J]. 环境与开发, 2000 (2)：25~28.

[8] Huang Y T, Hseu Z Y, Hsi H C. Influences of thermal decontamination on mercury removal, soil properties, and repartitioning of coexisting heavy metals [J]. Chemosphere, 2011, 84 (9)：1244.

[9] 张强, 刘彬, 刘巍, 等. 污染土壤的物化修复治理技术 [J]. 化学通报, 2014, 77 (4)：328~332.

[10] 张强, 刘彬, 刘巍, 等. 污染土壤的物化修复治理技术 [J]. 化学通报, 2014, 77 (4)：328~332.

[11] 赵述华, 陈志良, 张太平, 等. 重金属污染土壤的固化/稳定化处理技术研究进展 [J]. 土壤通报, 2013 (6)：1531~1536.

[12] 刘甜甜, 陈剑雄, 陈晨, 等. 固定/稳定化土壤修复技术的应用与优化分析 [J]. 土壤, 2014, 52 (3)：1~7.

[13] 赵述华, 陈志良, 张太平, 等. 重金属污染土壤的固化/稳定化处理技术研究进展 [J]. 土壤通报, 2013 (6)：1531~1536.

[14] 李淑彩, 冯国杰, 孔祥斌, 等. 湖北某重金属污染土壤稳定化/固化治理工程实例 [J]. 环境保护科学, 2016, 42 (2): 103~107.

[15] 张大同, 谢爱军, 高素萍. 重金属污染土壤固化稳定化修复技术研究进展 [J]. 环境保护与循环经济, 2016, 36 (6): 123~129.

[16] 张楠. 矿区重金属污染土壤的人体危害与修复技术探析 [C]. 中国环境科学学会 2013 年学术年会, 2013.

[17] 李杰, 张国宁, 李勇. 持久性有毒物质污染土壤修复技术研究进展 [C]. 河北省环境科学学会 2010 年学术年会暨土壤污染防治技术研讨会, 2010.

[18] 侯李云, 曾希柏, 张杨珠. 客土改良技术及其在砷污染土壤修复中的应用展望 [J]. 中国生态农业学报, 2015 (1): 20~26.

[19] 梁家妮, 马友华, 周静. 土壤重金属污染现状与修复技术研究 [J]. 农业资源与环境学报, 2009, 26 (4): 45~49.

[20] 孙涛, 陆扣萍, 王海龙. 不同淋洗剂和淋洗条件下重金属污染土壤淋洗修复研究进展 [J]. 浙江农林大学学报, 2015, 32 (1): 140~149.

[21] 高国龙, 张望, 周连碧, 等. 重金属污染土壤化学淋洗技术进展 [J]. 有色金属工程, 2013, 3 (1): 49~52.

[22] 曹心德, 魏晓欣, 代革联, 等. 土壤重金属复合污染及其化学钝化修复技术研究进展 [J]. 环境工程学报, 2011, 5 (7): 1441~1453.

[23] 郭观林, 周启星, 李秀颖. 重金属污染土壤原位化学固定修复研究进展 [J]. 应用生态学报, 2005, 16 (10): 1990~1996.

[24] 邱婷, 张屹, 肖姬玲, 等. 土壤酸化及酸性土壤改良技术研究进展 [J]. 湖南农业科学, 2016 (10): 114~117.

[25] 李丛蕾, 周际海, 袁颖红, 等. 改良剂对旱地红壤团聚体及有机碳分布的影响 [J]. 水土保持学报, 2015, 29 (3): 112~116.

[26] 孙岩, 吴启堂, 许田芬, 等. 土壤改良剂联合间套种技术修复重金属污染土壤: 田间实验 [J]. 中国环境科学, 2014, 34 (8): 2049~2056.

[27] 曹心德, 魏晓欣, 代革联, 等. 土壤重金属复合污染及其化学钝化修复技术研究进展 [J]. 环境工程学报, 2011, 5 (7): 1441~1453.

[28] 郭观林, 周启星, 李秀颖. 重金属污染土壤原位化学固定修复研究进展 [J]. 应用生态学报, 2005, 16 (10): 1990~1996.

[29] 屈冉, 孟伟, 李俊生, 等. 土壤重金属污染的植物修复 [J]. 生态学杂志, 2008, 27 (4): 626~631.

[30] 王庆仁, 崔岩山, 董艺婷. 植物修复——重金属污染土壤整治有效途径 [J]. 生态学报, 2001, 21 (2): 326~331.

[31] 徐枫, 李建洲, 雷继雨. 重金属污染的环境生物修复技术研究进展 [J]. 环境科技, 2012, 25 (2): 58~61.

[32] 王卫华, 雷龙海, 杨启良, 等. 重金属污染土壤植物修复研究进展 [J]. 昆明理工大学学报 (自然科学版), 2015 (2): 114~122.

[33] 张彩丽. 微生物修复重金属污染土壤的研究进展 [J]. 安徽农业科学, 2015 (16):

225~229.

[34] 姚航, 张杏锋, 吴炽珊. 土壤重金属污染的微生物修复技术研究进展 [J]. 安徽农业科学, 2016 (12): 68~70.

[35] Acar Y B, Alshawabkeh A N. Principles of electrokinetic remediation [J]. Environ. sci. technol, 1993, 27 (13): 116~139.

[36] Cappai G, De G G, Muntoni A, et al. Combined use of a transformed red mud reactive barrier and electrokinetics for remediation of Cr/As contaminated soil [J]. Chemosphere, 2012, 86 (4): 400~408.

[37] Vocciante M, Bagatin R, Ferro S. Enhancements in Electrokinetic Remediation Technology: Focus on water management and wastewater recovery [J]. Chemical Engineering Journal, 2016, 309: 708~716.

[38] Rosestolato D, Bagatin R, Ferro S. Electrokinetic remediation of soils polluted by heavy metals (mercury in particular) [J]. Chemical Engineering Journal, 2015, 264: 16~23.

[39] Kim W S, Park G Y, Kim D H, et al. In situ field scale electrokinetic remediation of multi-metals contaminated paddy soil: Influence of electrode configuration [J]. Electrochimica Acta, 2012, 86 (1): 89~95.

[40] 孙鹏轩. 土壤重金属污染修复技术及其研究进展 [J]. 环境保护与循环经济, 2012 (11): 48~51.

[41] Azzam R, Oey W. The Utilization of Electrokinetics in Geotechnical and Environmental Engineering [J]. Transport in Porous Media, 2001, 42 (3): 293~314.

[42] Huang Y T, Hseu Z Y, Hsi H C. Influences of thermal decontamination on mercury removal, soil properties, and repartitioning of coexisting heavy metals [J]. Chemosphere, 2011, 84 (9): 1244.

[43] 周东美, 邓昌芬. 重金属污染土壤的电动修复技术研究进展 [J]. 农业环境科学学报, 2003, 22 (4): 505~508.

[44] Puppala S K, Alshawabkeh A N, Acar Y B, et al. Enhanced electrokinetic remediation of high sorption capacity soil [J]. Journal of Hazardous Materials, 1997, 55 (1~3): 203~220.

[45] Hansen H K, Rojo A, Ottosen L M. Electrokinetic remediation of copper mine tailings: Implementing bipolar electrodes [J]. Electrochimica Acta, 2007, 52 (10): 3355~3359.

[46] 郑燊燊, 申哲民, 陈学军, 等. 逼近阳极法电动力学修复重金属污染土壤 [J]. 农业环境科学学报, 2007, 26 (1): 240~245.

[47] 王凤花, 裴正军, 介邓飞, 等. 农田土壤 pH 值和电导率采集仪设计与实验 [J]. 农业机械学报, 2009, 40 (6): 164~168.

[48] Peng J F, Song Y H, Peng Y, et al. The remediation of heavy metals contaminated sediment. [J]. Journal of Hazardous Materials, 2009, 161 (2~3): 633.

[49] Paramkusam B R, Srivastava R K, Mohan D. Electrokinetic removal of mixed heavy metals from a contaminated low permeable soil by surfactant and chelants [J]. Environmental Earth Sciences, 2015, 73 (3): 1191~1204.

[50] Derakhshan N Z, Jung M C, Kim K H. Remediation of soils contaminated with heavy metals with

an emphasis on immobilization technology. ［J］. Environmental Geochemistry and Health, 2017 (1~2): 1~27.

[51] Savari S, Sachdeva S, Kumar A. Electrolysis of sodium chloride using composite poly (styrene-co-divinylbenzene) cation exchange membranes ［J］. Journal of Membrane Science, 2008, 310 (1): 246~261.

[52] Makino T, Takano H, Kamiya T, et al. Restoration of cadmium-contaminated paddy soils by washing with ferric chloride: Cd extraction mechanism and bench-scale verification ［J］. Chemosphere, 2008, 70 (6): 1035~1043.

[53] Reddy K R, Chinthamreddy. Enhanced Electrokinetic Remediation of Heavy Metals in Glacial Till Soils Using Different Electrolyte Solutions ［J］. Journal of Environmental Engineering, 2004, 130 (4): 442~455.

[54] Li G, Guo S, Li S, et al. Comparison of approaching and fixed anodes for avoiding the 'focusing' effect during electrokinetic remediation of chromium-contaminated soil ［J］. Chemical Engineering Journal, 2012, 203: 231~238.

[55] Fu R, Wen D, Xia X, et al. Electrokinetic remediation of chromium (Cr)-contaminated soil with citric acid (CA) and polyaspartic acid (PASP) as electrolytes ［J］. Chemical Engineering Journal, 2017, 316: 601~608.

[56] Turer D, Genc A. Assessing effect of electrode configuration on the efficiency of electrokinetic remediation by sequential extraction analysis ［J］. Journal of Hazardous Materials, 2005, 119 (1~3): 167~174.

[57] Li Y J, Hu P J, Zhao J, et al. Remediation of cadmium-and lead-contaminated agricultural soil by composite washing with chlorides and citric acid ［J］. Environmental Science and Pollution Research, 2015, 22 (7): 5563~5571.

[58] Sapountzi F M, Gracia J M, Weststrate C J, et al. Electrocatalysts for the generation of hydrogen, oxygen and synthesis gas ［J］. Progress in Energy and Combustion Science, 2017, 58: 1~35.

[59] Vincent I, Bessarabov D. Low cost hydrogen production by anion exchange membrane electrolysis: A review ［J］. Renewable Sustainable Energy Reviews, 2018, 81: 1247~1259.

[60] Acar Y B, Gale R J, Alshawabkeh A N, et al. Electrokinetic remediation: Basics and technology status ［J］. Journal of Hazardous Materials, 1995, 40 (2): 117~137.

[61] Acar Y B, Alshawabkeh A N. Principles of electrokinetic remediation ［J］. Environ. sci. technol, 1993, 27 (13): 2638~2647.

[62] Scialdone O, Randazzo S, Galia A, et al. Electrochemical oxidation of organics in water: role of operative parameters in the absence and in the presence of NaCl ［J］. Water Research, 2009, 43 (8): 2260~2272.

[63] Li D, Tan X Y, Wu X D, et al. Effects of electrolyte characteristics on soil conductivity and current in electrokinetic remediation of lead-contaminated soil ［J］. Separation and Purification Technology, 2014, 135: 14~21.

[64] Li Z, Ma Z, van der Kuijp TJ, et al. A review of soil heavy metal pollution from mines in China:

pollution and health risk assessment [J]. Science of the Total Environment, 2014, 468: 843~853.

[65] Rhoades J D, Manteghi N A, Shouse P J, et al. Soil Electrical Conductivity and Soil Salinity: New Formulations and Calibrations [J]. Soil Science Society of America Journal, 1989, 53 (2): 433~439.

[66] Kim D H, Jo S U, Choi J H, et al. Hexagonal two dimensional electrokinetic systems for restoration of saline agricultural lands: A pilot study [J]. Chemical Engineering Journal, 2012, 198~199 (8): 110~121.

[67] Zhou D M, Deng C F, Long C. Electrokinetic remediation of a Cu contaminated red soil by conditioning catholyte pH with different enhancing chemical reagents [J]. Chemosphere, 2004, 56 (3): 265~273.

[68] Yuan L, Xu X, Li H, et al. Development of novel assisting agents for the electrokinetic remediation of heavy metal-contaminated kaolin [J]. Electrochimica Acta, 2016, 218: 140~148.

[69] Xu S, Guo S, Wu B, et al. An assessment of the effectiveness and impact of electrokinetic remediation for pyrene-contaminated soil [J]. 环境科学学报 (英文版), 2014, 26 (11): 2290~2297.

[70] Paramkusam B R, Srivastava R K, Mohan D. Electrokinetic removal of mixed heavy metals from a contaminated low permeable soil by surfactant and chelants [J]. Environmental Earth Sciences, 2015, 73 (3): 1191~1204.

[71] Meng Q, Zhang Y, Dong P. Desorption of Mercury from Contaminated Soil Using Sodium Sulfite [J]. Water Air and Soil Pollution, 2017, 228 (1): 27.

[72] Peng J F, Song Y H, Peng Y, et al. The remediation of heavy metals contaminated sediment. [J]. Journal of Hazardous Materials, 2009, 161 (2~3): 633.

4 金矿尾渣及土壤中重金属铜修复技术

4.1 金矿选矿尾渣排放特征

4.1.1 金矿选矿工艺流程

针对不同的金矿石类型，采取不同的提金工艺。提金工艺包括重选法、浮选法、堆浸法、氰化法、非氰化法即无毒提金工艺等。国内的黄金选冶工艺流程有单一重选、单一浮选、重选-浮选、混汞-浮选、全泥氰化——锌粉置换、全泥氰化炭浆、全泥氰化树脂提金工艺、浮选+金精矿氰化、堆浸工艺等。根据需要可采用联合工艺流程，如重选-浮选、浮选-氰化（精矿或尾矿氰化）、氰化-浮选以及重选（浮选）-炭浸工艺等。

（1）混汞法工艺流程，如图 4-1 所示。

（2）堆浸法提金的工艺流程，如图 4-2 所示。

（3）重力法提金的工艺流程，如图 4-3 所示。

（4）浮选法提金的工艺流程，如图 4-4 所示。

（5）氰化法提金的工艺流程，如图 4-5 所示。

（6）氰化碳浆吸附法提金的工艺流程，如图 4-6 所示。

（7）全泥氰化碳浆法提金的工艺流程，如图 4-7 所示。

（8）堆浸-氰化联合法提金的工艺流程，如图 4-8 所示。

（9）两段氰化-吸附法提金的工艺流程，如图 4-9 所示。

4.1.2 重金属铜排放特征

土壤中重金属的浓度受自然成土条件和人为活动的双重影响。通常条件下，自然土壤中重金属的浓度很低，但人为活动会大大加剧土壤中重金属的积累。近年来，随着铜矿的开采、冶炼厂三废的排放、含铜杀菌剂的长期大量使用和城市污泥的堆肥利用，土壤含铜量已经达到了原始土壤的十倍甚至几十倍，对植物、动物和土壤微生物产生危害，并严重威胁到生态系统的稳定和人类的安全。土壤中的铜对土壤的破坏作用很大，土壤中的铜过量会对植物产生毒害作用，危害植物生长。

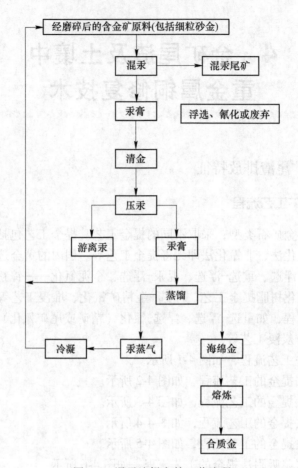

图 4-1　混汞法提金的工艺流程

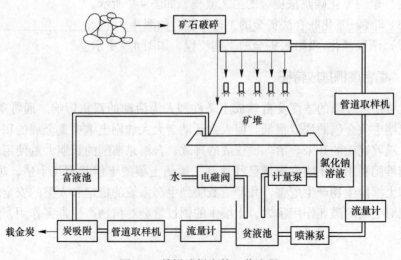

图 4-2　堆浸法提金的工艺流程

振动给料机 → 粗颚式破碎机 → 细颚式破碎机

螺旋分级机 ← 球磨机 ← 给料机 ← 料仓

搅拌桶 → 螺旋溜槽 → 搅拌桶 → 摇床

图 4-3 重力法提金工艺流程

图 4-4 浮选法提金的工艺流程

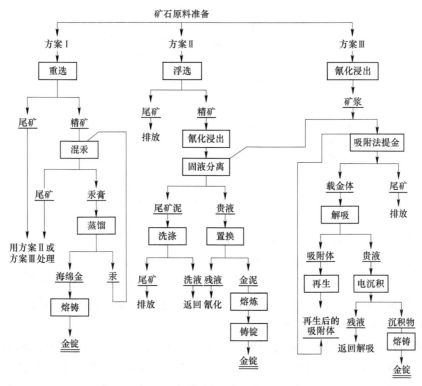

图 4-5 氰化法提金的工艺流程

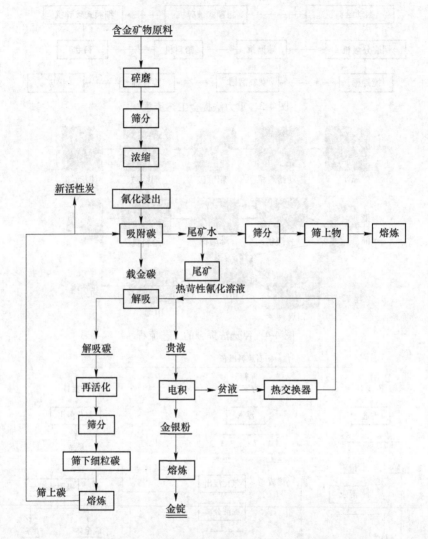

图 4-6　氰化碳浆吸附法提金的工艺流程

　　土壤中正常含铜量为 2~200mg/kg。中国土壤含铜量是 3~300mg/kg，平均值为 22mg/kg。铜可在土壤中富集并被农作物吸收。在靠近铜冶炼厂附近的土壤中含有高浓度的铜。岩石风化和含铜废水灌溉均可使铜在土壤中积累并长期保留。德国一些铜冶炼厂附近，土壤含铜量为正常土壤的 3~232 倍。在铜污染的土壤中生长的植物，含铜量为正常植物的 33~50 倍。

　　灌溉过程以及硫酸铜杀虫剂等农药的施用也使一部分铜进入土壤和植物体内。铜在植物各部分的累积分布多数是：根>茎、叶>果实，但少数植物体内铜的分布与此相反，如丛桦叶则是：果>枝>叶。水生生物可以富集铜，通过食物链

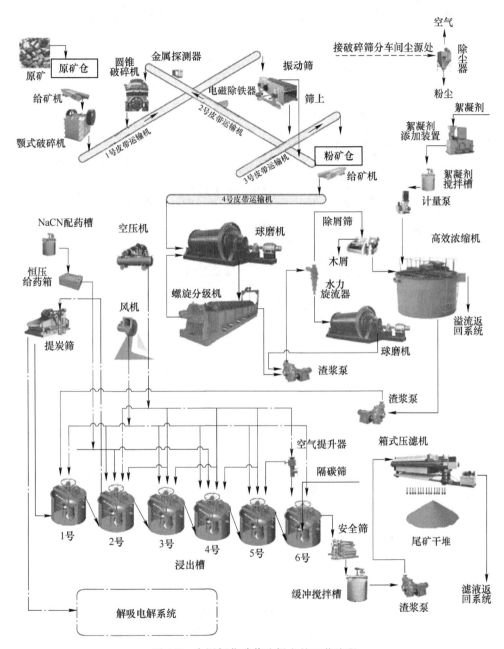

图 4-7 全泥氰化碳浆法提金的工艺流程

的富集，最终使大量铜进入人体；农作物可通过根吸收土壤中的铜，其中一部分也可以经食物进入人体。当铜在体内蓄积到一定程度后，即可对人体健康产生危害。

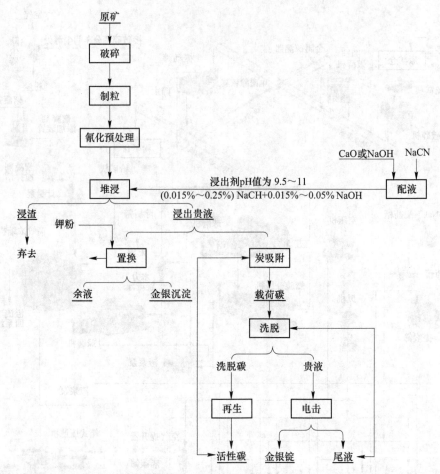

图 4-8   堆浸-氰化联合法提金的工艺流程

4.1.3   重金属铜危害

铜的化合物以一价或二价状态存在。在天然水中，溶解的铜量随 pH 值的升高而降低。在冶炼、金属加工、机器制造、有机合成及其他工业的废水中都含有铜，其中以金属加工、电镀工厂所排废水铜含量最高，每升废水含铜几十至几百毫克，这种废水排入水体会影响水的质量。水中铜含量达 0.01mg/L 时，对水体自净有明显的抑制作用；超过 3.0mg/L，会产生异味；超过 15mg/L，就无法饮用。若用含铜废水灌溉农田，铜在土壤和农作物中累积，会造成农作物特别是水稻和大麦生长不良，并会污染粮食籽粒。灌溉水中硫酸铜对水稻危害的临界浓度为 0.6mg/L。铜对水生生物的毒性很大，有人认为铜对鱼类毒性浓度始于 0.002mg/L，但一般认为水体含铜 0.01mg/L 对鱼类是安全的。在一些小河中，

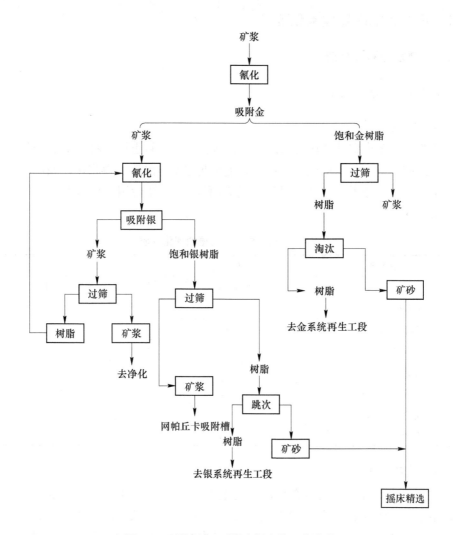

图 4-9 两段氰化-吸附法提金的工艺流程

曾发生铜污染引起水生生物的急性中毒事件；在海岸和港湾地区，曾发生铜污染引起牡蛎肉变绿的事件。

铜是人体所需的微量元素，当人体铜摄入量不足时可引起缺乏病，但摄入过量又可能造成中毒，包括急性铜中毒、肝豆状核变性、儿童肝内胆汁淤积等病症。急性铜中毒是由于偶然摄入过量铜而发病，如大量饮用被铜污染的饮料会出现胃肠道中毒症状。肝豆状核变性在儿童时期表现为慢性肝病症状，青少年时期又出现神经系统症状，是一种不常见的隐性遗传先天性铜代谢缺陷疾病，实质上属于慢性铜中毒。

4.2 重金属铜修复技术和装置

4.2.1 修复材料及方法

4.2.1.1 修复材料

A 实验土样

土样取自云南省某金矿尾渣库及矿山周边 500m 的土壤，将采集的土样放于实验室阴凉处，使其自然风干，并将大土块儿用木槌敲碎。再将尾渣及土壤放于 60℃干燥箱内充分干燥，然后研磨，过 20 目筛，存储待用。尾渣及土壤的理化性质见表 4-1。

表 4-1 实验尾渣及土壤的理化性质

理化参数	尾 渣	土 壤
pH 值	8.80~9.79	5.70~6.81
电导率/μS·cm^{-1}	89.9	60.6
饱和含水率/%	40.9	36.8
铜含量/g·kg^{-1}	1.78	0.58
铅含量/g·kg^{-1}	0.91	0.38
锌含量/g·kg^{-1}	0.24	0.11
镉含量/g·kg^{-1}	2.15	0.98
砷含量/g·kg^{-1}	0.42	0.18

B 试验仪器

试验中使用的主要仪器有直流稳定电源，为电动修复提供直流电压；电解槽，用于放置待修复样品及阴阳极工作液等；电热消解仪，用于消解尾渣和土壤样品；原子吸收光谱仪，用于定量分析样品中的铜含量；调速多用振荡器和低速台式离心机，用于样品的分步消解，分析铜的各形态的含量；万用表，用于电动修复过程中实时电流的测量。各仪器的具体型号、厂家以及其他仪器的详细信息见表 4-2。

C 试验药品

试验使用的主要药品有柠檬酸、乙酸铵、硫酸、腐植酸，为阳极工作液所需药品；氯化钾为阴极工作液所需药品；铜元素标准溶液为使用原子吸收光谱仪测量铜含量所需标准溶液；乙酸、盐酸羟胺、双氧水为分步消解分析铜形态所需药品；盐酸、硝酸、氢氟酸、高氯酸为全消解测量总铜含量所需药品。试验药品的规格和生产商详细信息见表 4-3。

表 4-2　主要仪器

序号	仪器名称	型　号	生　产　商
1	直流稳定电源	HB17300SC	中国鸿宝电气股份有限公司
2	万用表	FLUKE 115C	深圳市胜利高电子科技有限公司
3	原子吸收光谱仪	Thermo iCE 3000	赛默飞世尔科技（中国）有限公司
4	电热恒温鼓风干燥箱	GZX-GF101-0-BS	上海跃进医疗器械有限公司
5	电热消解仪	DIGBLOCK S	北京莱伯泰科仪器股份有限公司
6	调速多用振荡器	HY-4/KS-1	金坛市大地自动化仪器厂
7	低速台式离心机	DT5-1	北京时代北利离心机有限公司
8	电解槽	20cm×5cm×7cm	自制
9	恒温水浴锅	HH-4Y	上海启前电子科技有限公司
10	蠕动泵	TL-BT-600T	天利流体工业设备厂
11	电子天平	BS 224 S	北京赛多利斯仪器系统有限公司
12	数字酸度计	PHS-29A	上海大普仪器有限公司

表 4-3　主要药品

药品名称	规　格	生　产　商
柠檬酸	分析纯	天津市风船化学试剂科技有限公司
氯化钾	分析纯	广东省化学试剂工程技术研究开发中心
铜元素标准溶液	国家标准	国家有色金属及电子材料分析测试中心
乙酸	分析纯	广东省化学试剂工程技术研究开发中心
盐酸羟胺	分析纯	天津市风船化学试剂科技有限公司
乙酸铵	分析纯	天津市风船化学试剂科技有限公司
双氧水	分析纯	重庆川东化工（集团）有限公司
盐酸	分析纯	重庆川东化工（集团）有限公司
硝酸	分析纯	成都市科龙化工试剂厂
高氯酸	分析纯	重庆川东化工（集团）有限公司
氢氟酸	分析纯	上海振企化学试剂有限公司
硫酸	分析纯	重庆川东化工（集团）有限公司

4.2.1.2　修复方法

采用电动修复技术，使用自制的试验装置，通过控制不同的电动修复影响因素，研究其对实际矿渣及周边土壤中铜修复效果的影响；筛选出实验室条件下最佳的电动修复试验参数，为实际工程中的污染治理提供相关的技术参考。

分别对尾渣及周边土壤进行不同试验条件的研究，电动修复试验的开展分为以下几个方面：

A　可渗透反应材料、阳极工作液的筛选及优化

a　不同的可渗透反应墙对修复效果的影响

在电动修复装置的土壤室靠阴极一侧放置可渗透反应装置，厚度为 2cm，面积与待修复尾渣截面积相同，分别采用 γ-氧化铝、碳纤维、煤质活性炭、椰壳活性炭等 4 种常见的可渗透反应材料，都是经研磨后过 20 目筛，在相同的条件下进行试验，得出效果最好的可渗透反应材料，从而以最优的可渗透反应材料进行后续的电动修复试验。

b　不同的阳极电解液对修复效果的影响

本试验采用阳极电解液种类为控制因素，在最优的可渗透反应材料下进行 4 组对比试验，阳极液分别为去离子水、0.1mol/L 的柠檬酸溶液、0.1mol/L 的乙酸铵溶液、5% 的硫酸溶液，研究这几种电解液对电动修复效果的影响。

B　操作条件对铜修复效果的影响

a　不同的矿渣压实程度对修复效果的影响

在实验室条件下的电动修复中，许多研究人员都将待修复土样压实后再行修复，本试验进行了 3 组对比试验，分别为：填满土壤室至溢流口高度，不压实（尾渣质量约 550g）；将土壤室填满压实后，再填满并压至溢流口高度（尾渣质量约 1000g）；3 次填满土壤室并压实至溢流口相同高度（尾渣质量约 1300g），以此研究压实程度对修复效果的影响。

b　不同电压梯度对修复效果的影响

本试验在电极两端施加直流电压，选取的电压梯度分别为 0.5V/cm，1V/cm，2V/cm，4V/cm，进行了 4 组对比试验，研究不同的电压梯度对铜修复效果的影响；根据各组的能耗情况，综合考虑选择最优的电压梯度，为后续试验提供参考。

c　不同修复时间对修复效果的影响

本试验选择的电动修复时间分别为 3d，6d，10d，15d，共进行了 4 组对比试验，研究修复时间对修复尾渣中铜含量的影响，并进行了能耗计算；综合考虑成本及修复效果两个因素，选择最优的试验条件。

4.2.2 修复反应器设计

反应装置为有机玻璃制成的电动修复槽，分为有机玻璃修复室和电极室，阴阳极室都放置石墨电极，电极上均匀地打上 9 个直径 2mm 的小孔，电极上连接导线，两端与直流电源相连，阴极室一侧有溢流口，并用量筒收集溢出液，土壤室尺寸为 20cm×5cm×7cm，电极室尺寸为 4cm×5cm×7cm，土壤室与阴阳电极室之间用滤纸隔开，以防止土壤颗粒进入阴阳极工作液中，试验装置示意图如图 4-10所示。

将污染土壤填满土壤室，在电极两端施加直流电压，并在阴阳极室添加可促进铜解吸和络合的工作液，由于铜离子带正电，在电场的作用下向阴极方向迁移；而由于电渗流方向是由阳极向阴极流动，因此需要不断向阳极添加工作液，以保证电动修复正常进行。

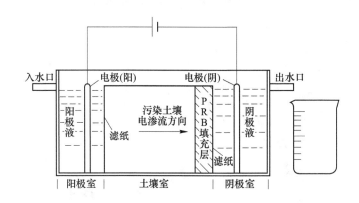

图 4-10　电动修复反应装置示意图

4.3　尾渣中铜的电动修复研究

4.3.1　可渗透反应材料、阳极液筛选及优化

4.3.1.1　可渗透反应材料对电动修复效果的影响

采用 5 组对比试验，阳极电解液都是 0.1mol/L 的柠檬酸溶液，阴极电解液选择 0.1mol/L 的氯化钾溶液，各个修复室中都加入待修复尾渣 1300g，并压实至溢流口高度，电极两端施加 20V 直流电压，电压梯度为 1V/cm，修复时间为 6d，具体的试验方案见表 4-4。

表 4-4　可渗透反应材料试验方案

序号	阳极工作液	阴极工作液	可渗透反应材料（PRB）	PRB 放置位置
A1	0.1mol/L 柠檬酸	0.1mol/L 氯化钾	无	距阳极 20cm 处
A2	0.1mol/L 柠檬酸	0.1mol/L 氯化钾	γ-氧化铝（20 目）	距阳极 20cm 处
A3	0.1mol/L 柠檬酸	0.1mol/L 氯化钾	碳纤维（20 目）	距阳极 20cm 处
A4	0.1mol/L 柠檬酸	0.1mol/L 氯化钾	煤质活性炭（20 目）	距阳极 20cm 处
A5	0.1mol/L 柠檬酸	0.1mol/L 氯化钾	椰壳活性炭（20 目）	距阳极 20cm 处

　　不同的可渗透反应材料在尾渣中铜的电动修复过程中，电流的影响情况如图 4-11 所示。从图 4-11 中可以观察到，随着修复时间的增加，各修复槽的电流先增大，在第 2~3 天达到最大值，然后逐渐减小，最后都下降至 6~7mA；可渗透反应材料为 γ-氧化铝时，尾渣中的初始电流较大，且最大电流可达 42mA 左右，未添加可渗透反应材料 A1 的电流与其他几组趋势相似。

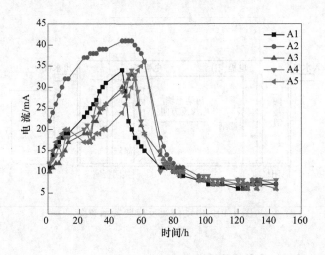

图 4-11　修复过程中电流的变化情况

　　通过尾渣的电流大小取决于尾渣的导电性，即尾渣的孔隙流中存在的离子浓度，离子浓度越高，通过尾渣的电流也越大。而尾渣中的离子浓度与电极处水的电解密切相关，在阳极电极处发生氧化反应呈酸性，在阴极电极处发生还原反应呈碱性：

$$2H_2O - 4e \longrightarrow O_2\uparrow + 4H^+ \tag{4-1}$$

$$E_0 = -1.229（阳极）$$

$$2H_2O + 2e \longrightarrow H_2\uparrow + 2OH^- \tag{4-2}$$

$$E_0 = -0.828(\text{阴极})$$

E_0 为标准还原电位，是一种标准态开始转化为另一标准态的度量。次级反应的发生取决于可利用物质的浓度，例如：

$$H^+ + e \longrightarrow (1/2)H_2 \uparrow \tag{4-3}$$

$$Me^{n+} + ne \longrightarrow Me \tag{4-4}$$

$$Me(OH)_n(s) + ne \longrightarrow Me + nOH^- \tag{4-5}$$

Me 指的是金属，电极上发生的电解反应类型取决于溶液中可利用的化学物质和反应的电化学势。由于一些其他的副反应具有较低的电化学电势，因此这些反应在阴极可能会发生，但是在试验初期水的半还原反应（H_2O/H_2）是占主导地位的。

电解反应将在阳极产生酸性介质，在阴极产生碱性介质，阳极的 pH 值会降到 2 以下，阴极的 pH 值会上升到 12 以上。酸性介质在传输机制下向阴极移动，这些机制包括电势梯度引起的迁移、由电渗流或外部施加或内部产生的水力势能差引起的孔隙液对流和化学梯度产生的扩散。在这一阶段中主要发生半还原反应（H^+/H_2）或 [Me+n/Me(s)]。除非土壤的缓冲能力阻碍酸性介质的迁移，否则氢离子的传输将会在化学物质的迁移中占据主导地位。矿物质、有机物和 $CaCO_3$ 等盐类都能与酸反应，产生的可溶性离子进入孔隙液中，使离子浓度发生变化，电流也随之改变。

4.3.1.2 阳极工作液对电动修复效果的影响

电动修复针对的是进入尾渣孔隙流中的离子态重金属的修复，而阳极工作液是使重金属从尾渣颗粒表面解吸进入孔隙流的重要手段，可大幅提高电动修复的效率；而不同的阳极工作液对铜的修复效果也各不相同，本节采用去离子水、0.1mol/L 的乙酸铵、0.1mol/L 的柠檬酸和 5% 的稀硫酸作为阳极工作液，进行 4 组对比试验，分别记作 B1、B2、B3、B4。各个修复室中都加入待修复尾渣 1300g，并压实至溢流口高度，电极两端施加 20V 直流电压，电压梯度为 1V/cm，修复时间为 6d，具体试验方案见表 4-5。

表 4-5 阳极工作液试验方案

序号	阳极工作液	阴极工作液	可渗透反应材料（PRB）	PRB 放置位置
B1	去离子水	0.1mol/L 氯化钾	椰壳活性炭（20 目）	距阳极 20cm 处
B2	0.1mol/L 柠檬酸	0.1mol/L 氯化钾	椰壳活性炭（20 目）	距阳极 20cm 处
B3	0.1mol/L 乙酸铵	0.1mol/L 氯化钾	椰壳活性炭（20 目）	距阳极 20cm 处
B4	5%稀硫酸	0.1mol/L 氯化钾	椰壳活性炭（20 目）	距阳极 20cm 处

A   阳极工作液对电流的影响

不同的阳极工作液对电动修复过程中电流的影响如图 4-12 所示。从图 4-12 中可以看出，B1 和 B2 组的电流初始值不高，在 40~60h 之间达到其电流最大值，分别为 27mA 和 35mA，最后电流趋于稳定，达到 6mA 左右；而 B3 和 B4 组的电流初始值达到了 90mA 以上，在 7h 左右达到电流最大值，分别为 119mA 和 127mA，然后电流慢慢下降，最后稳定到 20mA 左右。

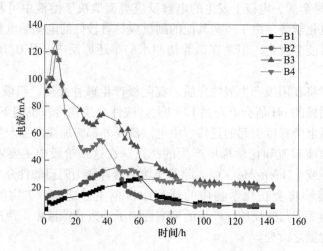

图 4-12   阳极工作对电流的变化情况

分析 4 组电流图可知，去离子水提供的离子量是最少的，只能依靠电极对水的电解提供 H^+ 和 OH^-，因此电流较小；柠檬酸（H_3Cit）的电离常数为 pk_1 = 3.13，pk_2 = 4.76，pk_3 = 6.40，其在水中电离之后的主要存在形式与 pH 值的大小有关，以下化学式依次为一、二、三级电离：

$$H_3Cit \rightleftharpoons H^+ + H_2Cit^-   \qquad pk_1 = 3.13 \qquad (4\text{-}6)$$

$$H_2Cit^- \rightleftharpoons H^+ + HCit^{2-}   \qquad pk_2 = 4.76 \qquad (4\text{-}7)$$

$$HCit^{2-} \rightleftharpoons H^+ + Cit^{3-}   \qquad pk_3 = 6.40 \qquad (4\text{-}8)$$

由于在电动修复过程中，阳极电解不断产生 H^+，阳极液的 pH 值逐渐降低到 2 左右，因此柠檬酸的电离主要以一级电离形式存在，提供的离子数量虽比去离子水多，但仍比后面两组少；乙酸铵的水溶液是呈中性的，是强电解质，在水中可完全电离，在电动修复过程中可提供大量的离子，因此其电流值较大；稀硫酸是强酸，在水中也可完全电离，而且稀硫酸可将尾渣颗粒表面上的大部分重金属解吸出来，溶入孔隙流中，增加修复槽中的离子含量，导致电流较大。

在电动修复后期，各组电流逐渐降低并趋于稳定的原因有以下两个：

（1）在直流电场的作用下，阴极产生的 OH^- 在尾渣中向阳极方向扩散，而带正电荷的 H^+ 则在直流电场的作用下向阴极迁移，但是其迁移进入尾渣中的速率小于离子在电极上放电的速率，因此导致电极附近溶液中的离子浓度小于溶液中其他部分的离子浓度。在电动修复过程中，酸碱没有及时中和，导致试验电流降低。阴极电解产生的 OH^- 迁移到尾渣中，与金属离子反应生成沉淀，并产生 pH 值聚焦效应，这不仅降低了可溶性离子的浓度，使电流下降，也会造成土壤孔隙阻塞，使 Cu^{2+} 的迁移能力逐渐下降。

（2）极化问题造成的电流下降，通常电动修复过程中的极化作用可以分为三类，即活化极化、电阻极化和浓差极化。

活化极化现象，即阴阳电极处的水解反应产生氢气和阳极，这些气体具有良好的绝缘性，它们会附着在电极的表面，使整个电动修复系统的电阻增大，导电性降低，最终导致电流下降。

电阻极化现象，即在电动修复的过程中，阴极附近的一些不溶性盐类附着在其石墨电极表面，形成一层白色薄膜，降低了电极的导电性能，从而导致电流下降。

浓差极化现象，即由于电解过程中电极附近溶液的浓度和本体溶液浓度有差别所致，在电动修复时阳离子向阴极电极表面（或阴离子向阳极电极表面）扩散的速率小于阴极放电的速率，导致电极表面附近的离子浓度无法及时得到补充，使得溶液中电极附近的离子浓度小于本体浓度，使电动修复过程中阳极产生的 H^+ 和阴极产生的 OH^- 没有及时地扩散而被中和，由此导致电流的下降。

B　阳极工作液对尾渣中铜含量分布的影响

电动修复之后尾渣中铜含量的分布如图 4-13 所示，图中各点的铜含量均为去除残渣态铜后的含量。阳极工作液为去离子水的 B1 组及 0.1mol/L 乙酸铵溶液的 B3 组，两组修复后的各个采样点的铜含量基本不变，说明这两种阳极工作液不能使尾渣中的铜解吸，而尾渣中水溶态的铜含量很少，在电场的作用下发生迁移之后，对整体的铜含量分布影响不大，因此，这两种阳极工作液对尾渣中的铜修复没有效果。当阳极工作液为 0.1mol/L 的柠檬酸溶液时（B2），近阳极区铜的去除率为 30% 左右，这些被去除的铜一部分在距阳极 10cm 处富集，浓度可达 1021mg/kg，另一部分沉积在阴极的 PRB 中，可能原因在于柠檬酸对尾渣中铜的络合能力并不强，只能使铜中一部分的水溶态、弱酸可提取态及铁锰氧化物结合态从尾渣中解吸并迁移，去除效果一般；当阳极工作液为 5% 稀硫酸时（B4），近阳极区铜的修复效果最好，去除率可达 84% 左右，被去除的铜并没有在修复槽的中间区域富集，而是进入到阴极附近的 PRB 和阴极工作液中，它们中的铜含量分别为 0.25g/kg 和 4.36mg/L。

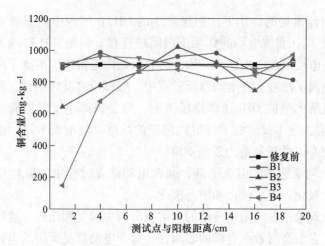

图 4-13　电动修复后尾渣中 Cu 含量的分布

　　重金属铜和其他带正电的物质被吸附在带负电的土壤颗粒表面，铜的吸附特征和机制随着吸附类型的不同而变化，吸附机制包括表面络合（吸附）作用和离子交换作用。吸附的机制取决于土壤表面的电荷密度、阳离子的特征和浓度，以及土壤中存在的有机质和碳酸盐，该机制也依赖于孔隙流的 pH 值。虽然选择顺序是阳离子大小和价态的函数，但是土壤的类型也是一个促进因素。阳极电解产生 H^+ 并在电迁移（其次是电渗流和扩散）作用下迁移到土壤中，且 B4 组试验在阳极提供了大量的 H^+，这将有利于土壤颗粒表面中铜的解吸。

　　C　电动修复前后铜的形态分析

　　本试验对 B4 近阳极区采样点的尾渣进行了铜的形态分析，结果如图 4-14 所示。从图 4-14 中可以看出，以 5% 稀硫酸作为阳极工作液修复结束后，近阳极区

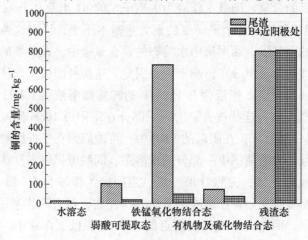

图 4-14　铜的形态分析

水溶态的铜基本被去除，弱酸可提取态铜的去除率为 84.5%，铁锰氧化物结合态铜的去除率为 95.5%，有机物及硫化物结合态铜的去除率为 49.1%，而对于残渣态的铜依然没有效果。

D 可渗透反应材料对电动修复后尾渣中铜含量分布的影响

电动修复结束后，五组试验尾渣中铜的分布情况如图 4-15 所示，从图中可以看到，当电压梯度为 0.5V/cm 时，近阳极区铜的去除率为 53.7%，且铜在中间区域富集，这是由于电压梯度较小，且对照其电流图可知其电流密度也较小，因此铜在尾渣中的解吸及迁移比较缓慢。当电压梯度为 1V/cm 时，近阳极区铜的修复效果较好，去除率可达 90% 左右，但中间区域和阴极区铜的残留量仍然很大。当电压梯度为 1.5V/cm 时，铜在阳极区和中间区域的修复效果都很好，并且在整个修复槽内都没有富集，被去除的铜在电场作用下迁移到阴极液中，并有一部分被阴极 PRB 吸附，是实验修复效果最好的一组。当电压梯度为 2V/cm 时，近阳极区和中间区域铜的修复效果也很好，但是铜在阴极区产生富集现象，当将电压梯度再升至 3V/cm 时，不仅阴极区产生铜的富集现象，而且近阳极区与中间区域铜的修复效果也没有电压梯度为 1.5V/cm 时的效果好，这是由于虽然升高尾渣的电压梯度可以提升铜离子从阳极迁移至阴极的速度，但是同时也将加快阴阳电极上水的电离速率，使进入阴极的 OH^- 的速率及含量快速增加，加快尾渣中 pH 值的变化，从而使铜离子还未迁移出尾渣时便产生了沉淀，影响了铜的修复效率。

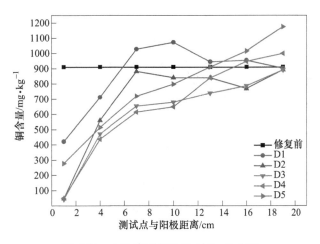

图 4-15 电动修复后尾渣中 Cu 的分布

土壤电化学在不同化学反应过程中的剧烈变化，包括盐和土壤矿物的溶解和沉淀。各种沉淀物的溶解和生成将对土壤孔隙流中物质的运输产生很大影响。阴极电解产生的氢氧根离子将会迁移到土壤中，除非它们被酸中和，否则将与大多数的重金属产生沉淀。产生的沉淀量将随着物质种类的不同而变化，同时更取决于土壤的类型、孔隙流的 pH 值和物质的浓度。我们还注意到，在阳极较高的 pH 值和低浓度的重金属条件下可能会形成一个带负电荷的复合物。从阳极向阴极的迁移的带负电的复合物和向阴极的迁移的带正电物质将会集中或富集在 pH 值急剧变化的狭小区域内。

由图 4-15 可以看出，修复前尾渣中铜的含量为 912mg/kg，各组试验中都是靠近阳极的区域处铜的修复效果较好，而在距阳极 8~12cm 区域处铜开始富集。这是由于在电动修复过程中，阳极电解产生 H^+，pH 值降到 2 左右；阴极电解产生 OH^-，pH 值达到 12 左右，在尾渣的中间区域会产生 pH 值突跃点，迁移到此处的 Cu^{2+} 与 OH^- 反应生成沉淀并富集。从图 4-15 中可以看到，未添加可渗透反应墙的 A1 组在近阳极区铜的修复效果明显低于其他添加 PRB 的试验组，其中以 PRB 为煤质活性炭的 A4 和椰壳活性炭的 A5 修复效果最好，近阳极区铜的去除率分别达到 33% 和 30%，但是 A4 组铜在距阳极 8cm 处富集，而 A5 组的富集区在 10cm 处，其有效的修复距离更长，因此 PRB 为椰壳活性炭时修复效果最好。

从图 4-16 可以发现，A1~A3 组试验近阳极区铜的修复效果较好，去除率在 30%~40%，铜在中间区域富集，而使用经 30% 磷酸酸化的 PRB 之后，阳极区铜的修复效果更好，可达 50% 左右，铜的富集区也迁移到阴极区。

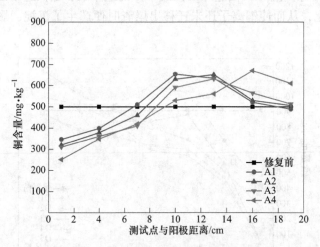

图 4-16　电动修复后土壤中 Cu 含量的分布

该结果表明，γ-氧化铝及椰壳活性炭对铜的修复率影响不大，但经磷酸酸化后的 PRB 可以中和阴极电解产生的 OH^-，减缓其进入土壤的速度，从而铜离子可以从阳极向阴极迁移更远的距离，提高铜的修复效率。因此，经磷酸酸化的 PRB 为本节最优的可渗透反应材料。

电动修复效率可以通过与 PRB 结合而增强，根据不同种类的污染物，可以选择不同的 PRB 反应介质。然而，从不同研究者的试验结果中得出吸附效率主要依靠 PRB 反应介质的吸附能力。电动修复的作用是使污染物向 PRB 迁移，并在阳极产生酸性环境，在阴极产生碱性环境，而 PRB 反应介质的吸附能力可以随着酸性或碱性环境而提升，以提高修复效率。对试验中使用的 4 种可渗透反应材料的比表面积和孔隙率进行了检测，结果见表 4-6。

表 4-6　PRB 的比表面积和孔隙率

项　目	碳纤维	γ-氧化铝	煤质活性炭	椰壳活性炭
比表面积/m²·g⁻¹	800~1400	230	850	1000~1600
孔隙率/%	—	40	70	90

E　可渗透反应材料放置位置试验

由于铜的富集区域在修复槽的中间处，因此尝试将修复效果最好的椰壳活性炭放置在修复槽的中间区域，研究其对铜的修复效果的影响。两组试验的电流及修复后铜分布的结果如图 4-17 所示。

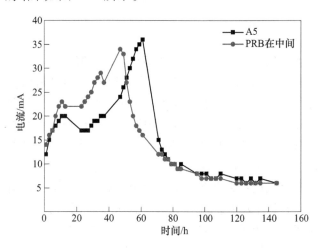

图 4-17　修复过程中电流的变化情况

由图 4-17 可知，两组试验电流的变化趋势相似，但 PRB 在中间时近阳极区铜的去除率比 A5 更高，可达 35% 左右，且在中间区域铜富集程度高于 A5，可达到 1.13g/kg。这是由于水在两极发生电解反应，产生了 H^+ 和 OH^- 并在电场的作用下对向迁移，在尾渣的中间区域产生了 pH 值的突跃点，迁移至此区域的铜离子与 OH^- 反应生成沉淀并富集，因此将椰壳活性炭放置在该区域可以更有效地吸附迁移的铜离子，且可以定期更换椰壳活性炭，以防止其达到吸附饱和点，影响修复效果。

F　铜形态对电动修复效果的影响

下面通过对 A5 组修复效果最好的近阳极区采样点和中间铜富集区采样点进行铜的形态分析，研究电动修复对铜形态的影响，如图 4-18 所示。

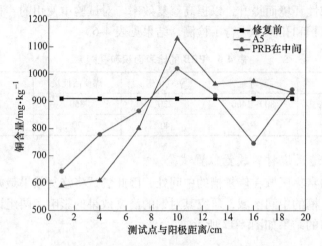

图 4-18　电动修复前后尾渣中 Cu 含量的分布

重金属在尾渣中的形态非常复杂，国际上公认的测量重金属形态的方法有 BCR 分步消解法和 Tessier 五步法，本试验采用 BCR 分步消解法，将重金属的存在形态分为水溶态、弱酸可提取态、铁锰氧化物结合态、有机物及硫化物结合态和残渣态五种，其中水溶态是指可以在水中溶解或可以被中性盐类提取的部分重金属形态，该形态是比较容易被植物吸收利用的主要形态，对植物的营养吸收具有重要意义，若该形态重金属含量过高，又是导致植物重金属污染的主要形态。弱酸可提取态和铁锰氧化物结合态也是不稳定形态，在土壤 pH 值和氧化还原电位降低时较容易释放到土壤孔隙流中，被生物吸收利用，进而对人类产生危害。有机物及硫化物结合态和残渣态的稳定性比较强，尤其是残渣态很难溶入孔隙流中，很难被植物吸收利用，所以对环境的危害性较小。

土壤中重金属的形态主要受土壤 pH 值和氧化还原电位的制约及其他化合物种类的影响，不同形态的重金属在适当的土壤环境条件下是可以相互转化的。土壤中重金属的有效性只有相对的指标，无法反映客观存在的绝对数量。

铜通常为二价的阳离子，可以被带负电荷的土壤胶体通过静电引力而被吸附，水溶态和弱酸可提取态的铜主要为 Cu^{2+} 和 $Cu(OH)^+$ 两种形态。由于铜离子经常和水分子等形成络合物，因此吸附的 Cu^{2+} 和 $Cu(OH)^+$ 也可能是带水分子的，例如 $Cu(H_2O)_6^{2+}$ 或 $Cu(H_2O)_4^{2+}$，$Cu(H_2O)_5(OH)^+$ 等。铁锰氧化物结合态的铜是指结合于铁锰氧化物表面，形成配位物或同晶置代铁、锰氧化物中的 Fe、Mn 而存在于它们结构中的一部分。有机态的铜是建立在二价铜对有机质具有极强亲和力的基础上，有机态铜在土壤中具有重要的意义，有机质土壤上植物的缺铜现象，土壤表层铜的富集等都与有机态铜的形成有关。

残渣态铜的结合方式很难给出比较明确的概念，它们是在原生和次生矿物晶格中的铜。事实上，由于各种测试试剂在提取每种形态铜时都不可能十分彻底，一般用酸来分解消化矿物，以求其结果。

由图 4-19 可知，电动修复前的尾渣中水溶态的铜含量占总铜含量的 0.7%，弱酸可提取态占 5.8%，铁锰氧化物结合态占 40.9%，有机物及硫化物结合态占 9.7%，残渣态占 42.9%。然而，经修复后 A5 组铜的形态分布图可以看出，近阳极区的水溶态铜去除率为 66.5%，弱酸可提取态与铁锰氧化物结合态铜的去除率分别为 51.5% 和 50.5%，而这些被修复的铜在向阴极移动的过程中，由于尾渣 pH 值的变化，在中间区域以水溶态和弱酸可提取态富集在修复槽的中间区域，而另一部分的铜则被椰壳活性炭吸收，吸附的铜含量为 0.23g/kg。但是，有机物及硫化物结合态和残渣态的铜含量几乎没有变化，因为这两种形态的铜非常稳定，不易从尾渣中解吸出来，该组电动修复对其没有效果。

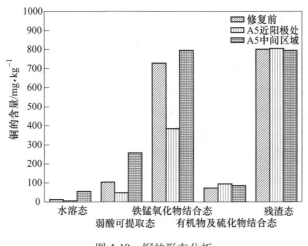

图 4-19 铜的形态分析

4.3.1.3 试验条件对尾渣中铜修复效果的影响研究

A 压实程度对铜污染尾渣修复效果的影响

本试验进行了 3 组对比试验，分别采用 550g，1000g 和 1300g 的尾渣将 20cm×5cm×7cm 的土壤室填满并压实至溢流口高度，阳极工作液均为 5% 稀硫酸溶液，阴极工作液为 0.1mol/L 氯化钾溶液，电极两端施加 20V 直流电压，电压梯度为 1V/cm，修复时间为 6d，具体的试验方案见表 4-7。

表 4-7　不同的尾渣压实程度试验方案

序号	尾渣质量/g	压实次数	阳极工作液	可渗透反应材料（PRB）
C1	1300	3	5%稀硫酸	椰壳活性炭（20目）
C2	1000	2	5%稀硫酸	椰壳活性炭（20目）
C3	550	0	5%稀硫酸	椰壳活性炭（20目）

　　a　压实程度对电流的影响

　　从图 4-20 中可以看出，3 组修复试验的电流变化趋势是一样的，都是在较短的时间达到电流最大值，之后慢慢降低，最后达到稳定。而随着压实程度的降低，其电流最大值随之变大，分别可达 127mA，152mA 和 298mA，这是由于随着压实程度的变化，尾渣的容重和孔隙度也随之变化，而孔隙度、容重、密度三者的关系为：孔隙度=1-容重/密度，这里的容重指的是单位容积尾渣（其中包括孔隙）的干重量，因此在 3 组试验所用尾渣相同的情况下，容重的大小可以反映尾渣的压实程度，容重越大表明尾渣的压实程度越大。孔隙度指的是单位容积尾渣中孔隙容积所占的分数或者百分数，孔隙度按照粗细分级有很多种，但目前还没有统一的观点。综合来看，在尾渣压实程度的研究中可以将尾渣的孔隙度分为毛管孔隙度和通气孔隙度两种，毛管孔隙的直径一般都小于 0.1mm，具有明显的毛管作用，毛管力将会随着毛管孔隙的减小而增大，而且毛管孔隙是尾渣中水分储存和液体运动相当强烈的地方，相对而言通气孔隙比较粗大，孔隙中的液体可以在重力的作用下排出。Jim 等研究表明，如果压实程度不是很大，一部分的通气孔隙将会通过微结构重组，进而转变为毛管孔隙，如果压实程度较大，大量孔隙的消失也将会损失掉一部分的毛管孔隙。由此可以发现，C3 组试验中尾渣的压实程度很小，因此其容重较小、孔隙度很大，阳极液通过孔隙进入阴极的速

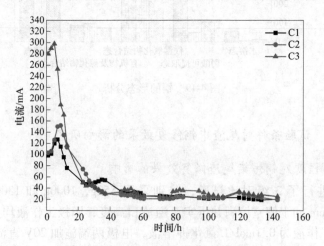

图 4-20　修复过程中电流的变化情况

度及通量就会很大，所以其试验电流相对较大。

尽管土壤的性质和结构可以影响水力梯度下的流体流动，但是电位差作用下的电渗流主要取决于孔隙和 zeta 电位，因此电渗可以在细粒沉积物中生成一个均匀的流体和质量传输，电渗和离子迁移在总运输量中的贡献大小随着许多因素而改变，如土壤类型、含水量、污染物种类、孔隙流浓度和处理条件等。溶解物质运输的佩克莱特数（Peclet number）是衡量对流传质对扩散传质相对贡献的参数，在电场作用下可以引入一个无量纲的质量传递数 λ_e：

$$\lambda_e = J_j^m / J_j^e = u_j^* / k_e \tag{4-9}$$

式中　λ_e——在相同的电位差下迁移通量相对于电渗流量的贡献；

　　　J_j^m——迁移通量；

　　　J_j^e——电渗流量；

　　　k_e——电渗系数，即单位电压梯度下通过单位截面面积的水流体积，是有
　　　　　　效梯级电导率的函数，cm^2/Vs；

　　　u_j^*——离子迁移率。

Ballou 研究表明，k_e 值在 92%含水率的含钠高岭土中可高达 $1.1 \times 10^{-4} cm^2/Vs$。路易斯安那州立大学的试验表明，$k_e$ 在铅、镉或铬污染高岭土中的最大值可达 $10^{-5} cm^2/Vs$。λ_e 的值可以通过有效离子迁移率和试验记录的 k_e 值来计算。通过离子迁移传质将至少比电渗流传质高 10 倍，在后续试验进程中其大小可达 300。λ_e 的升高和降低取决于电场作用的时间和土壤样品中的动态化学反应。

因此，本试验中从阳极向阴极迁移的酸将使阳极附近的电导率升高，k_e 值降低，且 zeta 电位也相应下降。向阴极迁移的电渗流也随着 k_e 和电压梯度的降低而减少，导致迁移作用下的流量比电渗流量大 1~2 个数量级。

b　压实程度对尾渣中铜含量分布的影响

图 4-21 为与阳极不同距离处铜含量的分布，从图中可以看出，不同的压实程度条件下三组修复试验结束后，尾渣中铜分布情况大致相同，都是近阳极区的尾渣修复效果最好，中间区域尾渣中的铜虽然没有富集，但是修复效果不明显，其中 B1 与 B2 的近阳极区铜的修复率约为 83%，未压实的试验尾渣 B3 近阳极区的铜修复率可达 94%，效果好于前两组试验，即除了残渣态的铜以外，其余各形态的铜基本都已去除。由此可知在 6d 的修复时间中，由于 B3 组尾渣的压实程度小，容重低，孔隙率比 B1、B2 更大，阳极工作液能更加充分的与尾渣颗粒表面的铜络合，使更多的铜从颗粒表面解吸出来并溶入孔隙流中，在电场的作用下迁移。被去除的铜一部分随孔隙流进入阴极工作液中，并在溢流口被收集，另一部分的铜则被阴极附近的 PRB 吸附。

B　电压梯度对铜污染尾渣的修复效果的影响

电动修复尾渣中的铜污染，其迁移的主要动力来自于电极两端的外加直流电

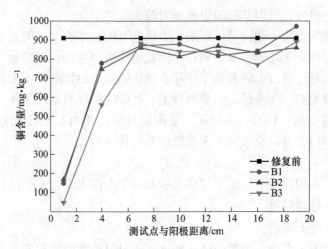

图 4-21　电动修复前后尾渣中 Cu 含量的分布

压，在产生的均匀电场中通过电渗流、电迁移等迁移机制的作用，使铜从尾渣中迁移出来，直流电压是影响电动修复的重要因素之一。但是高电压对电动修复效果并不一定是最好的，而且高电压会引起高能耗，所以选择合适的电压梯度是电动修复可行性和环保经济性的关键因素。本研究进行了 5 组对比试验，分别用 D1、D2、D3、D4、D5 表示，阳极工作液为 5% 稀硫酸溶液，阴极工作液为 0.1mol/L 的氯化钾溶液，每个修复槽添加 550g 尾渣且不压实，修复时间为 6d，研究不同电压梯度下的电流情况，以及对尾渣中铜的去除效果的影响，从而选择出电动修复尾渣中铜污染的最佳电压梯度，为后面的试验研究提供最优条件，具体的试验方案见表 4-8。

表 4-8　不同的电压梯度试验方案

序号	电压梯度/V·cm^{-1}	修复时间/d	可渗透反应材料（PRB）	PRB 放置位置
D1	0.5	6	椰壳活性炭（20 目）	距阳极 20cm 处
D2	1	6	椰壳活性炭（20 目）	距阳极 20cm 处
D3	1.5	6	椰壳活性炭（20 目）	距阳极 20cm 处
D4	2	6	椰壳活性炭（20 目）	距阳极 20cm 处
D5	3	6	椰壳活性炭（20 目）	距阳极 20cm 处

　　a　电压梯度对电流的影响

　　从图 4-22 中可以看出，D1～D5 这 5 组试验的电流变化趋势是相同的，都是起始电流较大，并在之后较短的时间内上升至最大值，然后缓慢下降，最后保持各自稳定的电流值。5 组试验的电流最大值随着电压梯度的升高而不断变大，由

127mA 上升到 460mA，且 D1～D5 达到稳定时的电流分别为 12mA，25mA，39mA，87mA，140mA，由此可以推断出电动修复过程中，尾渣中的电流大小和电压梯度是成正比的，随着电压梯度的逐渐升高，阴阳两极的水解反应越来越剧烈，产生的 H^+ 和 OH^- 也较多，这些带电离子随电场迁移到尾渣中的数量也越多，因此尾渣孔隙流中的导电离子浓度变大，电流也随之变大。

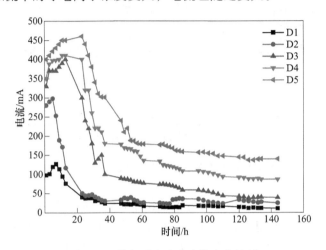

图 4-22 修复过程中电流的变化情况

b 电压梯度对铜修复效果的影响

电动修复结束后，5 组试验尾渣中铜含量的分布情况如图 4-23 所示，从图 4-23 中可以看到，当电压梯度为 0.5V/cm 时，近阳极区铜的去除率为 53.7%，且铜在中间区域富集，这是由于电压梯度较小，且对照电流图可知其电流密度也较小，因此铜在尾渣中的解吸及迁移比较缓慢。当电压梯度为 1V/cm 时，近阳极区铜的修复效果较好，去除率可达 90% 左右，但中间区域和阴极区铜的残留量仍然很大。当电压梯度为 1.5V/cm 时，铜在阳极区和中间区域的修复效果都很好，并且在整个修复槽内都没有富集，被去除的铜在电场作用下迁移到阴极液中，并有一部分被阴极 PRB 吸附，是试验修复效果最好的一组。当电压梯度为 2V/cm 时，近阳极区和中间区域铜的修复效果也很好，但是铜在阴极区产生富集现象，当将电压梯度再升至 3V/cm 时，不仅阴极区产生铜的富集现象，而且近阳极区与中间区域铜的修复效果也没有电压梯度为 1.5V/cm 时的效果好，这是由于虽然升高尾渣的电压梯度可以提升铜离子从阳极迁移至阴极的速度，但是同时也将加快阴阳电极上水的电离速率，使进入阴极的 OH^- 的速率及含量快速增加，加快尾渣中 pH 值的变化，从而使铜离子还未迁移出尾渣时便产生了沉淀，影响了铜的修复效率。

土壤电化学在不同化学反应过程中的剧烈变化，包括盐和土壤矿物的溶解和

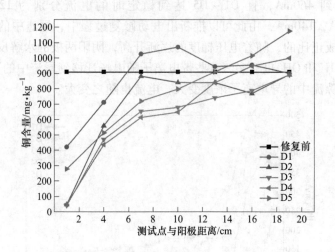

图 4-23　电动修复前后尾渣中 Cu 含量的分布

沉淀，各种沉淀物的溶解和生成将对土壤孔隙流中物质的运输产生很大影响。阴极电解产生的 OH⁻ 将会迁移到土壤中，除非它们被酸中和，否则将与大多数的重金属产生沉淀。产生的沉淀量将随着物质种类的不同而变化，同时更取决于土壤的类型、孔隙流的 pH 值和物质的浓度。作者还注意到，在阴极较高的 pH 值和低浓度的重金属条件下可能会形成一种带负电荷的复合物。从阳极向阴极迁移的带负电的复合物和向阴极迁移的带正电物质将会集中或富集在 pH 值急剧变化的狭小区域内。

　　c　电压梯度对电能消耗的影响

　　电动修复过程中施加不同的电压梯度，对电能的消耗程度也不同。为了实现电动修复的有效性与节能环保性相结合的理念，下面针对不同电压梯度的电能消耗进行计算和分析，电能消耗的计算公式为：

$$E_{\mathrm{C}} = \frac{1}{M}\int UI\mathrm{d}t \tag{4-10}$$

式中　E_{C}——修复单位质量尾渣所需的耗电量，kWh/g；

　　　　M——电动修复的尾渣总质量，g；

　　　　U——电极两端施加的电压，V；

　　　　I——电流强度，A；

　　　　t——修复周期，h。

　　从电能消耗的计算公式可以发现，能耗的大小与外加电压、修复周期、电流大小有关，修复周期越长，电流强度越大，其能耗也就越高。根据以上的试验数据计算相关的电能消耗情况，见表 4-9。

表 4-9 不同的电压梯度电能消耗情况

序号	电压梯度/V·cm^{-1}	修复时间/d	尾渣质量/g	能量消耗/kWh·g^{-1}
D1	0.5	6	550	0.071
D2	1	6	550	0.261
D3	1.5	6	550	0.982
D4	2	6	550	2.095
D5	3	6	550	3.927

从表 4-9 中可以看出，修复单位质量尾渣的能耗随着电压梯度的升高而快速增加，电压梯度越高时通过尾渣的电流越高，所以电能消耗也就越大，反之亦然。根据上文尾渣中铜去除率随电压梯度的变化图 4-23 可知，电压梯度较小时，增加电压梯度可以显著提高铜的修复效果，但是当电压梯度达到 2V/cm 时铜的修复效果有所下降，继续升高电压后，铜的修复效果更差。因此，将能耗与铜的修复效果综合考虑，电压梯度为 1.5V/cm 时是最优的试验条件。

C 修复时间对铜污染尾渣的修复效果的影响

电动修复持续的时间是影响尾渣中铜修复效果的又一个重要因素，孟凡生等研究了不同电压下不同修复时间对铬污染土壤的电动修复效果的影响，实验表明铬的去除率随着修复时间的延长而增加。但针对不同类型的土壤，修复时间对铜修复效果的影响可能会有所不同，因此本研究设计了 8 组试验，在 0.5V/cm、1.5V/cm 电压梯度下，分别进行了 3d，6d，10d，15d 等 4 组试验，分别记作 X1，X2，X3，X4 和 Y1，Y2，Y3，Y4，可渗透反应材料为椰壳活性炭，具体试验方案见表 4-10。

表 4-10 不同修复时间试验方案

序号	电压梯度/V·cm^{-1}	修复时间/d	尾渣质量/g	阳极工作液
X1	0.5	3	550	5%稀硫酸
X2	0.5	6	550	5%稀硫酸
X3	0.5	10	550	5%稀硫酸
X4	0.5	15	550	5%稀硫酸
Y1	1.5	3	550	5%稀硫酸
Y2	1.5	6	550	5%稀硫酸
Y3	1.5	10	550	5%稀硫酸
Y4	1.5	15	550	5%稀硫酸

电动修复结束后，电压梯度为 0.5V/cm 时尾渣中铜含量的分布如图 4-24 所示。

从图 4-24 中可以看出，当电压梯度为 0.5V/cm 时，近阳极区铜的去除率显

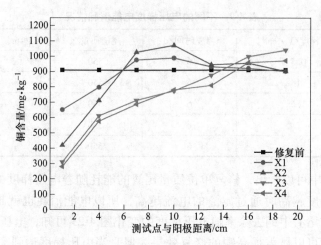

图 4-24　电动修复前后尾渣中 Cu 含量的分布

著提高，从 3d 到 15d，铜的去除率从 28.5% 增加至 69.2%；中间区域随着修复时间的增加，铜含量从 1070mg/kg 的富集状态下降至去除率 15% 的修复状态。而阴极区的铜从原始状态变为富集状态。这是由于电压梯度比较小，尾渣中的铜解吸及迁移速度较慢，因此随着修复时间延长，铜的富集区从中间区域向阴极区移动，阳极区的修复效果也不断增强。综合考虑修复效果和能耗情况，在 0.5V/cm 的电压梯度下，X3 组是较理想的试验条件。

从图 4-25 中可以看出，当电压梯度为 1.5V/cm 时，随着修复时间的延长，铜的去除效率增加得不明显，从 3d 到 15d，近阳极区铜的去除率从 71% 增加至 86.7%；中间区域的铜残留量相差不大，阴极区的铜随着修复时间的延长，富集情况越来越严重。这是因为电压梯度比较大，阳极区及中间区域铜的修复速率较快，铜去除率随修复时间的变化不大，而阴极电解产生的 OH⁻ 随着时间的延长而越来越多，导致阴极区的铜富集程度加剧。考虑能源消耗及修复效率双重因素，Y2 组试验是较优的试验条件。

在电场作用下，离子迁移被证明是物质的主要传输机制，如何将电流分布在孔隙流的各种物质的混合物中，这涉及运输的效率。当假设电流仅仅是自由孔隙流体中离子迁移的结果时（忽略扩散双电层的离子迁移，或表面电导，并假设土壤颗粒被电隔离，即土壤颗粒不导电），这样通过法拉第定律可以将质量通量与电荷通量等价，总电流就会和每种物质的迁移通量 J_j 相关。

$$I = \sum_j t_j I = \frac{Z_J C_J U_J^*}{\sum_1^n z_i u_i c_i} I \tag{4-11}$$

式中，Z_J 为离子电荷；C_J 为离子浓度；U_J 为第 j 个离子的孔隙液中电解质浓度；

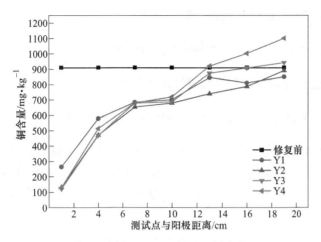

图 4-25 电动修复前后尾渣中 Cu 含量的分布

z_i 为第 i 个离子的离子迁移率；c_i 为第 i 个离子的离子浓度；u_i 为第 i 个离子的孔隙液中电解质浓度；$\sum_{}^{n} z_i u_i c_i$ 为离子迁移率、离子浓度与电解质浓度的总和。

t_j 是离子 j 的迁移数，表示第 j 个离子对总有效电导率的贡献，土壤孔隙流中所有离子的迁移数的总和应等于 1。上述公式是单个离子的迁移数与其离子迁移率、离子浓度和孔隙液中总电解质浓度的关系，一种物质的迁移数将随着该物质离子浓度的增加而增加，这意味着孔隙流中随着一种物质浓度的降低，其在电流作用下的运输和迁移效果也会降低。因此，一种特定物质的去除效率会随着时间的增加而减少，因为相对于孔隙流中其他物质而言它的浓度降低了。

4.3.2 工艺参数对尾渣中铜修复效果的影响

本阶段试验首先测试了可渗透反应材料对电动修复铜效果的影响，发现椰壳活性炭因其高的比表面积和高孔隙率，对铜具有更好的吸附能力，为本试验最佳的可渗透反应材料。

阳极工作液是影响铜解吸的重要因素，本章对比了四种阳极工作液发现，针对尾渣中的铜元素，5% 稀硫酸溶液对铜的解吸效果更好，近阳极区铜的去除率最高，可达 84%。

电动修复的试验条件也会影响铜的去除效果。当尾渣的压实程度较低时，其孔隙率较大，阳极工作液对铜的解吸效果更好，铜的去除率更高；电压梯度不同其对铜的修复效果也不同，当电压梯度为 1.5V/cm 时尾渣中的铜修复效果最好；铜离子从尾渣颗粒表面的解吸以及迁移需要一个过程，因此修复的时间也是影响铜修复效果的重要因素；试验表明当修复时间为 6d 时，铜在近阳极区的去除率最高，可达 86.7%，且修复槽内无铜的富集现象。

4.4　尾渣污染土壤中重金属铜的电动修复

4.4.1　可渗透反应材料、阳极液筛选及优化

4.4.1.1　可渗透反应材料对电动修复效果的影响

采用 4 组对比试验，阳极电解液都是去离子水，阴极电解液选择 0.1mol/L 的氯化钾溶液，各个修复室中都加入待修复土壤 1300g，并压实至溢流口高度，电极两端施加 20V 直流电压，电压梯度为 1V/cm，修复时间为 6d，具体的试验方案见表 4-11。

表 4-11　可渗透反应材料试验方案

序号	阳极工作液	阴极工作液	可渗透反应材料（PRB）	PRB 放置位置
a1	去离子水	0.1mol/L 氯化钾	无	距阳极 20cm 处
a2	去离子水	0.1mol/L 氯化钾	γ-氧化铝（20 目）	距阳极 20cm 处
a3	去离子水	0.1mol/L 氯化钾	椰壳活性炭（20 目）	距阳极 20cm 处
a4	去离子水	0.1mol/L 氯化钾	经 30%磷酸酸化的椰壳活性炭（20 目）	距阳极 20cm 处

A　可渗透反应材料对电流的影响

从图 4-26 可以发现，4 组试验电流的整体变化趋势是相同的，都是随时间逐渐升高，达到最大值后再缓慢降低，最后达到稳定值。在相同的条件下，土壤中的电流比尾渣低很多，这也证明了土壤的电导率较低。

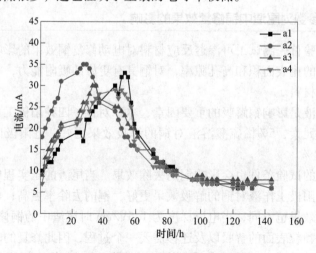

图 4-26　修复过程中电流的变化情况

图 4-26 中电流先增加是由于去离子水电解产生的 H^+ 使阳极区附近的土壤 pH 值降低，从而促使土壤中的污染物以离子态解吸到孔隙液中，使土壤的电导率升高，电流增加；修复后期电流降低是由于在阴极区去离子水的电解产生 OH^-，使阴极区 pH 值升高，阻碍了铜等污染物的解吸，降低了孔隙液中离子浓度；同时阴极产生的 OH^- 与铜离子反应生成沉淀，阻碍了孔隙流的流动，使土壤电阻增大，导致电流减小。

B　可渗透反应材料对铜含量分布的影响

从图 4-27 可以发现，a1～a3 组试验近阳极区铜的修复效果较好，去除率在 30%～40%，铜在中间区域富集，而使用经 30% 磷酸酸化的 PRB 之后，阳极区铜的修复效果更好，可达 50% 左右，铜的富集区也迁移到阴极区。

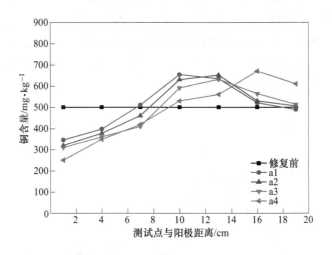

图 4-27　电动修复前后土壤中 Cu 含量的分布

该结果表明，γ-氧化铝及椰壳活性炭对铜的修复率影响不大，但经磷酸酸化后的 PRB 可以中和阴极电解产生的 OH^-，减缓其进入土壤的速度，从而使铜离子可以从阳极向阴极迁移更远的距离，提高铜的修复效率。因此，经磷酸酸化的 PRB 为本节试验最优的可渗透反应材料。

4.4.1.2　阳极工作液对电动修复效果的影响

由于稀硫酸对土壤的破坏较严重，因此本节试验采用去离子水、0.1mol/L 乙酸铵、0.1mol/L 柠檬酸和 0.1mol/L 腐植酸作为阳极工作液，进行 4 组对比试验，分别记作 b1，b2，b3，b4。各个修复室中都加入待修复土壤 1300g，并压实至溢流口高度，PRB 为经 30% 磷酸酸化的椰壳活性炭（20 目），电极两端施加 20V 直流电压，具体试验方案见表 4-12。

表 4-12　阳极工作液试验方案

序号	阳极工作液	阴极工作液	电压梯度/V·cm⁻¹	修复时间/d
b1	去离子水	0.1mol/L 氯化钾	1	6
b2	15mg/L 腐植酸	0.1mol/L 氯化钾	1	6
b3	0.1mol/L 乙酸铵	0.1mol/L 氯化钾	1	6
b4	0.1mol/L 柠檬酸	0.1mol/L 氯化钾	1	6

A　阳极工作液对电流的影响

图 4-28 为电动修复过程中电流随时间的变化曲线，图中的电流开始呈上升趋势，之后又缓慢下降，这是由于试验开始时阳极电解产生越来越多的 H^+，使土壤中的金属离子解吸，增大了孔隙流中的电解质浓度，增大了电流值。电流下降的原因有：电解产生的气体附着在电极表面，使电阻增加、电流降低；阴极产生的 OH^- 一部分与铜等金属离子产生沉淀，另一部分与阳极向阴极迁移的 H^+ 发生中和反应，导致电解质浓度减小、电流降低。

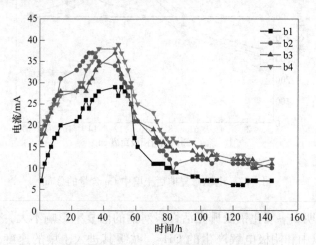

图 4-28　修复过程中电流的变化情况

从图 4-28 中还可以发现，b2~b4 组试验电流初始值较高，且整个试验过程中的电流都高于 b1。这是由于 b2 和 b4 的阳极液为酸性，加快了土壤的酸化速度，b3 的阳极液为系统提供了大量的电解质，因此这 3 组的电流值较大。

B　阳极工作液对土壤中铜含量分布的影响

由图 4-29 可以发现，阳极液为去离子水和 0.1mol/L 乙酸铵时，铜的修复效果较差，这是由于两种溶液都呈中性，不能促进土壤中铜的解吸，只能依靠阳极电解出的 H^+，因此其修复效率较低。

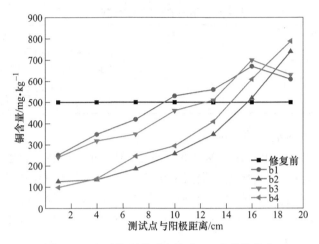

图 4-29 电动修复前后土壤中 Cu 含量的分布

阳极液为柠檬酸与腐植酸时铜的修复效果较好,近阳极区铜的去除率在80%左右,且有效修复距离也较长,这是由于 0.1mol/L 柠檬酸溶液 pH 值在 2~3 之间,可促进土壤颗粒表面铜的解吸,并与其形成可溶性络合物,在电场的作用下从阳极向阴极迁移。腐植酸的 pH 值在 5 左右,对重金属主要表现在络合作用及其胶体性质上,其中含有多种官能团,因而腐植酸表现出多种活性,如离子交换、与金属离子的配位作用、氧化-还原等。腐植酸是一种大分子带负电的胶体,可与重金属发生络合作用,形成带正电荷的络合物,腐植酸和金属离子的键合总容量为 200~600mol/g,其中大约33%是由于阳离子在复合位置上的固定,主要的复合位置是羧基和酚羟基。本试验使用的腐植酸浓度为 15mg/L,由于其大于临界胶束浓度(10mg/L),因此该腐植酸还起到表面活性剂的作用,提高了铜的溶解性。

虽然柠檬酸与腐植酸的修复效果都很好,但腐植酸的 pH 值与土壤相近,且腐植酸广泛地存在于自然界中,适量的使用不会对土壤造成二次污染,因此本试验选择 15mg/L 腐植酸为最佳的阳极工作液。

4.4.1.3 试验条件对土壤中铜修复效果的影响研究

A 电压梯度对铜污染土壤修复效果的影响

本研究进行了 4 组对比试验,分别用 c1、c2、c3、c4 表示,阳极电解液为 15mg/L 腐植酸溶液,阴极工作液为 0.1mol/L 氯化钾溶液,每个修复槽添加 550g 土壤且不压实,修复时间为 6d;研究不同电压梯度下的电流情况,以及对土壤中铜的去除效果的影响,从而选择出电动修复土壤中铜污染的最佳电压梯度,为后面的试验研究提供最优条件,具体的试验方案见表 4-13。

表 4-13　不同的电压梯度试验方案

序号	电压梯度/V·cm⁻¹	修复时间/d	可渗透反应材料（PRB）
c1	0.5	6	经 30% 磷酸酸化的椰壳活性炭（20 目）
c2	1	6	经 30% 磷酸酸化的椰壳活性炭（20 目）
c3	2	6	经 30% 磷酸酸化的椰壳活性炭（20 目）
c4	3	6	经 30% 磷酸酸化的椰壳活性炭（20 目）

a　电压梯度对电流的影响

由图 4-30 可知，电压梯度从 0.5V/cm 到 3V/cm，初始电流也逐渐变大，最大电流提高了 2.5 倍，稳定电流提高了 6~7 倍。这是由于每组试验槽中的初始电阻是相同的，电压梯度升高必然会导致初始电流提高，而较高的电压梯度将促进电极处水的电解速率，导致土壤孔隙流中电解质浓度的增加，电流也相应较大。

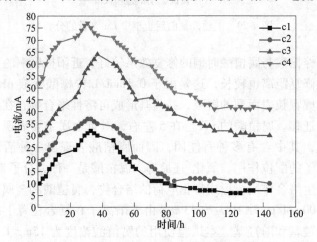

图 4-30　修复过程中电流的变化情况

综合分析以上试验结果，得出如下结论：通电初期，土壤中可作为载流子的水溶性正、负带电离子（铁、钾、钠、铜等阳离子和氯、氢氧根、硫酸根等阴离子）数量充足，离子浓度不是电流强度的主要限制因素。电动修复时施加直流电形成电场，土壤中的带电载流子，包括目标污染物铜离子在电场的作用下定向迁移。随着通电时间延长，载流子迁移出土壤进入电极工作液的数量增加，而且由于阴极工作液电解产生的 OH^- 进入土壤，导致阴极端土壤中许多金属阳离子形成氢氧化物沉淀，减少了载流子中阳离子的供应量，导致阴极端土壤逐渐出现载流子供应不足，电阻逐渐增大，温度升高，且整个土壤的电阻增大，电流下降，载流子的供应能力成了土壤电流的主要限制因素。最后，土壤中的铜基本上以非水溶性的状态存在，不能在电场作用下迁移。这种情况随通电时间的延长，由阴极端向阳极端逐渐扩展，电流达到最小值并保持稳定，此时作为一个整体土壤中的载流子浓度基本保持动态平衡，分别使阳极室和阴极室进入土壤的载流子数量与迁出土壤的载流子数量保持动态平衡。

b 电压梯度对土壤中铜含量分布的影响

由图4-31可知，不同的电压梯度会对修复后土壤中铜的分布产生一定的影响。当电压梯度较低时（0.5V/cm），近阳极区铜的去除率为60%左右，且铜在距阳极10~14cm处富集，这是由于电压梯度较小，铜离子迁移较慢，在土壤中与阴极迁移向阳极的OH⁻产生沉淀，富集在中间区域。当电压梯度提高至1V/cm时，近阳极区铜的去除率为80%左右，且铜在阴极区富集。当电压梯度为2~3V/cm时，土壤整体铜的去除率都很高，可达90%左右，说明在相同的时间内，随着电压梯度的提高，铜可以更加完全的迁移，大部分迁移到阴极PRB和电解室中，去除率较高。考虑到能耗因素，本节试验选择2V/cm为最佳的电压梯度。

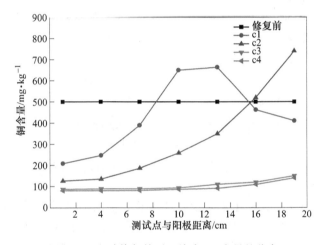

图4-31 电动修复前后土壤中Cu含量的分布

B 修复时间对铜污染土壤修复效果的影响

电动修复持续的时间是影响尾渣中铜修复效果的又一个重要因素，孟凡生等研究了不同电压下不同修复时间对铬污染土壤的电动修复效果的影响，实验表明铬的去除率随着修复时间的延长而增加。本试验在2V/cm的电压梯度下，分别进行了3d，6d，10d，15d等4组试验，分别记作c1，c2，c3，c4。具体试验方案见表4-14。

表4-14 不同修复时间试验方案

序号	电压梯度/V·cm⁻¹	修复时间/d	可渗透反应材料（PRB）
d1	2	2	经30%磷酸酸化的椰壳活性炭（20目）
d2	2	3	经30%磷酸酸化的椰壳活性炭（20目）
d3	2	4	经30%磷酸酸化的椰壳活性炭（20目）
d4	2	6	经30%磷酸酸化的椰壳活性炭（20目）

a　修复时间对铜修复效果的影响

由图 4-32 可知，随着修复时间的增加，铜的去除率也越来越高，当修复时间为 2d 时，阴极区产生了严重的富集现象，而随着修复时间的增加，富集现象可以得到明显的改善。当修复时间达到 4d 时，土壤整体的铜去除率可达 90% 左右，再延长修复时间铜的去除率变化不大。综合考虑铜的去除率与能耗两个因素，本试验选取 4d 为最佳的电动修复时间。

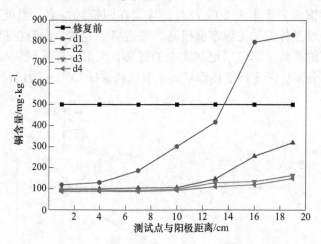

图 4-32　电动修复前后土壤中 Cu 含量的分布

在阳极附近 Cu 的迁移速率大于其他位置，主要原因可能是距离阳极越近土壤 pH 值越低，有利于从土壤颗粒中释放出重金属离子并加速土壤电动修复过程，相反 pH 值较大时则不利于重金属离子的迁移和污染物的去除。

b　电动修复前后铜的形态分析

选择去除率较高的 d3 近阳极区采样点土壤，采用 BCR 连续提取法分析铜的形态，并与修复前进行对比。

由图 4-33 可知，修复前土壤中铜的水溶态、弱酸可提取态、铁锰氧化物结合态、有机物及硫化物结合态和残渣态分别占总铜含量的 5%、29%、45%、7% 和 14%。经电动修复后，水溶态、弱酸可提取态、铁锰氧化物结合态的铜去除效果明显，有机物及硫化物结合态铜的去除率为 25% 左右，但电动修复对残渣态的铜基本没有效果。

有机物及硫化物结合态的铜是土壤中各种有机物如动植物残体、腐植质及矿物颗粒的包裹层等与土壤中重金属螯合形成的，该形态的铜不易从土壤颗粒中解吸出来，腐植酸和柠檬酸等工作液对其解吸效果也不明显，因此其去除率很低。

残渣态的铜一般存在于硅酸盐、原生和次生矿物等土壤晶格中，是自然地质风化过程的结果，在自然界正常条件下不易释放，能长期稳定在沉积物中，不易

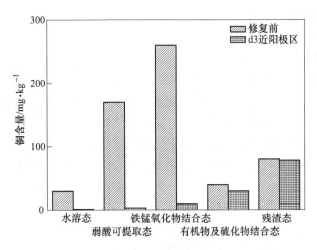

图 4-33 铜的形态分析

被植物吸收。因此，虽然电动修复对残渣态铜没有效果，但其生物利用性很低，对环境危害很小。

对比尾渣和土壤中铜的修复效果可知，土壤中铜的整体去除率可达 90%，而尾渣只有近阳极区去除率较高，可达 86.7%。土壤中铜的整体去除效果远高于尾渣，其原因有以下两方面：

首先是铜的形态分布不同，尾渣中的铜主要以铁锰氧化物结合态和残渣态为主，而土壤中的铜以弱酸可提取态和铁锰氧化物结合态为主，而各形态铜的解吸困难程度为：水溶态<弱酸可提取态<铁锰氧化物结合态<有机物及硫化物结合态<残渣态。因此土壤中的铜更容易在阳极工作液的络合作用下解吸，并在电场的作用下迁移出土壤，整体修复效果较好。

其次是由于电导率不同导致电动修复过程中含水率的变化。在电场的作用下，土壤中的分散介质（液相）通过孔隙流向阴极移动，即发生电渗迁移。这使得土壤中的水分分布不均匀，电渗迁移通量 $J_j^{\ominus}$ 和通过单位面积土壤的电流（I）成正比。

$$J_j^{\ominus} = \frac{(c_j/c_w)\zeta\varepsilon n}{\eta\delta^*} \cdot I \cdot H_2O\% = \frac{(c_j/c_w)\varepsilon(A - B\lg c_i)n}{\eta\delta^*} \cdot I \cdot H_2O\% \quad (4\text{-}12)$$

式中　n——孔隙率；

$\quad\quad c_j$——化学物质的质量浓度；

$\quad\quad c_w$——水的质量浓度（约为 1）；

$\quad\quad \delta$——有效电导率；

$\quad\quad \varepsilon$——介质的介电常数；

$\quad\quad \zeta$——固液界面的电极电位（zeta 电势）；

　　A，B——常数；

　　　　η——流体的黏度系数；

　　　　c_i——电解质的总浓度。

　　由式（4-12）可以看出，土壤电渗迁移通量与土壤的物理化学性质（孔隙率、含水率、介电常数和 zeta 电势）有很大的关系。电动修复过程中，由于蒸发作用和电渗流导致土壤的含水率下降，这不利于电渗流。低的土壤 pH 值增加液相系统中污染物质的含量，从而有利于土壤电动修复，但是它也有不利于电动修复的方面：随着修复时间的延长，水电解产生的 H^+ 浓度不断升高，增加了土壤中被吸附离子的解吸，导致孔隙水中阳离子浓度升高，离子强度的变大使得双电层厚度减小，zeta 电势不断降低，进而导致流向阴极的电渗流体积增加不断减少；若通电时间继续延长，则 zeta 电势将改变符号甚至为正值，这使得电渗流对污染物的去除不做贡献甚至阻碍污染物的电动修复。

　　综上分析，电流密度越大，土壤的含水率变化也越大。尾渣的电流密度远大于土壤中电流的密度，因此尾渣在电动修复过程中含水率明显下降，导致电渗流减弱，使得尾渣中的铜离子较难迁移，其铜的整体去除率较低。

4.4.2　工艺参数对尾渣中铜修复效果的影响

　　对矿区周边土壤的铜进行了电动修复研究，对比了 3 种可渗透反应材料对土壤中铜的修复效果的影响。当可渗透反应材料为 30%磷酸酸化的椰壳活性炭时，由于其可以有效地阻止阴极产生的 OH^- 向尾渣中迁移，且具有高比表面积和孔隙率，对铜的去除效果最好，近阳极区铜的去除率可达 50%。

　　对比了 4 种阳极工作液对铜修复效果的影响，发现 15mg/L 腐植酸和 0.1mg/L 柠檬酸对铜的修复效果最好，且腐植酸与土壤 pH 值相近且广泛存在于自然界中，对土壤没有二次污染，因此选择腐植酸为本试验最佳的阳极工作液。

　　试验条件对土壤中铜修复效果的影响：随着电压梯度的不断升高（0.5~3V/cm）土壤中铜的去除效果越来越好，当电压梯度达到 2V/cm 时，再提高电压梯度对去除率影响不大；随着修复时间的延长（2~6d）铜的去除效果越来越好，当修复时间达到 4d 时，再延长修复时间对铜的修复效果影响不大，因此 4d 为本试验获得的最佳电动修复时间。

4.5　金矿区重金属修复研究结论

　　对鹤庆县北衙金矿尾渣及其周边土壤为研究对象进行了重金属铜的电动修复研究，通过改变不同的试验条件，研究其对两种土样中铜的去除率和铜形态的影响。分别考察了可渗透反应材料、阳极工作液、尾渣压实程度、电压梯度和修复时间五个因素对铜的电动修复效果的影响，得出以下结论：

（1）对尾渣的电动修复试验表明：可渗透反应材料为椰壳活性炭，阳极工作液为5%稀硫酸溶液，电压梯度为1.5V/cm，修复时间为6d，其近阳极区铜的去除率最高，可达86.7%。

（2）对土壤的电动修复试验表明：可渗透反应材料为30%磷酸酸化的椰壳活性炭，阳极工作液为15mg/L腐植酸，电压梯度为2V/cm，修复时间为4d时，其铜的整体去除率最高，可达90%。

（3）尾渣中铜的整体去除率远低于土壤，主要有以下两点原因：其一是尾渣中铜的形态主要为铁锰氧化物结合态和残渣态，而土壤中铜的主要形态为弱酸可提取态和铁锰氧化物结合态，在阳极工作液的络合作用下，土壤中的铜更容易解吸出来；其二是尾渣在电动修复过程中电流密度较大，含水率明显下降，导致电渗流减弱，使得尾渣中的铜离子较难迁移，其铜的整体去除率较低。

参 考 文 献

［1］Kimura T, Takase K I, Terui N, et al. Ferritization treatment of copper in soil by electrokinetic remediation ［J］. Journal of Hazardous Materials, 2007, 143（3）: 662~667.

［2］Giorgia D G, Aldo M, Romano R, et al. Chromate adsorption in a transformed red mud permeable reactive barrier using electrokinesis ［J］. Journal of Environmental Science & Health Part A Toxic/hazardous Substances & Environmental Engineering, 2008, 43（8）: 969~974.

［3］Yuan C, Hung C H, Chen K C. Electrokinetic remediation of arsenate spiked soil assisted by CNT-Co barrier—The effect of barrier position and processing fluid ［J］. Journal of Hazardous Materials, 2009, 171（s1-3）: 563~570.

［4］Han J G, Hong K K, Kim Y W, et al. Enhanced electrokinetic（E/K）remediation on copper contaminated soil by CFW（carbonized foods waste）［J］. Journal of Hazardous Materials, 2010, 177（1-3）: 530~538.

［5］Jim C Y. Soil compaction as a constraint to tree growth in tropical & subtropical urban habitates ［J］. Environmental Conservation, 1993, 20（1）: 35~49.

［6］Ballou E V. Electroosmotic flow in homoionic kaolinite ［J］. Journal of Colloid Science, 1955, 10（5）: 450~460.

［7］Ryu B G, Park G Y, Yang J W, et al. Electrolyte conditioning for electrokinetic remediation of As, Cu, and Pb-contaminated soil ［J］. Separation & Purification Technology, 2011, 79（2）: 170~176.

［8］Genc A, Chase G, Foos A. Electrokinetic Removal of Manganese from River Sediment ［J］. Water Air & Soil Pollution, 2009, 197（1-4）: 131~141.

［9］Rodsand T, Acar Y B, Breedveld G. Electrokinetic extraction of lead from spiked Norwegian marine clay ［J］. Geotechnical Special Publication, 1995, 195（46）: 1518~1534.

[10] Zhongming Li, Jiwei Yu, Ivars Neretnieks. Electroremediation: Removal of Heavy Metals from Soils by Using Cation Selective Membrane [J]. Environmental Science \ s& \ stechnology, 1998, 32 (3): 394~397.

[11] Kim W S, Kim S O, Kim K W. Enhanced electrokinetic extraction of heavy metals from soils assisted by ion exchange membranes [J]. Journal of Hazardous Materials, 2005, 118 (s1-3): 93~102.

[12] Koprivanac, Kusic N, Hrvoje. AOP as an effective tool for the minimization of hazardous organic pollutants in colored wastewater: chemical and photochemical processes [J]. Nova Science Publishers Inc, 2007, 113: 149~200.

[13] Keun-Young L, Kyoung-Woong K. Heavy metal removal from shooting range soil by hybrid electrokinetics with bacteria and enhancing agents [J]. Environmental Science & Technology, 2010, 44 (24): 9482~9487.

[14] Svenja T. Lohner, Daniel Katzoreck, Andreas Tiehm. Electromigration of microbial electron acceptors and nutrients: (Ⅱ) transport in groundwater [J]. Journal of Environmental Science & Health Part A Toxic/hazardous Substances & Environmental Engineering, 2008, 43 (8): 922~925.

[15] Yuan C. The effect of Fe(0) on electrokinetic remediation of clay contaminated with perchloroethylene [J]. Water Science & Technology A Journal of the International Association on Water Pollution Research, 2006, 53 (6): 91~98.

[16] Weng C H, Lin Y T, Lin T Y, et al. Enhancement of electrokinetic remediation of hyper-Cr (Ⅵ) contaminated clay by zero-valent iron [J]. Journal of Hazardous Materials, 2007, 149 (2): 292~302.

[17] Yuan C, Chiang T S. The mechanisms of arsenic removal from soil by electrokinetic process coupled with iron permeable reaction barrier [J]. Chemosphere, 2007, 67 (8): 1533~1542.

[18] Long Cang, Dong-Mei Zhou, Dan-Ya Wu, et al. Coupling Electrokinetics with Permeable Reactive Barriers of Zero-Valent Iron for Treating a Chromium Contaminated Soil [J]. Separation Science & Technology, 2009, 44 (10): 2188~2202.

[19] Chung H I, Lee M H. A new method for remedial treatment of contaminated clayey soils by electrokinetics coupled with permeable reactive barriers [J]. Electrochimica Acta, 2007, 52 (10): 3427~3431.

[20] Kimura T, Takase K I, Terui N, et al. Ferritization treatment of copper in soil by electrokinetic remediation [J]. Journal of Hazardous Materials, 2007, 143 (3): 662~667.

[21] Giorgia D G, Aldo M, Romano R, et al. Chromate adsorption in a transformed red mud permeable reactive barrier using electrokinesis [J]. Journal of Environmental Science & Health Part A Toxic/hazardous Substances & Environmental Engineering, 2008, 43 (8): 969~974.

[22] Yuan C, Hung C H, Chen K C. Electrokinetic remediation of arsenate spiked soil assisted by CNT-Co barrier—The effect of barrier position and processing fluid [J]. Journal of Hazardous Materials, 2009, 171 (s1-3): 563~570.

[23] Han J G, Hong K K, Kim Y W, et al. Enhanced electrokinetic (E/K) remediation on copper

contaminated soil by CFW（carbonized foods waste）［J］. Journal of Hazardous Materials, 2010, 177（1-3）: 530~538.

［24］ O'Connor C S, Lepp N W, Edwards R, et al. The combined use of electrokinetic remediation and phytoremediation to decontaminate metal-polluted soils: a laboratory-scale feasibility study ［J］. Environmental Monitoring & Assessment, 2003, 84（1-2）: 141~158.

［25］ Lim J M, Salido A L, Butcher D J. Phytoremediation of lead using Indian mustard（Brassica juncea）with EDTA and electrodics ［J］. Microchemical Journal, 2004, 76（1-2）: 3~9.

5 多电解液及解吸-电动-沉淀联合修复研究

<<<<<<<<<<<<<<<<<<<<<<<<<<<<<<<<<<<<<<<<<<<<<<<<<<<<<<<<<

5.1 抗坏血酸与柠檬酸对铅污染土壤修复技术研究

Pb 是一种广泛存在于生活环境中的重金属，在自然条件下无法被生物降解并且是人体唯一不需要的微量元素，在人体中会产生累积，对人类健康产生危害。全世界平均每年 Pb 排放量在 $5 \times 10^6 t$，Pb 工矿企业在生产经营活动中产生的尾矿、危险废物等含有重金属 Pb 的固体污染物与周围的土壤接触会导致土壤 Pb 污染。土壤重金属污染对自然生态环境所造成的生物毒性与重金属的总量有一定关系，但最重要的是重金属在土壤中的形态分布。

早在 1800 年 Reuss 在土壤两端施加直流电场时就发现了电动现象，经过近 180 年的发展，电动修复技术才开始应用在污染土壤电动修复研究中。目前，电动修复技术所修复的污染土壤包括重金属（Pb、Cu、Zn、Cd、Cr 等）污染土壤和有机物（石油烃、酚类化合物、苯类有机物等）污染土壤。当在污染土壤的两端施加一个直流电场时，土壤中污染物将会在直流电场的作用下，通过电迁移、电渗流、电泳等方式迁移出土壤，从而达到净化土壤的目的。在电动修复过程中，电极室的水会发生电解反应。

阴极： $$2H_2O + 2e \longrightarrow H_2 \uparrow + 2OH^- \tag{5-1}$$

阳极： $$2H_2O \longrightarrow O_2 \uparrow + 4H^+ + 4e \tag{5-2}$$

由于水的电解反应，阴、阳极电极室会产生大量的 OH^-、H^+，这些离子的产生使得阴极电解室的 pH 值升至 12 左右，同样阳极电解室由于大量的 H^+ 产生 pH 值降至 2 左右。在电迁移以及离子扩散作用下，阳极产生的 H^+ 以及阴极产生的 OH^- 分别向极性相反的方向迁移并进入到土壤孔隙液中直到在土壤某一区域相遇并中和。土壤 pH 值在该区域产生突变并将土壤分为酸性区域与碱性区域。在酸性区域中，大量的 H^+ 使得土壤颗粒表面重金属产生解吸进入孔隙液中，从而有利于重金属的去除。在碱性区域中，大量的 OH^- 易与重金属离子产生沉淀修复效率随之降低。

电动修复增强技术修复 Pb 污染土壤已经成为电动修复技术发展的趋势。可以通过加入酸的方式控制阴极电解液 pH 值，当用磷酸控制阴极电解室 pH 值为 9~10 时，高岭土中重金属可以得到有效去除。另外，在土壤室与阴极电解室之间设置阳离子交换膜可以阻止阴极电解液水电离 OH⁻ 往土壤中迁移，从而达到控制土壤 pH 值升高的目的，同时也不会阻碍重金属阳离子往阴极电解室迁移。电动修复技术还可以与其他技术相结合降低土壤中 pH 值，如在电场作用下，硫氧菌会被活化并可以氧化土壤中的硫最终达到降低土壤 pH 值的目的。土壤具有较高的阳离子交换能力或者含有较高的碳酸盐就会导致土壤很难达到可供重金属解吸进入孔隙液的酸性范围。有研究表明，对于具有较高酸碱缓冲能力和重金属含量的石灰性土壤，当使用 EDTA 作为络合增强剂时大部分的 Pb 从阴极迁移到了阳极附近，但是 EDTA 具有生物难降解、存在严重的环境威胁。由于具有较低的分子量，作为环境友好型的络合试剂柠檬酸在重金属污染土壤电动修复方面得到了较为广泛的应用。使用柠檬酸作为阴极电解液并结合具有强还原性的抗坏血酸作为饱和液来修复云南省鹤庆金矿尾矿污染土壤，抗坏血酸在试验中的使用主要是修复尾矿中可还原态 Pb。该试验研究了在柠檬酸作为阴极电解液控制阴极电解室 pH 值的条件下，抗坏血酸和施加电压梯度对电动修复的影响，以期对今后重金属污染尾矿的电动修复提供技术参考。

5.1.1 处理对象

云南省某金矿，在金矿的炼金过程中产生很多含有重金属 Pb 的尾矿，其尾矿的年排放量在 150×10^4 t 左右，并且在这些尾矿中 Pb 的弱酸提取态、可还原态、可氧化态的含量很高，其中可还原态的 Pb 含量占总含量的 83.86%。试验土壤取自云南省某金矿尾矿，土壤基本理化性质见表 5-1。在尾矿堆积区域表面 0~40cm 深度范围内采集尾矿样品。尾矿经采集后，经风干捣碎，去除杂草石粒后进行理化性质的检测（见表 5-1），测试方法见文献。

表 5-1　土壤基本理化性质

pH 值	电导率 /(mS·cm⁻¹)	w（有机质） /g·kg⁻¹	阳离子交换容量 /cmol·kg⁻¹	饱和含水率 /%	w(Pb) /mg·kg⁻¹	质量分数		
						沙粒	粉粒	黏粒
8.9±0.02	89.9±5.0	29.2±1.5	16.31±2.70	40.9±7.5	5491.9±24.0	20.3±0.6	69.5±1.8	10.2±0.5

5.1.2 反应装置与研究方法

5.1.2.1 反应装置

电动修复所用的反应装置示意图见图 5-1，该装置利用有机玻璃加工而成，外形呈矩形，主要分为三大部分，中间的土壤室以及两边的阴阳电极室。土壤室、阴阳电极室的内部尺寸（$L \times W \times H$）分别为 21cm×5cm×5cm，6cm×5cm×5cm。此外，试验装置还包括直流稳压电源、石墨电极以及 pH 值自动控制系统。

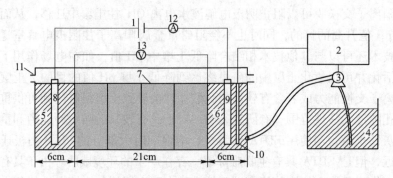

图 5-1　电动修复装置示意图

1—直流稳压电源；2—pH 值监控器；3—蠕动泵；4—阴极电解液；
5—阳极电解液；6—阴极电解室；7—土壤；8—阳极；9—阴极；
10—pH 值检测电极；11—溢流孔；12—电流表；13—电压表

5.1.2.2　研究方法

电动修复设置 5 组对照试验（EK1～EK5），见表 5-2。将混合均匀的土壤平均分为 5 份装入土壤室中并压实，试验中阳极电解液、阴极电解液分别为去离子水及 0.1mol/L 柠檬酸，采用对应的饱和液、电压梯度、修复时间等条件进行电动修复试验。试验过程中采用 115C 万用表测定电流变化。试验结束后将土壤从阴极到阳极平分为七部分，每部分长 3cm，并分别编号为 P1、P2、P3、P4、P5、P6、P7。将各部分土壤取出并放入铝盒，经自然风干后过 100 目（0.150mm）筛并充分混匀，对土壤重金属进行形态提取并测定其重金属含量，另外测定土壤中重金属 Pb 总量、pH 值、电导率。

表 5-2　电动修复试验方案

试验组别	阴、阳极电极	电压梯度/$V \cdot cm^{-1}$	饱和液	阳极电解液	阴极电解液	修复时间/d
EK1	石墨电极	1.0	去离子水	去离子水	0.1mol/L 柠檬酸（控制 pH 值为 2～3）	5
EK2	石墨电极	1.0	0.2mol/L 抗坏血酸	去离子水	0.1mol/L 柠檬酸（控制 pH 值为 2～3）	5
EK3	石墨电极	1.0	0.4mol/L 抗坏血酸	去离子水	0.1mol/L 柠檬酸（控制 pH 值为 2～3）	5
EK4	石墨电极	2.0	0.4mol/L 抗坏血酸	去离子水	0.1mol/L 柠檬酸（控制 pH 值为 2～3）	5
EK5	石墨电极	3.0	0.4mol/L 抗坏血酸	去离子水	0.1mol/L 柠檬酸（控制 pH 值为 2～3）	5

5.1.2.3 分析方法

土壤重金属 Pb 形态分析参照欧洲参考交流局（European Community Bureau of Reference）提出的 BCR 提取法[22]。将土壤采用 HF-HClO$_4$-HNO$_3$ 方法进行消解，并测定消解液中的 $w(Pb)$、$w(Cu)$、$w(Zn)$、$w(Cd)$。

土壤 pH 值、电导率（水土比 2.5∶1）分别采用 PHS-29A 型数字酸度计、MH-WSY 土壤三参仪测定；采用乙酸铵提取法测定阳离子交换容量；采用 Mastersizer2000 激光粒度仪测定土壤粒径分布；将土壤置于 600℃ 马弗炉中，根据重量分析方法测定其有机质含量；采用环刀法测得土壤含水率。

所有分析的土壤平行测定 3 次并取平均值，每部分土壤 $w(Pb)$、Pb 的去除率、各形态 Pb 含量均在平均值基础上计算得到。

5.2 各操作条件对修复效果的影响

5.2.1 电动修复过程中电流的变化

电动修复过程中不同试验组电流随时间变化情况如图 5-2 所示。EK1~EK5 在修复过程中电流的变化趋势基本一致，即先在短时间内增至最大值后开始降低，这一变化过程比较明显，如 EK1，在 3h 内电流由最初的 53mA 增至 56mA，之后电流开始降低，在 87h 时电流降至 11mA 左右。发生这一现象的原因是在修复初期土壤孔隙液中的可移动离子浓度较高，并且阳极电极室水电离生成的 H$^+$ 会产生一个往阴极方向移动的酸性迁移带，该酸性迁移带在土壤孔隙液的迁移过程中会在土壤颗粒表面溶解、解吸出更多可移动离子，这些可移动离子在电场的作用下发生定向迁移产生更高的电流。当大部分可移动离子迁移出土壤后，电流

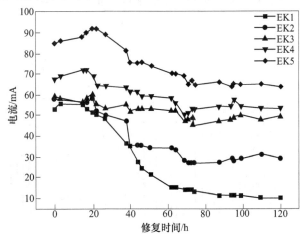

图 5-2 电动修复过程中电流的变化

也会相应的降低。

对比 EK1~EK3 三组试验中电流的变化情况，随着土壤饱和液抗坏血酸的增加，EK1、EK2、EK3 中电流的初始值、峰值以及修复后期的数值也在随之增大，这是由于：随着抗坏血酸的增加，其溶液本身的酸性也在增大，土壤表面的一些物质就会以带电离子的形式溶解进入土壤孔隙液中；由于抗坏血酸化学结构中含有一个具有还原性基团的双键，其左右两边都连着一个具有还原性的羟基官能团，同时其组成的烯醇基官能团也具有很强的还原能力，这就使得抗坏血酸具有较强的还原性，并还原土壤颗粒中一些氧化物，从而增加土壤孔隙液中可移动离子的浓度。

对比 EK3~EK5 三组试验中电流的变化情况，随着施加的电压梯度的增加，根据欧姆定律：$U=IR$，当升高电压时，在系统电阻变化不大的情况下，电动修复系统的电流值也会相应的增加，所以 EK3、EK4、EK5 中电流值为：EK5>EK4>EK3。

5.2.2　电动修复后土壤 pH 值分布

修复试验后土壤各截面 pH 值变化情况如图 5-3 所示。原始土壤 pH 值为 8.9±0.02，该土壤含有较高的碳酸盐矿物，使得其本身具有较强的酸性缓冲能力。对于土壤各截面 P1~P7，EK1、EK2、EK3、EK4 土壤中 pH 值呈现出中间部分高，靠近阴、阳极电解室低的趋势，这说明 H^+ 通过扩散、电迁移的作用进入土壤并降低土壤 pH 值，这一作用对靠近电极室部分的土壤影响最大，而对中部土壤影响较小。由于较高的酸性缓冲能力，即使在控制阴极电解室 pH 值的情况下土壤 pH 值仍然没有降低到酸性范围。在一定的酸性范围类内土壤 pH 值越低越有利于重金属在土壤中解吸与溶解，对于这类土壤仅仅依靠控制阴极电解室 pH 值其重金属的去除率依旧较低。

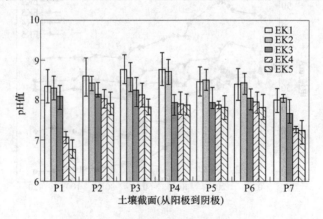

图 5-3　电动修复后土壤 pH 值变化

5.2.3 土壤中 $w(Pb)$ 及 Pb 的去除率变化

土壤中 $w(Pb)$ 及 Pb 去除率的变化如图 5-4 所示。由图 5-4 可以发现,土壤中间部分(P2~P6)中 $w(Pb)$ 比较高,相比而言,位于电极室附近(P1、P7)的土壤中 $w(Pb)$ 最低,这一变化趋势与图 5-3 土壤 pH 值的变化趋势相符合,说明低 pH 值可以促进 Pb 沉淀溶解为 Pb^{2+} 并进入土壤孔隙液中;相反,土壤中高 pH 值就会阻碍土壤中重金属的溶解和迁移。

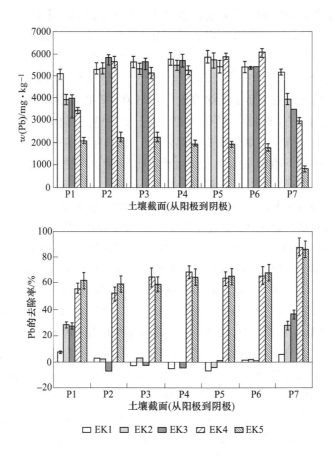

图 5-4 土壤各截面采样区域的 $w(Pb)$ 及 Pb 的去除率

对于 EK1,从土壤截面 P1~P7,$w(Pb)$ 分别为 5084.23mg/kg、5334.39mg/kg、5642.97mg/kg、5778.91mg/kg、5848.39mg/kg、5421.07mg/kg、5187.15mg/kg,其对应的 Pb 去除率分别为 7.42%、2.87%、-2.75%、-5.22%、-6.49%、1.29%、5.55%;相比于 EK1,EK2 土壤截面 P1~P7 中 $w(Pb)$ 分别为 3935.91mg/kg、5362.32mg/kg、5323.84mg/kg、5514.51mg/kg、5723.69mg/kg、

5395.49mg/kg、3956.86mg/kg，对应的 Pb 去除率分别为 28.33%、2.36%、3.06%、-0.41%、-4.22%、1.75%、27.95%，EK2 土壤中各截面 Pb 去除率普遍高于 EK1，Pb 的迁移能力得到增强，这主要是因为当土壤饱和液由去离子水更换为具有较强还原性的抗坏血酸时，抗坏血酸会与土壤中铁锰氧化物反应解离出 Pb^{2+} 及其他离子并在直流电场中电迁移，从图 5-2 电流变化中也可以发现 EK2 试验过程中电流值普遍高于 EK1。当 Pb^{2+} 从阳极向阴极迁移的同时，会与阴极电解室中的柠檬酸结合形成带负电的络合物，此时孔隙液中 Pb 就有两种形态——Pb^{2+}、Pb^{2+} 与柠檬酸生成的带负电的络合物，Yoo 等指出，络合物在 pH 值为 6~9 时主要以 Pb（citrate）$_2^{4-}$ 及 Pb（citrate）$^-$ 为主。由于 Pb^{2+} 与带负电的络合物所带电荷性质不同，两者在电场中迁移方向相反，从图 5-4 可以看到 EK2 在 P5 处有 Pb 聚集现象。当抗坏血酸由 0.2mol/L（EK2）增至 0.5mol/L（EK3）时，更多的 Pb^{2+} 与柠檬酸结合形成带负电的络合物，EK3 在 P2 处有聚集现象，与 EK2 相比 EK3 聚集处往阳极方向移动。整体上 Pb 在土壤中的迁移能力增强。Suzuki 等研究 EDDS 增强电动修复土壤中重金属时认为，当重金属在靠近土壤某端聚集越多时，说明在另一端土壤中重金属在较大程度上得到了修复，重金属在土壤中的迁移能力增加，所以可以看出 P7 部分土壤中 $w(Pb)$ 在 EK3（3467.19mg/kg）低于 EK2（3956.86mg/kg）；说明当饱和液抗坏血酸为 0~0.4mol/L 时，随着其浓度的增加，电动修复过程中 Pb 在土壤中的迁移能力也相应提高。

当电压梯度由 1V/cm（EK3）增至 2V/cm（EK4）时，EK4 土壤截面 P1~P7 中，$w(Pb)$ 分别为 2435.84mg/kg、2640.25mg/kg、1945.57mg/kg、1724.33mg/kg、1991.42mg/kg、1873.43mg/kg、708.74mg/kg，其对应的 Pb 去除率分别为 55.65%、51.92%、64.57%、68.60%、63.74%、65.89%、87.09%，EK4 中土壤各截面 Pb 去除率明显高于 EK3，说明随着施加电压梯度的增加，土壤中 Pb 的迁移能力更强，修复效果增加。究其原因有：（1）随着施加电压梯度的增加，阳极电解室电解水的能力更强，从而产生更多的 H^+，当这些 H^+ 以酸性迁移带形式在土壤中迁移时会在土壤颗粒表面解吸、溶解出更多的 Pb^{2+} 进入孔隙液，同样阴极电解液中加入更多的柠檬酸来控制阴极电解室 pH 值，这将会有更多的柠檬酸与 Pb^{2+} 络合并往阳极迁移；（2）EK4 孔隙液中离子浓度比前三组更高。Yeung 等研究表明，孔隙液中高的离子浓度会导致土壤颗粒扩散，双电子层厚度减小，进而降低土壤颗粒之间的排斥力，范德华力增加，同时产生絮凝结构；絮凝结构会增加土壤颗粒孔隙，这样就增加了离子在孔隙液中的移动速度，解吸出来的重金属离子就会得到有效迁移，同时土壤中的电导率系数增加，电流随之提高，这也是 EK4 中电流较前三组高的原因；（3）施加电压梯度的增大也增加了孔隙液中重金属离子在电场中的迁移速度，从而减少重金属离子在土壤中的停留时间，降低其再次被吸附到土壤颗粒表面的概率。当电压梯度由 2V/cm（EK4）增至

3V/cm（EK5）时，EK5 土壤截面 P1～P7 中，w（Pb）分别为 2096.56mg/kg、2237.86mg/kg、2234.95mg/kg、1935.38mg/kg、1911.79mg/kg、1773.71mg/kg、803.16mg/kg，其对应的 Pb 去除率分别为 61.83%、59.25%、59.31%、64.76%、65.19%、67.70%、85.37%，土壤中 Pb 的聚集区与 EK4 一致（均在 P2 处聚集），在近阴极 P7 处的 Pb 去除率差别不大，所以 Pb 在 EK4 和 EK5 中的迁移能力没有太大差异。

5.2.4　土壤中 Pb 形态变化

在土壤重金属电动修复过程中，重金属元素的化学形态对修复效果存在重要的影响。如图 5-5 所示，初始土壤中弱酸提取态、可还原态、可氧化态、残渣态 Pb 的含量分别为 2.99%、83.86%、5.85%、7.29%。w（可还原态 Pb）在土壤中较高，所以可还原态 Pb 是该试验主要修复对象。Kirkelund 发现，电动修复对土壤中可还原态重金属的去除较为容易。在 EK1 中，靠近阴、阳极电解室（P1、P2、P6、P7）土壤中 w（可还原态 Pb）较初始值都有所降低，分别由初始的 83.86% 降至 75.09%、80.22%、83.60%、82.41%，但在土壤中间部位（P3、P4、P5）该形态 Pb 含量都有所增加。尽管阴极电解室 pH 值得到了控制，但由于该试验所用土壤具有强酸性缓冲能力，致使电动修复过程中土壤 pH 值不能减少到合适的酸性范围类内（pH 值<6），土壤 pH 值影响着电动修复过程中对可还原态 Pb 的去除效果，说明传统的电动修复技术对试验土壤中该形态 Pb 的修复效果并不好。

采用抗坏血酸作为 EK2、EK3、EK4、EK5 试验中的饱和液时，由于抗坏血酸具有较强的还原性，易与土壤中的铁锰氧化物发生反应，可以达到降低土壤中 w（可还原态 Pb）的目的。所以 EK2、EK3、EK4、EK5 土壤各截面中 w（可还原态 Pb）都低于初始值，但是可以明显发现，EK2、EK3 中 w（弱酸提取态 Pb）明显增加，说明这部分增加的弱酸提取态 Pb 主要来源于抗坏血酸对可还原态 Pb 的转化。但是，由于土壤具有较高的酸性缓冲能力导致产生的弱酸提取态 Pb 不能得到有效的迁移，即使弱酸提取态 Pb 与柠檬酸络合生成带负电的络合物，但柠檬酸迁移进入土壤的含量较低，同样也不能提高弱酸提取态 Pb 的迁移能力，这也是图 5-4 中 3 组土壤各截面 Pb 的去除率较低的主要原因。当施加的电压梯度增至 2V/cm（EK4）时土壤截面 P1～P7 中 w（弱酸提取态 Pb）分别降至 0.37%、0.39%、0.37%、0.38%、0.41%、0.40%、0.34%，这是由于更多的柠檬酸进入土壤中并与弱酸提取态 Pb 络合，从而增加了弱酸提取态 Pb 的去除。另外，由于 EK4 中土壤 pH 值较 EK1、EK2、EK3 试验组低，较低的 pH 值环境可以减少饱和液抗坏血酸的损耗，增加抗坏血酸对可还原态 Pb 向弱酸提取态 Pb 的转化，P1～P7 中 w（可还原态 Pb）分别由初始的 83.86% 降至 32.42%、37.08%、24.01%、20.58%、26.12%、21.83%、2.94%。

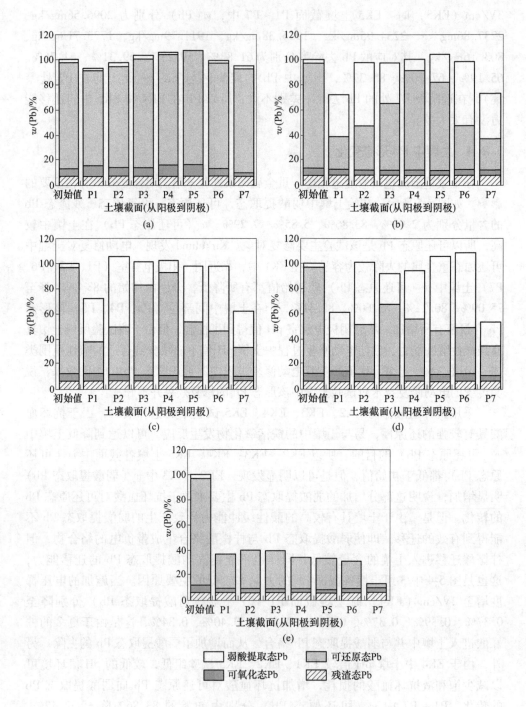

图 5-5　土壤各截面采样区域不同形态 Pb 含量

(a) EK1；(b) EK2；(c) EK3；(d) EK4；(e) EK5

5.2.5 能耗

根据能耗计算公式计算各试验组能量消耗，随着饱和液抗坏血酸的加入，电流增大，从 EK1~EK3 的能耗分别为 593.71kJ/kg、38.97kJ/kg、59.65kJ/kg，由于 Pb 的低去除率使得 EK1 的能耗较高。相对于 EK2，EK3 中 Pb 的迁移能力最强，EK3 中 Pb 的最大去除率为 36.86%，能耗随着饱和液抗坏血酸的增加而增加。与 EK3 相比，当施加的电压梯度分别增至 2V/cm（EK4）、3V/cm（EK5）时，能耗分别为 15.62kJ/kg、29.06kJ/kg，土壤 Pb 的最大去除率为 87.09%（EK4）、85.37%（EK5）说明在电压梯度 2V/cm 范围内，土壤 Pb 的最大去除率会随着施加电压梯度的增加而增大，但当继续增加电压梯度至 3V/cm 时能耗开始增加，但 Pb 的去除效果变化不大。

5.3 尾矿中锌解吸−电动−硫化钠沉淀联合修复研究

随着矿产资源的不断开发利用，大量尾矿、废渣堆弃于生态环境中，其中的重金属会极大危害土壤、河流、农业生产等，已成为重要的重金属污染源头，对尾矿中重金属进行修复成为重要课题。

重金属修复方法有很多，包括植物法、稳定化法、物理法等，其中，电动修复技术具有时效性强、效果好、去除彻底等诸多优点，现已较多用于土壤中重金属去除，而尾矿的电动修复研究相对较少。电动修复是通过电场作用使重金属向阴极迁移，脱离尾矿而去除。电动修复过程中阴阳极电极反应易造成阴极液 pH 值升高，阳极液 pH 值降低，阴极液 pH 值升高会引起重金属离子提前沉淀，修复指标变差，控制阴极 pH 值有利于提升修复指标。王守忠用醋酸控制阴极液 pH 值可以提高尾砂中重金属去除效果。邓昌芬等以 EDTA-H$_2$SO$_4$ 为阴极控制液，提升了尾矿中铜的去除率。勾凯等发现，加入 PRB 材料有利于提升尾矿中铜的电动修复指标。影响电动修复的另一因素是重金属离子的高效解吸。不同于土壤中重金属以吸附形式为主，尾矿中重金属多以矿物晶体等形式存在，解吸难度大。此外，电动修复后重金属大多迁移进入阴极液，阴极液仍属于污染源，鲜有对其进行净化处理的研究报道。

为此，本研究进行了解吸试验，筛选出适宜的解吸剂，用于电动修复尾矿，用硫酸控制 pH 值，考察了电压梯度对除锌效果的影响；采用形态分析及 SEM 考察了电动修复前后尾矿中锌的形态及颗粒表面的微观变化，对修复后阴极液用硫化物沉淀除锌。

5.3.1 修复技术研究

5.3.1.1 取样

试样取自云南省某金矿尾矿库，为弱碱性。试样经风干、破碎、研磨、过

20 目（830μm）筛，混匀备用，其理化性质见表 5-3。该尾矿中重金属锌含量达 1.1mg/g，为主要的去除对象，颗粒粉粒比例大，有利于离子迁移。

表 5-3　尾矿基本理化性质

pH 值	电导率 /μS·cm⁻¹	颗粒组成/%			重金属含量/mg·g⁻¹			
		砂粒	粉粒	粘粒	Zn	Cu	Pb	As
8.91~9.75	81.3	16.2	57.1	26.7	1.1	0.2	0.08	0.04

5.3.1.2　解吸试剂筛选试验

称取 5 份（0.2±0.0005）g 试样放入 10mL 离心管中，分别加 500mmol/L，10mmol/L，1mmol/L，0.1mmol/L 和 0.01mmol/L 解吸剂柠檬酸 5mL，盖好离心管，25℃恒温振荡 24h，4000r/min 离心 15min，分离出上清液，定容到 50mL 比色管中，采用全消解法分析溶液中锌浓度（C，mg/L），计算解吸率 R：

$$R = CV/(mq) \times 100\% \tag{5-3}$$

式中　V——溶液体积，mL；

　　　m——尾矿质量，g；

　　　q——尾矿中锌初始含量，mg/g。

5.3.1.3　解吸-电动修复试验方法

解吸-电动修复试验在自制的有机玻璃修复装置图 5-6 中进行，两端为电极区，中间为尾矿修复区（20cm×5cm×6cm），两者由多孔滤纸分开。先向尾矿修复区内加入干燥尾矿 500g，高度 6cm。向电极区加入 0.1mol/L 柠檬酸，解吸剂透过滤纸渗透进入尾矿区内进行解吸，期间适当补充解吸剂，解吸 48h，将两端电极区解吸液抽出。分别向两端阴、阳极通入电极液（0.1mol/L Na₂SO₄）增强导电性，两端施加稳定直流电压，用万用表控制电压梯度，记录电流变化。修复期间定时检测阴极 pH 值，用 0.1mol/L 硫酸维持 pH 值 ≈6，阳极及时补充 Na₂SO₄ 溶液。收集阴极、阳极溢流液，修复 144h 后关闭直流电源，修复结束。将阴极区阴极液与阴极溢流液混合，用 Na₂S 沉淀、过滤除锌后可循环用作阳极补充液，阳极溢流液可用作阴极补充液。试验条件见表 5-4。

修复后在尾矿修复区 5 个等间距点（图 1 中 Ⅰ，Ⅱ，Ⅲ，Ⅳ，Ⅴ）处取样，干燥，分析锌含量及形态。试样中锌含量采用全消解法分析，形态分析采用连续提取法，修复能耗 E_c（kWh/kg）采用近似积分法计算，公式为：

$$E_c = \left(\int UI\mathrm{d}t \right) /m \tag{5-4}$$

式中　U——修复区两端电压，V；

　　　I——电流，A；

　　　t——修复时间，h。

表 5-4 对照试验条件

试验序列	1	2	3	4	5	6
解吸			草酸			去离子水
电压/V	0.5	1.0	1.5	2.0	—	1.5
时间/h	144	144	144	144		144

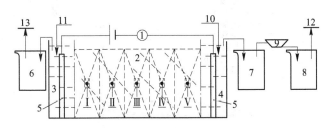

图 5-6 自制修复电动装置示意图

1—电流检测；2—修复区；3—阳极区；4—阴极区；5—石墨电极；6—阳极液；7—阴极液；8—滤液；
9—过滤器；10—阴极补充液；11—阳极补充液；12—多余阴极液；13—多余阳极液

5.3.1.4 硫化钠沉淀除锌试验方法

取 6 份 20mL 阴极混合液（试验 3）于锥形瓶中，滴加 0.1mol/L NaOH 调节 pH 值约为 8，分别加入 0mmol/L，2mmol/L，4mmol/L，6mmol/L，8mmol/L，10mmol/L Na_2S 溶液 5mL；25℃ 恒温搅拌 10min，静置 3min，4000r/min 离心 15min 分离出上清液，定容，采用全消解法检测锌含量。

5.3.2 修复过程与效果

5.3.2.1 尾矿锌解吸试剂的筛选

尾矿中锌的有效解吸是提升电动修复指标的前提，为此，选取不同解吸剂进行锌解吸试验，结果如图 5-7 所示。从图 5-7 可知，酸性解吸剂硫酸、乙酸、柠檬酸对尾矿中的锌均有解吸效果，锌解吸率随试剂浓度增加急剧上升。其原因在于：尾矿中的锌多为氧化物形式，酸性试剂可提供 H^+ 使之溶解解吸，H^+ 浓度较低时，不足以有效溶解尾矿中的锌，H^+ 浓度大于 0.1mol/L 时，锌开始较快溶解。由于乙酸酸性较弱，其对锌的解吸率较差，最高仅有 21.22%；硫酸属于强酸，对锌的解吸率高达 58.19%；柠檬酸酸性也较弱，但柠檬酸根离子可与锌发生络合反应生成 $Zn_3(C_6H_5O_7)_2$，增强了锌的解吸效果，对锌的解吸率达 63.33%；络合试剂 EDTA 和柠檬酸钠的解吸能力也较好，EDTA 解吸率稍高于柠檬酸钠，可达 58.01%，这是由于 EDTA 络合能力更强，由此可知络合作用溶解尾矿中锌也有一定效果；盐酸羟胺作为一种还原剂，可使锌解吸率达 49.65%，指标稍差；而氧化剂双氧水几乎没有解吸效果，原因在于：尾矿中的锌多为最高价态，常温下不能氧化溶解。柠檬酸作为解吸剂，既保证了酸性又具有络合能力，解吸效果最佳。

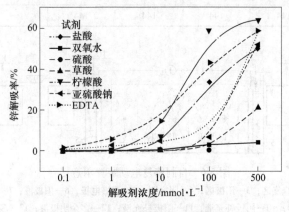

图 5-7　解吸剂对锌解吸的影响

5.3.2.2　电压梯度对电流变化的影响

电压梯度是电动修复的重要影响因素。在柠檬酸作解吸剂的条件下，考察了电压梯度对电流及能耗的影响，结果如图 5-8 所示，从图 5-8 可知，相同电压梯度下，电流随修复时间延长呈先快速增大而后逐渐降低至平缓的趋势。电流主要由修复体系中离子移动即离子在中间尾矿修复区和两端电极区的移动速度决定，电极区离子在水溶液中移动，速率较快，因此控制步骤为修复区离子移动速率。开始阶段修复区有较多离子，在电场力作用下，阴阳离子可较快在尾矿颗粒间隙

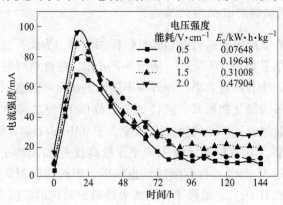

图 5-8　不同电压梯度下电流及能耗变化

中移动，解吸溶出的锌离子向阴极移动；随着可移动离子逐渐脱离修复区进入电极区，修复区中可移动离子减少，电流降低，修复 72h 后，修复区几乎不产生可移动离子，离子主要来自补加液，电流较低，修复基本完成。

电压梯度为 0.5V/cm 时，电场强度较低，离子传输缓慢，不利于锌修复；电压梯度增大，离子传输加快，电流变大，最后平缓阶段电流稍高，有利于锌修复；电压梯度增大到 2.0V/cm 时，电流增大不明显，原因在于：修复区中离子移动接近极限，而平缓阶段有较大电流，单位能耗变大。

5.3.2.3 修复后锌含量分布的变化

考察了电压梯度对锌含量变化的影响，结果如图 5-9 所示。从图 5-9 可知，电压梯度为 0.5V/cm 时，电场强度整体低，电流较小，离子移动缓慢，修复后锌含量仍较高，修复效果稍差；电压梯度增大，电流随之变大，离子移动速度加快，锌去除指标变好；当电压梯度为 2V/cm 时，尾矿中锌的去除效果均较高，但比 1.5V/cm 时提升不明显，而能耗却增大。因而，电压梯度取 1.5V/cm 为宜，锌去除率可达 67.32%。尾矿区近阴极处（图 5-9 中点 V）锌含量较低，这是由于用硫酸控制阴极 pH 值为酸性，避免了因阴极电极反应产生 OH⁻ 的不利影响，有利于解吸后锌离子或锌络合物的迁移；接近阴极区的锌离子可直接进入阴极区，迁移较快，去除效果较佳；中部（图 5-9 点 Ⅲ）尾矿中锌离子受到颗粒阻力、颗粒荷电情况等不利因素影响，移动阻力稍大，迁移较慢，锌含量稍高。

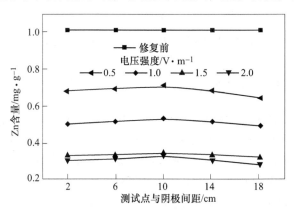

图 5-9 不同电压梯度下锌含量分布

为考察联合修复后锌的流向，分析了试验 3、5、6 的锌含量分布，结果见表 5-5。从表 5-5 可知，单独采用柠檬酸解吸修复尾矿，锌去除率为 42.10%，单独电动修复锌去除率为 19.19%，而解吸-电动联合修复锌去除率高于两者之和，可见联合工艺具有一定的协同效应，原因可能是电场作用下柠檬酸解吸锌或锌络合离子迁移相对容易。修复后锌主要集中于阴极液，约占 43.00%，锌在解吸液及尾矿中的比例分别为 23.87% 和 32.07%。

表 5-5　锌的分布

试验序列	解吸液/%	阴极液/%	残留/%
3	23.87	43.00	32.17
5	42.10	—	57.90
6	—	19.19	79.82

考察了阴极液中锌浓度的变化情况，结果如图 5-10 所示。从图 5-10 可知，电动修复开始阶段锌浓度迅速增加，而后逐渐降低，96h 后阴极液中锌浓度继续降低，而锌的去除率几乎不再增加，修复基本完成。

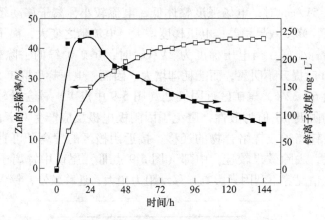

图 5-10　阴极液中锌浓度及去除率的变化

5.3.2.4　修复后锌形态及形貌

为考察尾矿中锌形态及颗粒表面形貌变化，对试验 3 修复后点 V 处的尾矿进行了分析。从图 5-11 可知，初始尾矿中有机锌及硫化态锌较少，这与氧化剂几乎无解吸效果相符；铁锰氧化态锌和弱酸可提取态锌占有较大比例，这也是柠檬酸具有较好解吸效果的原因。电动修复后弱酸可提取态锌和铁锰氧化态锌去除率分别为 93.18% 和 63.16%，弱酸可提取态锌几乎全部去除，而铁锰氧化态锌仍有较多残余；尾矿中残渣态锌占比约为 14.85%，几乎没有去除，其形态较稳定，对环境危害较小。从图 5-12 可知，修复后尾矿颗粒表面出现明显沟坑，凹凸不平，颗粒表面有明显腐蚀迹象，表明尾矿颗粒晶体在修复过程中遭到破坏，有利于尾矿颗粒中的锌暴露，促进了锌离子释放，同时沟坑产生也为修复过程离子移动提供了更大颗粒间隙，有利于修复指标提升。

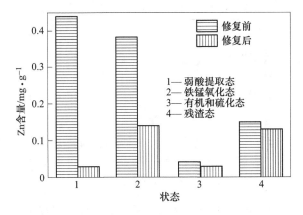

图 5-11 修复前后尾矿中各形态锌含量变化

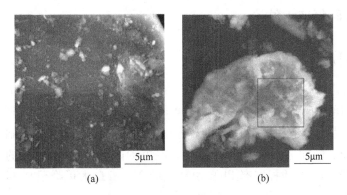

图 5-12 修复前后颗粒表面变化
(a) 修复前；(b) 修复后

5.3.2.5 阴极液硫化钠沉淀除锌试验

虽然碱性环境下锌离子也会发生沉淀反应，但不完全；而 Na_2S 沉淀锌的反应具有更小的溶度积 K_{sp}，见式（5-4）、式（5-5），沉淀效果更好。用不同浓度 Na_2S 溶液沉淀阴极液中的锌，结果如图 5-13 所示。阴极液中锌含量为 80.94mg/L，计算得 Na_2S 理论用量约为 98.65mg/L（5mmol/L）。从图 5-13 可知，随 Na_2S 用量增加，阴极液中锌含量逐渐降低，用量为 6mmol/L 时锌含量为 12.58mg/L，锌几乎沉淀完全。阴极液经沉淀除锌后可循环用作阳极补充液。Na_2S 用量比理论用量稍高，原因可能是 Na_2S 不仅沉淀锌，且会与其他阳离子反应生成沉淀，同时 Na_2S 自身有副反应，易氧化成含硫物而失效。

$$Zn + 2OH^- \Longrightarrow Zn(OH)_2(s), K_{sp} = 1.2 \times 10^{-17} \tag{5-5}$$

$$Zn^{2+} + S^{2-} \Longrightarrow ZnS(s), K_{sp} = 1.22 \times 10^{-23} \tag{5-6}$$

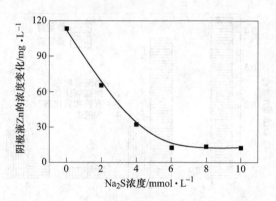

图 5-13　不同 Na_2S 浓度下阴极液中锌含量的变化

5.4　联合修复技术结论

5.4.1　抗坏血酸与柠檬酸修复小结

（1）电动修复后测定土壤中 $w(Pb)$、$w($弱酸提取态 Pb$)$、$w($可还原态 Pb$)$，适当的电压梯度下使用抗坏血酸可提高电动修复的效果。当使用抗坏血酸浓度为 0.4mol/L 作为土壤饱和液、0.1mol/L 柠檬酸作为阴极电解液并控制阴极电解室 pH 值为 2~3、施加电压梯度 2V/cm 时，经电动修复后土壤中 Pb 的去除率最高可达 87.09%，$w($弱酸提取态 Pb$)$ 由初始的 2.99% 最大可降至 0.34%，$w($可还原态 Pb$)$ 由初始的 83.86% 最大降至 2.94%。

（2）抗坏血酸是一种较强的还原性试剂，可以有效促进土壤中 Pb 由可还原态向弱酸提取态的转化，对于具有高酸性缓冲能力的土壤转化效果更明显。尽管对于强酸性缓冲能力的土壤降低其 pH 值较为困难，但柠檬酸作为阴极电解液在有效控制阴极电解室 pH 值在 2~3 的前提下可以在一定程度上控制土壤 pH 值的上升。另外，柠檬酸依靠其络合作用与土壤中弱酸提取态 Pb 进行络合，增加了 Pb 在土壤中的迁移能力。

（3）当施加电压梯度（2V/cm）适宜时，土壤中 Pb 的去除效果较好，继续增加电压梯度不仅修复效果没有得到太大的提高，能耗也会相应增加，所以对不同的修复土壤，选择适宜的电压梯度尤为重要。

5.4.2　解吸–电动–硫化钠修复小结

采用解吸–电动–沉淀联合方法修复尾矿中重金属锌，得到如下结论：

（1）最佳解吸剂为柠檬酸，电压梯度为 1.5V/cm，修复 144h 锌去除率可达 67.32%。与单独酸解吸或电动修复相比，联合修复具有协同效应。

（2）尾矿中弱酸可提取态锌和铁锰氧化态锌均被大量去除，尾矿颗粒被破坏，有利于离子迁移和修复指标提升。

（3）采用 Na_2S 作沉淀剂可有效去除阴极液中的锌，沉淀滤液可循环再用。

5.5 联合修复技术优势展望

现今，主流的土壤修复技术主要有生化修复法、电动修复法、物理修复法等。由于土壤的组成复杂、污染物质种类多样、性质和类型复杂，这都给土壤修复带来了较大的挑战，仅仅依靠一种技术已难以达到修复目的，因此多技术联合修复应运而生。

土壤重金属污染修复过程中单一修复技术存在修复周期长、效率低、效果差等问题，两种或两种以上修复技术协同修复可显著提高重金属污染的修复效率，优化修复效果，特别是以植物提取为核心的联合修复体系，具有太阳能驱动、低能耗、无二次污染等优势。针对重金属污染修复效率低、超积累植物种类少、生物量小、重金属富集能力差、物化修复易造成二次污染等问题，提出以下建议：

（1）寻找生物量大、富集能力强的超积累植物是建立以植物提取为核心的联合修复体系的关键，利用基因工程等科学技术获得高提取能力的超积累植物成为提高植物修复重金属污染土壤的重要方向。

（2）尝试不同修复技术的有机结合，优势互补，优化联合修复体系，提高重金属污染土壤的修复效率，降低修复成本，避免修复过程中造成二次污染是重金属污染土壤修复的基本要求。

（3）许多修复技术尚处于实验室规模，加快由实验室转向田间试验的步伐，提高重金属污染修复技术的工程应用是最终目的。

侯隽等总结了近年来一些电动及其联用技术对污染土壤，例如多种重金属、重金属-有机复合污染物的处理效果和关键参数。目前，土壤和矿区重金属污染频繁爆发，单一的污染修复技术难以根除重金属污染。因此，多技术耦合治理和修复重金属污染土壤将是今后科研攻关重点领域。

参 考 文 献

[1] Acar Y B, Alshawabkeh A N. Electrokinetic remediation. I: pilot-scale tests with lead-spiked kaolinite [J]. Journal of Geotechnical Engineering, 1996, 122 (3): 173~185.

[2] Puppala S K, Alshawabkeh A N, Acar Y B, et al. Enhanced electrokinetic remediation of high sorption capacity soil [J]. Journal of Hazardous Materials, 1997, 55 (1): 203~220.

[3] Kim W S, Jeon E K, Jung J M, et al. Field application of electrokinetic remediation for multimetal contaminated paddy soil using two-dimensional electrode configuration [J]. Environmental

Science and Pollution Research, 2014, 21 (6): 4482~4491.

[4] Acar Y B, Gale R J, Alshawabkeh A N, et al. Electrokinetic remediation: basics and technology status [J]. Journal of Hazardous Materials, 1995, 40 (2): 117~137.

[5] Li Dong, Tan Xueying, Wu Xinda, et al. Effects of electrolyte characteristics on soil conductivity and current in electrokinetic remediation of lead-contaminated soil [J]. Separation and Purification Technology, 2014, 135: 14~21.

[6] Gomes H I, Dias-Ferreira C, Ribeiro A B. Electrokinetic remediation of organochlorines in soil: enhancement techniques and integration with other remediation technologies [J]. Chemosphere, 2012, 87 (10): 1077~1090.

[7] Dong Zhiyong, Huang Wenhui, Xing Dingfeng, et al. Remediation of soil co-contaminated with petroleum and heavy metals by the integration of electrokinetics and biostimulation [J]. Journal of Hazardous Materials, 2013, 260: 399~408.

[8] 薛浩, 孟凡生, 王业耀, 等. 酸化-电动强化修复铬渣场地污染土壤 [J]. 环境科学研究, 2015, 28 (8): 1317~1323.

[9] Ren Dajun, Zhou Sisi, Li Qian, et al. Enhanced electrokinetic remediation of quinoline-contaminated soils [J]. Toxicological & Environmental Chemistry, 2016, 98 (5/6): 585~600.

[10] Ng Y S, Gupta B S, Hashim M A. Remediation of Pb/Cr cocontaminated soil using electrokinetic process and approaching electrode technique [J]. Environmental Science and Pollution Research, 2016, 23 (1): 546~555.

[11] Mascia M, Vacca A, Palmas S. Effect of surface equilibria on the electrokinetic behaviour of Pb and Cd ions in kaolinite [J]. Journal of Chemical Technology and Biotechnology, 2015, 90 (7): 1290~1298.

[12] Reddy K R, Chinthamreddy S. Sequentially enhanced electrokinetic remediation of heavy metals in low buffering clayey soils [J]. Journal of Geotechnical and Geoenvironmental Engineering, 2003, 129 (3): 263~277.

[13] Kim W S, Kim S O, Kim K W. Enhanced electrokinetic extraction of heavy metals from soils assisted by ion exchange membranes [J]. Journal of hazardous materials, 2005, 118 (1): 93~102.

[14] Bonilla A, Cuesta P, Zubiaga R, et al. Electrokinetic remediation of contaminated soils using acid and alkaline media: laboratory experiments with synthetic soils [J]. Land Contamination & Reclamation, 2000, 8 (1): 33~39.

[15] Li Zhongming, Yu Jiwei, Neretnieks I. Electroremediation: removal of heavy metals from soils by using cation selective membrane [J]. Environmental Science & Technology, 1998, 32 (3): 394~397.

[16] Lee K Y, Kim H A, Lee B T, et al. A feasibility study on bioelectrokinetics for the removal of heavy metals from tailing soil [J]. Environmental Geochemistry and Health, 2011, 33 (1): 3~11.

[17] Xu Renkou, Zhao Anzhen, Yuan Jinhua, et al. pH buffering capacity of acid soils from tropical and subtropical regions of China as influenced by incorporation of crop straw biochars [J].

Journal of Soils and Sediments, 2012, 12 (4): 494~502.

[18] Cai Zongping, Doren J V, Fang Zhanqiang, et al. Improvement in electrokinetic remediation of Pb-contaminated soil near lead acidbattery factory [J]. Transactions of Nonferrous Metals Society of China, 2015, 25 (9): 3088~3095.

[19] Ahmed O A, Derriche Z, Kameche M, et al. Electroremediation of lead contaminated kaolinite: an electro-kinetic treatment [J]. Chemical Engineering & Processing Process Intensification, 2016, 100: 37~48.

[20] Jensen P E, Ahring B K, Ottosen L M. Organic acid enhanced electrodialytic extraction of lead from contaminated soilfines in suspension [J]. Journal of Chemical Technology and Biotechnology, 2007, 82 (10): 920~928.

[21] 鲁如坤. 土壤农业化学分析方法 [M]. 北京: 中国农业科技出版社, 2000: 12~109.

[22] Ahmadipour F, Bahramifar N, Mahmood G S. Fractionation and mobility of cadmium and lead in soils of Amol area in Iran, using the modified BCR sequential extraction method [J]. Chemical Speciation & Bioavailability, 2014, 26 (1): 31~36.

[23] Manohar A K, Yang C, Malkhandi S, et al. Enhancing theperformance of the rechargeable iron electrode in alkaline batterieswith bismuth oxide and iron sulfide additives [J]. Journal of the Electrochemical Society, 2013, 160 (11): 2078~2084.

[24] Acar Y B, Alshawabkeh A N. Principles of electrokinetic remediation [J]. Environmental Science & Technology, 1993, 27 (13): 2638~2647.

[25] Alcntara M T, Gome Z J, Pazos M, et al. Electrokinetic remediation of lead and phenanthrene polluted soils [J]. Geoderma, 2012, 173: 128~133.

[26] Li Zhongming, Yu Jiwei, Neretnieks I. Removal of Pb (II), Cd (II) and Cr (III) from sand by electromigration [J]. Journal of Hazardous Materials, 1997, 55 (1): 295~304.

[27] Pamukcu S, Wittle J K. Electrokinetic removal of selectedheavy metals from soil [J]. Environmental Progress, 1992, 11 (3): 241~250.

[28] Yoo J C, Yang J S, Jeon E K, et al. Enhanced-electrokinetic extraction of heavy metals from dredged harbor sediment [J]. Environmental Science and Pollution Research, 2015, 22 (13): 9912~9921.

[29] Suzuki T, Niinae M, Koga T, et al. EDDS-enhanced electrokinetic remediation of heavy metal-contaminated clay soilsunder neutral pH conditions [J]. Colloids and Surfaces A: Physicochemical and Engineering Aspects, 2014, 440: 145~150.

[30] Yeung A T, Gu Yingying. A review on techniques to enhance electrochemical remediation of contaminated soils [J]. Journal of Hazardous Materials, 2011, 195: 11~29.

[31] Kim S O, Kim K W, Stuben D. Evaluation of electrokinetic removal of heavy metals from tailing soils [J]. Journal of Environmental Engineering, 2002, 128 (8): 705~715.

[32] Kirkelund G M, Ottosen L M, Villumsen A. Investigations of Cu, Pb and Zn partitioning by sequential extraction in harbour sediments after electrodialytic remediation [J]. Chemosphere, 2010, 79 (10): 997~1002.

[33] Reddy K R, Chinthamreddy S. Electrokinetic remediation of heavy metal-contaminated soils

under reducing environments [J]. Waste Management, 1999, 19 (4): 269~282.

[34] Sawada A, Mori K, Tanaka S, et al. Removal of Cr (Ⅵ) from contaminated soil by electrokinetic remediation [J]. Waste Management, 2004, 24 (5): 483~490.

[35] 蔡宗平, 李伟善. 铅锌尾矿重金属渗漏污染土壤和地下水的电动修复技术研究 [J]. 环境科学与管理, 2014, 39 (3): 59~63.

[36] 谢学辉, 范凤霞, 袁学武, 等. 德兴铜矿尾矿重金属污染对土壤中微生物多样性的影响 [J]. 微生物学通报, 2012, 39 (5): 624~637.

[37] Rosestolato D, Bagatin R, Ferro S. Electrokinetic Remediation of Soils Polluted by Heavy Metals (Mercury in Particular) [J]. Chem. Eng. J., 2015, 264: 16~23.

[38] 殷飞, 王海娟, 李燕燕, 等. 不同钝化剂对重金属复合污染土壤的修复效应研究 [J]. 农业环境科学学报, 2015, 34 (3): 438~448.

[39] 何明珠, 胡天光, 程斌让, 等. 干旱区尾矿污染环境的植物修复技术研究进展 [J]. 中国沙漠, 2014, 34 (5): 1329~1336.

[40] 李剑睿, 徐应明, 林大松, 等. 农田重金属污染原位钝化修复研究进展 [J]. 生态环境学报, 2014, 23 (4): 721~728.

[41] 樊广萍, 朱海燕, 郝秀珍, 等. 不同的增强试剂对重金属污染场地土壤的电动修复影响 [J]. 中国环境科学, 2015, 35 (5): 1458~1465.

[42] Statham T M, Stark S C, Snape I, et al. A Permeable Reactive Barrier (PRB) Media Sequence for the Remediation of Heavy Metal and Hydrocarbon Contaminated Water: A Field Assessment at Casey Station, Antarctica [J]. Chemosphere, 2016, 147: 368~375.

[43] Bahemmat M, Farahbakhsh M, Kianirad M. Humic Substances-enhanced Electroremediation of Heavy Metals Contaminated Soil [J]. J. Hazard. Mater., 2016, 312: 307~318.

[44] Bahemmat M, Farahbakhsh M, Shabani F. Compositional and Metabolic Quotient Analysis of Heavy Metal Contaminated Soil after Electroremediation [J]. Environ. Earth Sci., 2015, 74 (6): 4639~4648.

[45] 薛浩. 酸化强化-电动修复铬渣场地污染土壤实验研究 [D]. 北京: 中国地质大学 (北京), 2015: 12~25.

[46] 王守忠. 电动力技术修复尾砂研究 [D]. 长沙: 湖南大学, 2008: 12~20.

[47] 邓昌芬, 周东美, 仓龙. 铜尾矿砂电动增强处理过程研究 [J]. 农业环境科学学报, 2005, 24 (1): 55~59.

[48] 勾凯, 张英杰, 孙鑫, 等. 金矿尾渣中铜的电动修复 [J]. 化工进展, 2016, 35 (4): 1237~1241.

[49] Dias-ferreira C, Kirkelund G M, Ottosen L M. Chemosphere Ammonium Citrate as Enhancement for Electrodialytic Soil Remediation and Investigation of Soil Solution during the Process [J]. Chemosphere, 2015, 119: 889~895.

[50] Ottosen L M, Jensen P E, Kirkelund G M, et al. Electrodialytic Remediation of Different Heavy Metal-polluted Soils in Suspension Topical Collection on Remediation of Site Contamination [J]. Water, Air, and Soil Pollution, 2013, 224 (12): 1707~1716.

[51] 杨菲, 肖唐付, 周连碧, 等. 铜矿尾矿库修复植物香根草及其根际尾矿砂中重金属形态

研究 [J]. 地球与环境, 2010, 38 (3): 280~285.

[52] 黄光明, 周康民, 汤志云, 等. 土壤和沉积物中重金属形态分析 [J]. 土壤, 2009, 41 (2): 201~205.

[53] 邢宁, 吴平霄, 李媛媛, 等. 大宝山尾矿重金属形态及其潜在迁移能力分析 [J]. 环境工程学报, 2011, 5 (6): 1370~1374.

[54] 高林霞, 刘建文, 朱新锋, 等. 锌杂质在柠檬酸/柠檬酸钠体系回收废铅膏中的迁移 [J]. 蓄电池, 2014, 51 (1): 3~6.

[55] Hansen H K, Lamas V, Gutierrez C, et al. Electro-remediation of Copper Mine Tailings: Comparing Copper Removal Efficiencies for Two Tailings of Different Age [J]. Miner Eng., 2013, 41 (2): 1~8.

[56] Xu J, Dan B K, Biester H, et al. Influence of Particle Size Distribution, Organic Carbon, pH and Chlorides on Washing of Mercury Contaminated Soil [J]. Chemosphere, 2014, 109: 99~105.

[57] 闫鹏飞, 张栋, 姜艳朋. 电动修复和渗透性反应墙联合修复技术应用进展 [J]. 中国资源综合利用, 2018, 36 (04): 78~79, 82.

[58] 张军, 蔺亚青, 胡方洁, 等. 土壤重金属污染联合修复技术研究进展 [J]. 应用化工, 2018, 47 (05): 1038~1042, 1047.

[59] 侯隽, 樊丽, 周明远, 等. 电动及其联用技术修复复合污染土壤的研究现状 [J]. 环境工程, 2017, 35 (07): 185~189.

6 重金属污染修复工程案例

6.1 处置工程组成概况

某历史遗留废渣安全处置项目中拟定资源化回收 16.5 万吨废渣，拟采用图 6-1 工艺对废渣进行资源化回收，并对回收后废渣进行妥善的处置。

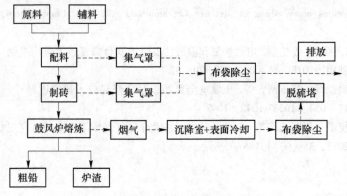

图 6-1 历史遗留废渣回收资源化处置工艺

历史遗留废渣固化安全填埋工程拟定固化安全填埋处理重金属废渣点 8 个，废渣 17.1 万吨，重金属废渣污染土壤 2.72 万吨，共 19.82 万吨。本工程主要对 19.82 万吨废渣使用水泥、稳定剂进行稳定固化后填埋处理，工艺流程如图 6-2 和图 6-3 所示。

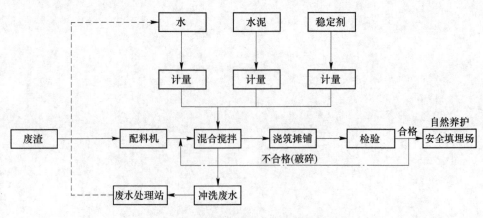

图 6-2 历史遗留废渣稳定化固化处置工艺

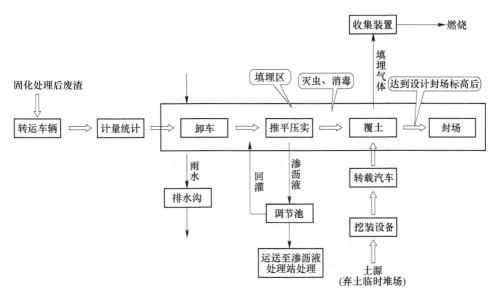

图 6-3　历史遗留废渣安全填埋处置工艺

6.1.1　废渣清运及渣场生态修复工程

废渣清运及渣场生态修复工程主要包含三部分，第一部分：根据《某历史遗留废渣安全处置工程技术方案》，废渣清运工程拟运总重量约为 19.82 万吨，总运距 96.1km。第二部分：废渣清运辅助工程主要为截洪沟，形状为梯形，尺寸为底宽×顶宽×高＝0.3m×0.4m×0.3m；施工临时便道。第三部分，废渣生态修复工程，对原有地形进行覆土绿化。

6.1.2　废渣固化工程

根据《某历史遗留废渣安全处置工程技术方案》，危险废物难以进行"减量化"和"资源化"，必须采取"无害化"处置措施。根据本项目拟处理的含砷废物特性，不宜采用"焚烧法"处置，因此本项目采用"安全填埋法"对遗存的含砷废渣进行处置。

大多数含铅、铋、砷废渣含有有毒物质不能直接填埋，为了降低、减轻或消除废渣本身带来的危害，以达到安全填埋场入场控制标准，在填埋之前必须对其进行预处理，固化就是对这类危险废物进行预处理的有效工艺。

本项目采取边运输边固化处理的方式进行处理。含砷废渣由自卸车运至固化车间储坑内，固化车间内地面进行了防渗硬化处理。固化后的砷渣首先进入养护棚进行养护 4~5 天，达到安全填埋场的入场要求后，再进入安全填埋场进行填埋。

6.1.3　全封闭填埋场工程

全封闭填埋场工程主要含：（1）进厂道路；（2）拦渣坝；（3）雨水集排系统；（4）渗滤液集排系统；（5）集排气系统；（6）封场绿化工程。

（1）进厂道路与拦渣坝下游侧公路平顺相接，沿填埋场边界线周边布置，道路总长约600m，场内路面高程237m，路基宽度5m，路面宽度4m，路肩布置截排水沟。

（2）挡渣坝高度8m，顶部宽度4m，坝顶高程224m，坝顶长度约49m。

（3）雨水集排系统主要包括路边截排水沟、边坡截水沟及封场高程场内排水沟。

（4）渗滤液集排系统主要包括填埋场基础防渗衬层、渗滤液集排主盲沟、支盲沟、竖向盲沟以及拦渣坝下游调节池。

（5）集排气系统以主动导排方式进行气体收集，收集井影响半径为90m。

（6）封场绿化工程主要包括封场底层（兼做导气层）、防渗层、排水层、保护层及植被恢复层。

按上述方法，在基础防渗衬层施工完成并验收合格后，将固化/稳定化的废渣，分层填筑碾压，分层厚度不大于2.5m；下层填筑合格后，方可进行上层的填筑工作。

6.2　工程设计及工程量

6.2.1　废渣清运及渣场生态修复工程

历史遗留含重金属废渣清运及渣场生态修复工程主要含三部分。

（1）废渣清运工程：废渣清运工程总重量约19.82万吨，折算总量运距约96.1km。

（2）废渣清运辅助工程：主要为截洪沟及施工便道，截洪沟形状为梯形，尺寸为底宽×顶宽×高＝0.3m×0.4m×0.3m；施工便道，路基宽度5.0m，路面宽度4.0m；结构形式：路面铺10cm厚的砂砾石垫层，便道基层设30cm厚的3∶7灰土，分层碾压密实度不小于85%。

（3）废渣生态修复工程：对原有地形进行覆土种植树木，覆土厚度为40cm，先用推土机平整场地，再用压路机压实，然后覆盖20cm耕作土并用压路机压实，再将其余耕作土均匀地覆盖在表面，最后进行人工精细平整。在覆土表层铺植草皮及种植与现场周边环境相适应的树木或速生林。

6.2.2　填埋场废渣预处理固化工程

填埋场废渣预处理固化工程工艺内容为：

（1）废物的计量及其他原料的准备：在对废渣进行固化之前，要根据收集的废渣量，按照比例对其他原材料进行计量配比。废渣与水泥及稳定剂（硫化钠）的大致配比（质量比）为：废渣∶水泥∶稳定剂＝1∶0.1∶0.002，水泥19820t，稳定剂396.4t。

（2）破碎：废渣固化处理总量约19.82万吨，其中重金属废渣污染土壤2.72万吨。根据各个废渣场废渣现状，大部分废渣呈散粒状，部分呈块状，约4.0万立方米，需经过破碎处理，再固化成型。

（3）搅拌：将需固化的重金属废物送进混合搅拌设备，根据废物重量和成分按比例加入固化稳定剂。由于固化稳定剂是粒料，在此过程中会有粉尘溢出。

（4）固化成型：经搅拌处理后的危险废物，在库区堆积范围内进行浇筑成型。

（5）养护：对固化成型后的危险废物进行养护，养护期为4~5天。

（6）抽样和水泥外覆：对经过固化成型后的危险废物，需要定期进行检测，达到填埋控制标准后再进行安全填埋处置，达不到入场控制标准的需再进行外覆处理，即在固化体的表面再包裹一层水泥，直到满足入场要求。

对于分析结果尚未确定即已进入填埋场的固化体，不得在其上进行新的废物填埋覆盖操作，如果分析结果不达标，需取回再进行外覆处理，直到满足入场要求为止。因此，要求严格控制进入填埋场的固化体的质量，若非特殊情况，一般需等分析结果出来后再进行下一步的填埋作业。

6.2.3 全封闭填埋工程

（1）安全填埋场容积：安全填埋场面积为11598m²，总库容约为13.4万立方米，其中废渣固化量约11.1万立方米，封场覆盖层量约为1.36万立方米，底部防渗层量约为0.94万立方米。

（2）填埋场区结构：填埋场分开挖、填埋和封场，填埋场服务期满后，及时进行封场覆盖，封场边坡坡度1∶2，封场平台坡度大于2%，顶面坡度大于5%，并坡向外侧，排除的雨水进入填埋场周边雨水排水沟排出场外。

（3）填埋单元的防渗构造：根据GB 18598—2001《危险废物填埋污染控制标准》，不具备黏土类衬里防渗要求时，采用双人工衬层（HDPE防渗膜）。

（4）拦渣坝：根据填埋场天然地形、废渣堆置工艺以及填埋库容的要求，整个填埋场区内需设一座毛石混凝土坝。坝底部设渗滤液导排管，将渗滤液排往渗滤液调节池。拦截坝的作用是拦阻砷渣，防止渗滤液外渗，故抗滑稳定及防渗要求高。

（5）集排气系统：为防止填埋的废物因物理、化学或生物作用产生的气体可能对封场后的顶部隔断层产生破坏，在封场系统中应设置排气系统，一般做法为在最终填埋废物层上铺设一层集气层并用管道引出场外。

由于本填埋场填埋的危险废物主要为无机废物，有害气体产生量小，仅在封场区域废物表面设导气石笼，并在石笼一线每隔约50m设竖向排气管，排气管底部与石笼连接，向上穿过顶部封场覆盖层，将可能产生的填埋气体排出场外。

（6）地下水排水系统：在场底设计地下水导排工程，主要作用是在填埋场使用过程中和终场后，将通过边坡和地下渗透进入填埋区的雨水和部分可能存在的地下水安全排出场外，以保证填埋基底的稳定性。

本历史遗留废渣处置工程勘探成果表明，强风化角砾岩渗透系数 K（地区经验值）为 $2.0×10^{-4}cm/s$，且厚度较大，故可作为天然的地下水排水层。

（7）渗漏液收集系统：废渣在填埋过程中或填埋场后都有渗滤液排出，渗滤液是废渣场危害环境的主要污染源，必须对其进行有效的收集，经处理达标后方可排放。渗滤液收集系统主要为渗滤液调节池和渗滤液处理。

（8）截洪沟：为了防止山坡洪水汇入场地受污染土壤内从而增加废渣重金属的淋出，减少污水处理数量，需要在污染源外围设计截洪沟。截洪沟主要布置在填埋场外侧。

（9）封场绿化工程：封场绿化工程覆盖层为多层，结构主要由底层、防渗层、排水层、保护层、植被恢复层组成。

（10）库区施工便道：为了方便施工机械进场及废渣运输车辆同行，修建一施工便道及涵洞，施工便道宽度4.5m，长约600m，涵洞为直径1.5m混凝土管。

6.3　废渣回收资源化与填埋工程要点

6.3.1　废渣回收资源化工程要点

根据建设单位安排，某历史遗留含重金属废渣回收资源化工程将由其委托给具有相应资质单位的公司进行资源化处理。故其实施过程中委托单位应按照相关规范及行业标准严格实施。

6.3.2　废渣固化安全填埋工程要点

废渣固化安全填埋工程要点主要包括固化工程及安全填埋工程。

6.3.2.1　固化工程施工要点

废渣固化工程主要工艺如图6-4所示。

固化工艺实施过程中，应注意混合搅拌后检测。经检验合格后，方可进行下一层浇筑摊铺，若经检验不合格，必须重新破碎混合搅拌固化。

6.3.2.2　进场道路工程施工要点

进场道路施工时，应严格控制开挖量，防止超挖、欠挖等。同时，路基施工

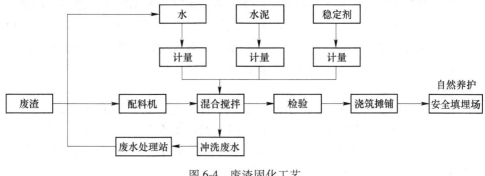

图 6-4　废渣固化工艺

应严格按照设计图纸执行。

6.3.2.3　大坝毛石混凝土工程施工要点

（1）施工工序：开挖基础→清理基槽→定位放线→支设模板→浇筑混凝土基础→填毛石→浇筑混凝土→填毛石→浇筑混凝土→支设模板→填毛石→浇筑混凝土找平（反复循环浇筑混凝土至各分区垫层底标高）→养护。

（2）材料及要求：石料应是结构密实、石质均匀、不易风化、无裂缝的硬质石料，石料强度等级一般不小于 MU40。强度等级以 5cm×5cm×5cm 含水饱和试件的极限抗压强度为准；规格 20~30cm、无风化、表面干净。

为了防止填埋坝体因地基不均匀沉降或温度变化引起挡土墙裂缝而破坏，需设置变形缝（沉降缝和伸缩缝一般宽度为 2~3cm），并在缝内填塞填缝料。为保证变形缝的作用，两种接缝均需整齐垂直、上下贯通，并且缝两侧毛石混凝土表面需要平整，不能搭接，必要时缝两侧的石料需修凿。接缝中需要填塞防水材料（如沥青麻絮），可贴置在接缝处已砌墙段的端面，也可在砌筑后再填塞，但均需沿墙壁内、外、顶三边塞满、挤紧，填塞深度均不得小于 20cm，以满足防水要求。

混凝土和毛石的配合比按定额为 10∶3.15，按每 500mm 左右厚为一层分层施工。施工用 C20 混凝土，罐车运输、泵车输送混凝土施工工艺。毛石粒径≤30cm，这样就能解决混凝土的分层和铺摊不均匀问题。浇筑过程中先浇筑混凝土，人工投掷毛石，把毛石搅拌均匀后并进行振捣。大的毛石采用人工破碎的方法保证粒径满足设计要求。

浇筑混凝土时，采用斜面分层法"一个坡度，薄层浇筑，循序推进，一次到位"，这种自然流淌形成斜坡混凝土的方法，能较好地适应混凝土浇筑工艺，提高浇筑效率。先把基坑内的深坑浇筑完毕，待混凝土初凝后再开始大面积的浇筑。

毛石混凝土振捣密实，选有经验的工人进行振捣，振捣棒快插慢拔，插点均匀，采用交错式的移动次序。振捣点间距为 40cm，时间为 20~30s，以表面泛浆、不大量冒气泡且不显著下沉为准。每次的混凝土浇筑层厚度控制在 25~35cm之间，并为使分层浇筑的上、下层混凝土结为整体，振捣器应插入下面一层砼中5~10cm。

试块的取样，同部位、同一工作班、同一配合比混凝土每 100m³ 取样不得少于一次，一次连续灌注超过 1000m³ 时，同一配合比的混凝土每 200m³ 取样不得少于一次，每次取样至少留置一组标准养护试块；同条件养护试块的留置组数根据实际需要确定，每次浇注留置 1~3 组备用试块。

毛石混凝土上平标高为各分区底板垫层下皮。混凝土浇筑 12h 后，浇水养护。待混凝土强度达到可拆模时，应及时拆除模板和马道，及时回填，确保上部施工的顺利进行。

6.3.2.4　雨水集排系统施工要点

（1）防洪计算。根据《湖南省暴雨洪水查算手册》，采用推理公式法（$C_s = 3.5C_v$）式（6-1）对洪峰流量进行计算：

$$Q_m = 0.278 \times \frac{\psi S_p}{\tau^n} \times F \tag{6-1}$$

式中，C_v 为变差系数；C_s 为偏差系数；F 为汇水面积；τ 为汇流时间；ψ 为流域地理参数；S_p 为雨力，即一小时最大降雨量；n 为设定的降雨时间。

洪峰流量 Q_m 计算值为 0.54m³/s。

根据《水土保持综合治理技术规范小型蓄排引水工程》，复垦区域上游原有渠道排洪流量。

$$Q = AC\sqrt{Ri} \tag{6-2}$$

$$R = A/x \tag{6-3}$$

$$C = \frac{1}{n}R^{\frac{1}{6}} \tag{6-4}$$

式中，Q 为设计流量；C 为谢才系数；R 为水力半径；i 为排水沟比降；A 为排水沟断面面积；x 为排水沟断面湿周；n 为糙度，土质排水沟一般为 0.025。

经计算，路上方周边截水沟最大排洪流量为 0.98m³/s。南侧新建截水沟排洪流量 0.98m³/s 大于洪峰流量计算值 0.54m³/s，符合要求。

（2）排水渠、排水沟施工要点。排水沟渠施工顺序为：测量放线→沟槽开挖→基础换填处理→沟渠砌筑→场地清理。砌筑前，应对渠道边、底部进行清理及修整，断面尺寸应符合图纸尺寸要求。

大于 1m×1m 的断面可以采用机械开挖,其他小尺寸排水沟渠以人工开挖为主。长度大于 20m 的排水沟渠应注意设置伸缩缝或沉降缝。

6.3.2.5 渗滤液集排系统施工要点

(1)集排系统结构。渗滤液集排水系统根据所处衬层系统中的位置可分为初级集排水系统、次级集排水系统和排出水系统。

1)初级集排水系统应位于上衬层表面和废物之间,并由排水层、过滤层、集水管组成,用于收集和排除初级衬层上面的渗滤液。

2)次级集排水系统应位于上衬层和下衬层之间,用于监测初级衬层的运行状况,并作为初级衬层渗滤液的集排水系统。

3)排出水系统应包括集水井、泵、阀、排水管道和带孔的竖井等。集水井用于收集来自集水管道的渗滤液,若集水井设置在场外,管道与衬层之间应注意密封,防止渗漏;泵的材质应与渗滤液的水质相容;分单元填埋时,可在集水管末端连接两个阀门,使未填埋区的雨水排至雨水沟,使填埋区的渗滤液排至污水处理系统。

(2)材料选择。集排水系统所用材料包括排水材料、过滤层材料和管材。

1)底部排水材料的渗透系数应≥0.1cm/s,可采用有级配的卵石或土工网格。

2)过滤层可采用砂或土工织物。

3)集排水管道应首先用无纺布包裹,再用粒径为 30～50mm 的卵石覆盖,管道材料及无纺布应符合耐腐蚀性和高强度要求。集排水管道材料应采用高密度聚乙烯。

4)次级集排水系统排水层可用卵石或土工网格,如用土工网格可不设集排水管道。次级集排水系统必须设立坡面排水层。

(3)设计计算。

1)调节池计算。危废填埋场渗滤液的来源是大气降水、地表径流、地下水、危废及覆盖材料中的水分。根据本工程填埋场设计情况,作者认为地表径流、地下水可以排除,由于危险废物及覆盖材料中的水分有限,按一般经验可以忽略不计,因此只与大气降水有关。

渗滤液产量的计算比较复杂,目前国内外已提出多种方法,主要有水量平衡法、经验公式法和经验统计法三种。水量平衡法综合考虑产生渗滤液的各种影响因素,以水量平衡和损益原理而建立,该法准确但需要较多的基础数据,在我国现阶段相关资料不完整的情况限制了该法的应用;经验统计法是以相邻相似地区的实测渗滤液产生量为依据,推算出本地区的渗滤液产生量,该法不确定因素太多,计算的结果较粗糙,不能作为渗滤液计算的主要手段,通常仅用来作为参考，不用作主要计算方法；经验公式法的相关参数易于确定，计算结果准确，在工程中应用较广。

由于理论计算公式中诸多因素的确定较为困难，目前渗滤液产生量一般用经验公式计算，即忽略各种次要因素，主要考虑大气降水。本项目设计中采用浸出系数法公式：

$$Q = CIA \tag{6-5}$$

式中　Q——渗滤液产生量，m^3/d；

　　I——日降水量，mm/d；

　　C——浸出系数；

　　A——填埋场汇水面积，m^2。

填埋场汇水面积 A 即为填埋区总面积 $106700m^2$。浸出系数 C 与填埋场表面特性、植被、坡度等因素有关，一般为 $0.2 \sim 0.8$。有关方面的研究认为，雨水中 40% 被蒸发掉，25% 被分流，进入废渣堆体的份额约为 35%，最终形成渗滤液的占雨水总量的 25%。故本设计取浸出系数 C 为 0.3。

对于 I 值，计算中一般根据本项目所在地区的气候特点，按年降雨量折算成日降雨量计算。经初步计算，本项目填埋区内，按年降雨量折算成日降雨量计算，经计算渗滤液产量为 $12m^3/d$。调节池容量为 $89.6m^3$，运营期间每隔 7 天，可将调节池中渗滤液运往符合要求的污水处理车间处理达标后排放。

2）盲沟计算。盲沟的材料选择 HDPE 管，管道坡降 0.27，需要排除的渗滤液流量是 $0.0018m^3/s$。根据曼宁公式：

$$Q = \frac{1}{n} \times r_h^{2/3} \times S^{1/2} \times A \tag{6-6}$$

式中　Q——管道净流量，m^3/s；

　　n——曼宁粗糙系数，HDPE 材料取 0.011；

　　r_h——水利半径，m，$r_h = A/P_w$；

　　A——管的内截面积，m^2；

　　S——管道坡降，0.27；

　　P_w——湿周，m。

把数据带入公式可得：HDPE 管的管径 $d = 4 \times 0.048 = 0.200m$，故主盲沟设计尺寸为 200mm 符合要求。

（4）施工要点。

1）若用砂石层作为初级排水材料时，铺设砂石前应对砂石的性状进行核查，不应使用石灰岩类物质，在排水层和过滤层材料中不应含有有机杂质，石块要用卵石。排水层厚度应根据填埋场内一年渗滤液的最高流量来确定。

2）若用土工网格作为初级排水材料时，土工网格上下两面均应以复合无纺布作为保护层，并应尽量缩短土工网格和土工织物暴露在阳光下的时间。

3）根据坡面的高度，若坡高较小，可以在坡面上只铺集排水管道或只铺设土工网格排水层；若坡高较大，则应在坡面上作土工网格排水层和人工合成衬层的固定工作，以防止土工网格与人工合成衬层在坡面上发生滑动。

4）禁止铺设设备在衬层上直接行驶。施工过程中，所有操作均应用轻型设备完成，手推车的车脚要用无纺布包裹，避免伤害衬层和集排水设施。

5）渗滤液集排水管可设在管槽中，也可直接铺在衬层内。管槽应以一定的坡度朝向检修孔或排出孔，以利于渗滤液排出。管槽内应先铺设土工织物保护衬层，然后铺设砂过滤保护层。带孔集排水管四周和顶部应铺设粒径为 30~50mm 的卵石。

6）穿过衬层的所有集排水管都应加装防渗管套，并将管套焊接在衬层上，也可用法兰连接，管套周围应铺设压实黏土。

7）在管槽外的集排水管应封闭在厚度≥60cm 的压实黏土层或装入防渗套管内。

8）用护笼使集排水竖管直立在填埋区上，竖管应建在底部集排水管之上，保证气体和液体顺畅流动。

9）管道施工完工后应冲洗管道，清除施工碎片并检察有无破损、漏水。

6.3.2.6 底部防渗系统及封场系统施工要点

A 底部防渗系统施工要点

黏土衬层：（1）黏土塑性指数应>10%，粒径应在 0.075~4.74mm 之间，至少含有 20%细粉，含砂砾量应<10%，不应含有直径>30mm 的土粒。（2）若现场缺乏合格黏土，可添加 4%~5%的膨润土。宜选用钙质膨润土或钠质膨润土，若选用钠质膨润土，应防止化学品和渗滤液的侵害。（3）必须对黏土衬层进行压实，压实系数≥0.94，压实后的厚度应≥0.5m，且渗透系数≤$1.0×10^{-7}$cm/s。（4）在铺设黏土衬层时应设计一定坡度，有利于渗滤液收集。（5）在周边斜坡上可铺设平行于斜坡表面或水平的铺层，但平行铺层不应建在坡度大于 1:2.5 的斜坡上，应使一个铺层中的高渗透区与另一个铺层中的高渗透区不连续。

人工合成衬层：（1）人工衬层材料应选择具有化学兼容性、耐久性、耐热性、高强度、低渗透率、易维护、无二次污染的材料。若采用高密度聚乙烯膜，其渗透系数必须≤$1.0×10^{-12}$cm/s。（2）柔性填埋场中，上层高密度聚乙烯膜厚度应≥2.0mm；下层高密度聚乙烯膜厚度应≥1.0mm。刚性填埋场底部以及侧面的高密度聚乙烯膜的厚度均应≥2.0mm。

B 封场系统施工要点

封场系统由多层构成，主要含底部防渗层、排水层、保护层、植被恢复层组成。封场防渗层应与场底防渗层紧密连接。

（1）底部防渗层：底部防渗层由土工膜和压实黏性土组成复合防渗层。压实黏性土层厚度应为60cm，渗透系数应小于1×10^{-7}cm/s。黏土层在投入使用前应进行平整压实，黏土层压实度不得小于90%。黏土层基础处理平整度应达到每平方米黏土层误差不得大于2cm。

土工膜选择厚度2mm的高密度聚乙烯（HDPE），渗透系数应小于1×10^{-7}cm/s。土工膜上下表面应设置土工布。土工膜应符合现行国家标准《非织造复合土工膜》（GB/T 17642）、《聚乙烯土工膜》（GB/T 17643）、《聚乙烯（PE）土工膜防渗工程技术规范》（SL/T 231）、《土工合成材料应用技术规范》（GB 50290）的相关规定。铺设土工膜应焊接牢固，达到规定的强度和防渗漏要求，符合相应的质量验收规范。土工膜分段施工时，铺设后应及时完成上层覆盖，裸露在空气中的时间不应超过30d。

（2）排水层：排水层顶坡采用砂砾石材料，砂砾石宜清洗干净后进行填筑，粗粒材料厚度30cm，渗透系数应大于1×10^{-2}m/s。材料应有足够的导水性能，保证施加于下层衬垫的水头小于排水层厚度。排水层应与填埋库区四周的排水沟相连。

（3）植被层：植被层应由营养植被层和覆盖支持土层组成。营养植被层的土质材料应有利于植被生长，厚度60cm。复垦为疏林草地，地被为满铺乡土草坪，在草坪上种植速生林，株、行距均为2.5m。根据国家草坪建设的标准，草坪坡高度宜为2%～3%，极植为1%和5%。用草甘磷等灭生性的内吸传导型除草剂0.2～0.4kg/100m²，使用后一周可开始种草；此外，还应将瓦块、石砾等杂物全部清出场外。在清除了杂草、杂物等的地面上应作一次起高填低的平整。平整后，撒施3～5cm厚的基肥，然后普遍进行一次耕翻。在换土和耕翻后应灌一次透水或滚压2遍，使土层坚实不同的地方能显出高低，以利最后平整时加以深整。场地回填夯实后，底肥按1kg/m²施于表土上，肥料采用N、P、K按5：4：3混合施用。在肥料上层覆盖肥土或好土5～10cm，用耕耙将土翻深至10cm下处进行平整。选定长势强、密度高、有足够大的草坪面积为草源，采用40cm×25cm规格的草块满铺，草块的厚度为3～5cm。建植后进行草皮的养护管理工作，主要包括洒水、施肥、修剪、除杂草等环节，草坪建植质量是生态恢复的关键。

6.4　运行期监测系统

6.4.1　监测目的

填埋场应设置监测系统，以满足运行期和封场期对渗滤液、地下水、地表水和大气的监测要求，并应在封场后连续监测30年。

6.4.2　渗滤液监测

（1）主收集管渗滤液监测：

1）渗滤液监测点位应位于每个渗滤液集水池。

2）渗滤液监测指标应包括水位及水质，主要水质指标应根据填埋的危险废物主要有害成分及稳定化处理结果来确定。

3）采样频率应根据填埋场的特性、覆盖层和降水等条件确定，渗滤液水质、水位监测频率应最少每月一次。

（2）次级收集管渗滤液监测：

1）应对次级收集管的水量和污染物浓度进行监测，以检查初级衬层系统的渗漏情况。

2）监测指标及频率应与主收集管渗滤液要求相同。

6.4.3　地下水和地表水监测

（1）地下水监测井应尽量接近填埋场，各监测井应沿地下水渗流方向设置。上游设1眼，下游至少设3眼，呈扇形分布。监测井深度应足以采集具有代表性的样品。

（2）地下水监测指标应包括水位和水质两部分，水质监测指标应与渗滤液监测指标相同。

（3）在使用期、封场期及封场后的管理期内，应每两个月监测一次，运转初期每月一次，全分析一年一次。发现地下水出现污染现象时，应加大取样频率，并根据实际情况增加监测项目，查出原因以便进行补救。

（4）地表水应从排洪沟和雨水管取样后与地下水同时监测，监测项目应与地下水相同；每年丰水期、平水期、枯水期各监测1次。

6.4.4　废气监测

（1）场区内、场区上风向、场区下风向、集水池、导气井应各设一个采样点。污染源下风向为主要监测方位。超标地区、人口密度大地区、距离工业区较近的地区应加大采样密度。

（2）监测项目应根据填埋的危险废物主要有害成分及稳定化处理结果确定。填埋场运行期间，应每月取样一次，如出现异常取样频率应适当增加。

6.5　应急处理措施

某废渣处置工程拦渣坝是风险性较大的工程，施工过程中可能会遇到各种意外情况，为做到有备无患，针对本工程特点，制定以下应急措施。

（1）拦渣坝工程施工出现险情时，应做好结构和环境异常情况收集、整理及汇报工作。

（2）当拦渣坝工程变形过大、变形速率过快、周边环境出现沉降开裂时应暂停施工，根据险情选用应急处理措施：

1）填埋场施工暂缓，并严格控制拦渣坝侧向荷载；

2）做好临时排水、封水处理；

3）对支护结构临时加固；

4）对险情段加强监测；

5）尽快向勘察和设计等单位反馈信息，开展勘察和设计资料复审，按施工工况验算。

（3）当排截工程（排水渠道、截洪沟、排水沟）出现险情，主要是指施工过程中变形过大，或出现沉降开裂时应暂停施工，根据险情选用应急处理措施：

1）对破坏区域加强监控并严格控制其他段基础处理质量；

2）尽快向勘察和设计等单位反馈信息，开展勘察和设计资料复审，按施工工况验算；

3）做好临时排水、封水处理。

（4）当复垦还绿工程施工出现险情时，应查明原因，暂停施工，并根据险情要求制定施工抢险措施：

1）做好施工临时排水设施，防止施工期雨水流入压实区域；

2）加强监测，采用小型吨位机械压实；

3）尽快向勘察和设计等单位反馈信息，开展勘察和设计资料复审，按施工工况验算。

7 重金属污染土壤修复的对策和建议

7.1 重金属污染土壤修复最佳可行性技术

7.1.1 重金属污染土壤修复最佳可行性技术概况

我国土壤修复技术的研究已有一定时间，许多技术已有了相当多的实验室数据，但落实到具体工程应用仍面对许多困难，主要有以下问题：

（1）修复技术方面。我国污染场地多样，污染形式复杂；实验室研究的技术难以应用到实际的工程场地中，相关文献中各种土壤修复技术的实验室研究虽多，但关于工程实例的很少，说明基础研究和应用研究衔接不好。

（2）技术工程化、产业化不足。国内现有的土壤重金属污染修复治理工作尚缺少修复技术的产业化目标，缺乏跨部门、行业，包括企业的联动，难以形成系统的土壤修复工程方法。尤其是缺乏与修复技术配套的工程机械设备，影响实际工程的开展。

（3）与土壤修复相关的法律法规不够完善。周建军提出，我国应进一步制定分区、分类、分级更加明确具体的土壤环境质量标准。此外，我国的修复后土壤评价标准不够完善，监管不严，对土壤修复后可能产生的二次污染的风险需要考虑进入整体的工程设计中。

（4）对实际污染场地的调查不到位。我国存在重金属污染的省份众多，污染场地全面普查困难，且许多场地基础资料不全，难以建立污染场地档案。

（5）市场方面。我国土壤修复行业还处于初级阶段，除相关政策和标准不完善等问题外，资金短缺是制约修复产业发展的主要因素。因修复责任主体难以界定，政府拨款远难以解决资金问题。此外，土壤修复的门槛低，大中小企业鱼龙混杂，未形成稳定的商业模式。

7.1.2 最佳可行性技术应用潜力分析

由于重金属总量与形态均能直接影响其毒性的大小，因此对被污染土壤的修复主要存在两种策略，即去除化与稳定化，通过将重金属从土壤中分离或限制重金属在土壤中的游走，以达到消除或减弱重金属毒性的目的。目前，对重金属污染土壤的修复技术主要可归纳为三类：物理修复、化学修复与生物修复等。

7.1.2.1　物理修复

A　淋洗技术

土壤淋洗技术是将可以促进土壤中污染物溶解或迁移的溶剂注入污染土壤中，通过其解吸、螯合、溶解或固定等作用，把污染物转移至淋洗液中来清洁土壤。淋洗法是物理与化学修复的结合，一般适用于污染面积小但污染程度较高的场地，按其处理土壤位置的不同可分为原位和异位淋洗技术。根据淋洗剂的种类，可分为单一淋洗剂与复配淋洗剂。

淋洗修复技术可以有效去除污染土壤中重金属，且修复周期较短，易操作，但是在应用中有较大局限性，需要结合污染土壤性质、污染物种类以及污染程度等选择淋洗方式和淋洗剂。目前针对重金属污染土壤的单一淋洗剂研究已经很多，复合型淋洗剂研究虽然已经开展，但是研究种类比较欠缺，结合该领域目前的研究现状，对今后淋洗修复的研究趋势主要集中在以下几个方面：（1）新型环保淋洗剂或复配淋洗剂的开发；（2）淋洗废液的回收和处理；（3）目前重金属与其他（有机物等）复合污染场地逐步增多，应多开展有关复合污染淋洗的研究。

B　固化-稳定化技术

诸多学者对固化-稳定化技术应用于土壤重金属污染修复进行了研究，王永强等概述了几种固化-稳定化剂的修复效果及优缺点，探讨了固化-稳定化修复重金属污染的作用机制以及影响重金属固化-稳定化修复效果的主要因素，甄树聪等研究了磷酸钾镁胶结材料在土壤重金属固化-稳定化修复中的使用效果，张新艳等研究了巯基改良沸石对受 Hg^{2+} 污染土壤固化-稳定化修复效果。诸多研究结果均表明，固化-稳定化技术作为土壤修复方法已取得了良好的效果。

固化-稳定化技术因具有快速、有效、经济等特点，被广泛应用于各类土壤修复，固化-稳定化后的土壤往往具有一定的强度，目前已经从现场测试阶段进入了商用阶段。对比各种重金属污染土壤修复技术，城市重金属污染土壤适用于固化-稳定化修复，修复后的土壤具有一定的强度，有利于在后续的商业开发中得到合理的利用与处置。与其他方法相比，土壤污染固化-稳定化修复技术，具有工艺简单、处理时间短、适用范围较广等优势，尤为适合处理城市重金属土壤。采用固化-稳定化处理并经碾压密实，不仅起到控制土壤污染的效果，而且还能对土壤起到固结的作用，使地基更为结实，以便于下一步建设利用。

7.1.2.2　化学修复

A　电动修复技术

电动修复是将电极插入受重金属污染土壤中，通过施加电流形成电场，利用电场产生的电渗析、电迁移和电泳等效应，使土壤中的重金属迁移富集至电极区进行处理或分离，从而修复重金属污染的土壤。

从现有技术的先进性角度看，国外的电动修复技术是较为先进的。电动修复适用于精细土壤、面积小、重污染区域，经济指标为 $170 \sim 250$ 元/m^3。从推广的可行性角度看，市场需求比较小，所以推广潜力比较大，存在的障碍主要是对土壤质地要求高，修复设备较少，不适合大面积重金属污染修复。

B　有机质改良修复技术

通过将有机质添加到被重金属污染的土壤中，使重金属离子与有机质中的腐植酸产生络合或螯合反应，从而形成难溶性盐，使重金属元素的毒性大大降低。其中胡敏酸的效果比较突出，可以同 2 价与 3 价的金属形成沉淀。我国已有科学家对此技术展开深入研究，并认为此法对于环境、经济和社会效益均可兼顾，是今后对重金属污染土壤治理方面的一个重要研究方向。

7.1.2.3　生物修复

A　植物修复技术

植物修复主要适用于矿区和长期闲置场地污染土壤修复，适用于轻度的、大面积的无机污染物。其优点：

(1) 修复成本低，操作方便简单，对环境扰动少；

(2) 将污染物去除，永久解决土壤污染问题；

(3) 效果好，美化环境；

(4) 清理土壤中重金属的同时，还可清理大气或水体中的污染物。

其缺点：

(1) 对土壤盐度、酸碱度等要求高；

(2) 修复周期过长；

(3) 重金属会通过植物残骸重新回归到土壤介质中；

(4) 超富集植物对重金属具有较强的选择性和拮抗性，不适合复合重金属污染修复；

(5) 对收割后的植物处理成本高。从现有技术的先进性角度看，在该技术上我国接近国际先进水平，部分处于国际领先水平。从推广的可行性角度看，市场需求比较小，所以推广潜力比较大，存在的障碍主要是我国没有一套完整的农田污染强制修复政策；修复效率受气候条件影响。

B　微生物及菌根修复技术

微生物及菌根修复技术主要适用于：

(1) 低渗透性、黏质的土壤；

(2) 可用于水力传导率较低、污染物水溶性较高、水中离子化物质浓度相对较低的土壤；

（3）可处理有机物和无机污染物。

其优点：

（1）富集重金属，便于集中处理或回收利用；

（2）不会破坏土壤结构，可以在不挖掘的条件下处理土壤，修复效率高；

（3）适用于黏土等低渗透性土壤，对饱和、不饱和的土壤都潜在有效；

（4）成本低，效率高，后期处理方便，二次污染少。

其缺点：

（1）修复效果受土壤 pH 值、有机质、渗透性等影响，并且修复成本比较高，难以规模化应用；

（2）不适用渗透性好、传导性差的沙质土；

（3）用于不同类型土壤时要进行优化研究，要添加增强溶液；

（4）仅适用于小面积的污染区土壤修复，污染物的溶解度高低依赖于土壤 pH 值。

7.2　重金属污染土壤控制对策与建议

众所周知，美国帕尔默顿小镇土壤重金属修复的经典案例跨越三个世纪的污染和修复，留给人们很多的经验和教训。控制污染扩散风险，在推进修复的同时保证环境和居民健康则是考验管理者的关键。美国各州采取了以下三个方面的措施：

（1）联合执法，打击非法倾倒，落实谁污染谁负责原则。

（2）设置合理的技术准则，硕士/博士头衔和具有业界工作经验的技术官员，他们是这些技术准则得以出台的基础保障，并且在出台技术准则之前，政府相关部门都会召开听证会，广泛吸取民间的建议和意见。

（3）广泛与具备资质的从业人员和公司合作，在保证修复质量的同时提高修复速度。参考关于土壤修复的经典案例，作者提出了"调整土壤利用模式，降低修复费用；多技术协同修改，深度治理污染；健全管理体系，强化监督监管"的对策与建议。

7.2.1　调整土壤利用模式，降低修复费用

土壤利用模式即土地用途。土壤利用是指在一定社会生产方式下，人们为了一定的目的，依据土壤自然属性及其规律，对土壤进行的使用、保护和改造活动。生产性土壤利用包括生产性利用和非生产性利用。土壤的生产性利用，是指把土壤作为主要生产资料或劳动对象，以生产生物产品或矿物产品为主要目的的利用。土壤的非生产性利用，是指把土壤作为活动场所和建筑物基地的利用。

我国当前主要污染地块分为重污染企业用地、工业废弃地、工业园区污染地

块、固体废物集中处理处置场地、采油区、采矿区、污染耕地等类型，可简单地归纳为城市污染场地、农村污染耕地和采矿/采油区。我国治理的模式主要可分为污染者付费模式、受益方付费模式、政府出资模式三大类。

7.2.1.1 城镇区域污染地块

过去：修复+商业化开发模式逐步成熟，但处理模式粗放、违规操作较多。以重污染企业用地搬迁、工业废弃地、工业园区污染地块、固体废物集中处理处置场地为代表的城市污染场地，由于具备商业化开发潜力，因此可采取修复+商业化开发的模式推动治理。经过多年的发展，商业化城市场地修复项目已有诸多成功案例，在商业模式上已经趋于成熟，但由于监管不力、行业规范不明确以及责任划分不清晰，地方政府对于土壤修复的前期监测、后期监测及事后监管均缺乏明确的动力，如2016年常州外国语学校毒地事件，由于"未批先建"、环评报告不规范、修复方案设计不合理、修复过程存在重大缺陷等原因，多链条全线失守导致环境事件爆发，充分反映出地方政府治理意愿不强、监管主体不规范、治理标准不明确、行业操作标准不完善等系统性问题。

政策趋严催生治理需求，配套政策落地带动行业规范，PPP（Public-Private-Partnership）加速行业发展。《土壤污染防治行动计划》又被称为"土十条"，土十条明确建立污染地块名录及其开发利用的负面清单，严控不符合相应规划用地土壤环境质量要求的地块进入用地程序，催生了污染土地再开发的治理需求；后续，随着土十条的配套政策出台，商业化开发的标准、流程更加明确、监管逐步到位，以及PPP的推广，修复+商业化开发的模式有望成为城市场地修复的主流治理模式。

7.2.1.2 污染耕地

十二五期间主要依靠财政资金投入。耕地污染基本处于放任状态，部分地区自行开展了试点工作。

土十条带来多项变化：土十条规定实施农用地分类管理，对耕地污染采取分类安全利用、防控污染为主，即对于轻度、中度污染的耕地主要采用改变种植结构、防止新增污染、妥善保护而非治理的方式，土十条也特别强调农村土地流转的受让方要履行土壤保护的责任；对于治理，土十条明确在2017年起部分产粮（油）大县和蔬菜产业重点县治理试点，2020年，轻度和中度污染耕地实现安全利用的面积达到4000万亩，受污染耕地治理与修复面积达到1000万亩。作者认为，当前农村耕地污染修复仍然将以政府投入为主，以修复试点项目的方式开展；不排除后续通过修复提高农用地盈利能力，以农用地流转的方式推动商业化运营。

7.2.1.3 采油区、采矿区

采油区、采矿区污染物处置模式粗放。原来油田污染物都是由油田内部简单处理后采取填埋、回注、倾倒的方式处理，市场很少对外开放。由于违法成本低，油田也没有动力投入资源研发相关的处理技术，导致污染物处理不达标。

环保政策趋严，污染者付费将成主流。2014年，新环保法的实施，不仅增加了"按日计罚、责令停业、关闭和行政拘留"，对于严重违法行为可入刑，加大了执法力度。与此同时，各地也通过油气环保条例、通知、管理办法等形式对油田环保进行规范。在政策趋严的背景下，油田由于自身不具备相应的处理技术，逐渐将市场交给第三方进行处理。相较而言，油矿开采责任主体明确，国有企业占据较高比例，污染承担能力较强，污染者付费将成为此类污染的主要付费模式。

7.2.2　多技术协同修复，深度治理污染

进入土壤中的重金属在大多数情况下不止一种，所以土壤的重金属污染具有复杂性。南开大学周启星教授解释说，土壤的重金属污染除了一些主要的有毒重金属污染之外，还有一种情况，那就是有一些毒性小的重金属，如锡、碘等，它们在有机污染物的交互作用下，毒性会变得比较复杂，对动植物和微生物均会造成更大的危害。由于上面提到的这些特点，导致土壤重金属污染的治理变成一件棘手的事情，纷繁复杂、千头万绪的原因和污染状况让土壤重金属污染的治理只是停留在初级探索的阶段，很难找到切实有效的方式来进行治理，这也就涉及了土壤污染治理所面临的极大困难。

周启星教授还提到，目前污染土壤修复技术有待提高，也是土壤污染防治中一个比较突出的问题。土壤重金属污染的修复技术不够发达，没有有效的修复技术来处理和净化被重金属污染过的土壤，使得对土壤重金属污染的修复还停留在初级阶段。目前普遍使用的污染土壤修复方法主要有两种：物理修复法、化学修复法。其中，物理修复方法的缺点是费时费工，且成本较高；使用化学修复方法则容易引起其他问题，出现二次污染，在使用的时候应该考虑可能会造成的后果，慎重使用。因此，国内很多相关专家都在对有效的污染土壤修复的方式进行探索和研究，目前生物修复技术因其成本低廉、治理的本位性和永久性等优点，是人们很看好的一种修复技术，但由于研究和开发刚刚起步，在应用上还不成熟，有待相关专家进行深入的研究。

7.2.3　健全管理体系，强化监督监管

土壤治理并非易事。与黑臭水体等水污染相比，土壤污染就像穿着隐身衣，污染易累积、扩散却很慢，有着严重的滞后性。不少企业正是钻了这个空子，"打一枪换一个地方"，污染完了就搬迁走人，甩下一个烂摊子。土壤污染治理周期长、成本高，一些地方因此很难对其进行有效治理。更有甚者，企业污染而

相关部门监管失职，使土壤污染问责无据、治理无门。可见，先污染后治理修复的模式不仅被动、成本高，效果也不理想。要改变这种状况，要紧的是变被动为主动，前期加强污染源监管，从头到尾全程监管。

周启星教授形象地形容土壤也像人一样会出现健康问题。土壤的健康出了问题之后，就如人生病之后，需要及时"治疗"，否则继续恶化下去就会出现更严重的问题。据相关统计数据显示，我国土壤目前已经处于亚健康状态，需要及时采取"诊断"和"治疗"措施，来抑制土壤的健康情况继续恶化。周启新教授认为，"我国的土壤污染问题比国外复杂得多，一是我国的人口多，另外在工业方面，国际上一些污染比较严重的企业都将工厂都搬到了我国。在这个大环境下解决土壤污染问题，确实存在比较大的困难。"他认为，在土壤污染的修复方面，应坚持"两手抓"，一手抓机理的研究，一手抓应用推广，加强与政府部门的合作来推动实际应用。他提出，应当将物理修复、化学修复、生物修复、综合修复这几种修复方式按照具体情况选择使用，让污染土壤修复的效果达到最好；另一方面，政府在相关政策的制定和管理上应继续加强。多方面共同努力，污染土壤的修复才能真正达到理想的效果。

寻求土壤污染的解决之道，应该从问题的根源做起。目前，我国的经济发展还是粗放式的，环保意识仍然淡薄、片面追求经济效益、盲目开发资源、开采方式不当等问题普遍存在，这些做法也都给土壤重金属污染提供了方便的条件。因此，要在土壤重金属防治方面取得真正的成绩，就要在源头上尽量控制重金属污染的产生和扩散。在极易出现重金属污染的相关工厂，应当进行相关的宣传，提高大家保护土壤环境的意识，在重金属污染的源头上进行控制和预防。

完善相关的法律法规，也是非常重要的一项措施。有明确的相关规定，是完成土壤污染预防和治理修复非常关键的一步。据了解，目前有关部门正在进行相关法律法规的制定，相信在这些法律法规出台之后，污染土壤的防治和修复就会有法可循，防治工作就能更加顺利一些。

虽然土壤重金属污染情况复杂，预防和修复困难重重，但是周启星教授还是表达了他乐观的看法："我们要保持乐观的态度，将来通过相关防治与修复技术的研发和应用，前景还是非常乐观的。"希望真的如周启星教授所说，在土壤重金属污染方面，能够出现有效的防治和修复举措，真正解决土壤的亚健康问题，使我们赖以生存的土地重新焕发生机。

我国正处于全面建成小康社会决胜阶段，提高环境质量是人民群众的热切期盼，土壤污染防治任务艰巨。各地区、各有关部门要认清形势，坚定信心，狠抓落实，切实加强污染治理和生态保护，如期实现全国土壤污染防治目标，确保生态环境质量得到改善、各类自然生态系统安全稳定，为建设美丽中国、实现"两个一百年"奋斗目标和中华民族伟大复兴的中国梦作出贡献。

参 考 文 献

[1] Yeung A T. Milestone developments, myths, and future directions of electrokinetic remediation [J]. Separation and Purification Technology, 2011, 79 (2): 124~132.

[2] 陈玉娟, 温琰茂, 柴世伟. 珠江三角洲农业土壤重金属含量特征研究 [J]. 环境科学研究, 2005, 18 (3): 75~77.

[3] 周东美, 邓昌芬. 重金属污染土壤的电动修复技术研究进展 [J]. 农业环境科学学报, 2003, 22 (4): 505~508.

[4] 刘霞, 王建涛, 张萌, 等. 螯合剂和生物表面活性剂对 Cu, Pb 污染壤土的淋洗修复 [J]. 环境科学, 2013, 34 (4): 1590~1597.

[5] 李欣. 电动修复技术机理及去除污泥和尾砂中重金属的研究 [D]. 长沙: 湖南大学, 2007: 55~100.

[6] 方一丰, 郑余阳, 唐娜, 等. EDTA 强化电动修复土壤铅污染 [J]. 农业环境科学学报, 2008, 27 (2): 612~616.

[7] Wu J, Zhang J, Xiao C. Focus on factors affecting pH, flow of Cr and transformation between Cr(Ⅵ) and Cr(Ⅲ) in the soil with different electrolytes [J]. Electrochimica Acta, 2016, 211: 652~662.

[8] Chu W, Y B, Alshawabkeh A N. Principles of electrokinetic remediation [J]. Environ. sci. technol, 1993, 27 (13): 377~386.

[9] So W S. Modeling the two stages of surfactant-aided soil washing [J]. Water research, 2001, 35 (3): 761~767.

[10] McIntyre, Terry. Phytoremediation of heavy metals fromsoils [J]. Springer Berlin Heidelberg, 2003, 766: 97~123.

[11] 郭玲. 土壤重金属污染的危害以及防治措施 [J]. 中国资源综合利用, 2018, 36 (01): 123~125.

[12] 李智娟. 膜生物反应技术在环境工程污水处理中的运用 [J]. 中国新技术新产品, 2017 (7): 102~103.

[13] 金星, 高立新, 周笑绿. 电化学技术在废水处理中的研究与应用 [J]. 上海电力学院学报, 2014 (1): 83~85.

[14] Cappai G, De G G, Muntoni A, et al. Combined use of a transformed red mud reactive barrier and electrokinetics for remediation of Cr/As contaminated soil [J]. Chemosphere, 2012, 86 (4): 400~408.

[15] Vocciante M, Bagatin R, Ferro S. Enhancements in Electrokinetic Remediation Technology: Focus on water management and wastewater recovery [J]. Chemical Engineering Journal, 2016, 309: 708~716.

[16] Rosestolato D, Bagatin R, Ferro S. Electrokinetic remediation of soils polluted by heavy metals (mercury in particular) [J]. Chemical Engineering Journal, 2015, 264: 16~23.

[17] Kim W S, Park G Y, Kim D H, et al. In situ field scale electrokinetic remediation of multi-metals contaminated paddy soil: Influence of electrode configuration [J]. Electrochimica Acta,

2012, 86 (1)：89~95.

[18] 孙鹏轩. 土壤重金属污染修复技术及其研究进展 [J]. 环境保护与循环经济, 2012 (11)：48~51.

[19] Azzam R, Oey W. The Utilization of Electrokinetics in Geotechnical and Environmental Engineering [J]. Transport in Porous Media, 2001, 42 (3)：293~314.

[20] Huang Y T, Hseu Z Y, Hsi H C. Influences of thermal decontamination on mercury removal, soil properties, and repartitioning of coexisting heavy metals [J]. Chemosphere, 2011, 84 (9)：1244.

[21] Yeung A T, Gu Y Y. A review on techniques to enhance electrochemical remediation of contaminated soils [J]. Journal of hazardous materials, 2011, 195：11~29.

[22] Maini G, Sharman A K, Sunderland G, et al. An integrated method incorporating sulfur-oxidizing bacteria and electrokinetics to enhance removal of copper from contaminated soil [J]. Environmental science & technology, 2000, 34 (6)：1081~1087.

[23] Habibul N, Hu Y, Sheng G P. Microbial fuel cell driving electrokinetic remediation of toxic metal contaminatedsoils [J]. Journal of Hazardous Materials, 2016, 318：9~14.

[24] Mu'azu N D, Usman A, Jarrah N, et al. Pulsed Electrokinetic Removal of Chromium, Mercury and Cadmium from Contaminated Mixed Clay Soils [J]. Soil and Sediment Contamination：An International Journal, 2016, 234 (8)：1~19.

[25] Wong J S H, Hicks R E, Probstein R F. EDTA-enhanced electroremediation of metal-contaminated soils [J]. Journal of Hazardous Materials, 1997, 55 (1)：61~79.

[26] Vandevivere P, Hammes F, Verstraete W, et al. Metal decontamination of soil, sediment, and sewage sludge by means of transition metal chelant [S, S]-EDDS [J]. Journal of Environmental Engineering, 2001, 127 (9)：802~811.

[27] Zhou D M, Chen H F, Cang L, et al. Ryegrass uptake of soil Cu/Zn induced by EDTA/EDDS together with a vertical direct-current electrical field [J]. Chemosphere, 2007, 67 (8)：1671~1676.

[28] Chung H I, Lee M H. A new method for remedial treatment of contaminated clayey soils by electrokinetics coupled with permeable reactive barriers [J]. Electrochimica acta, 2007, 52 (10)：3427~3431.

[29] 侯隽, 樊丽, 周明远, 等. 电动及其联用技术修复复合污染土壤的研究现状 [J]. 环境工程, 2017, 35 (07)：185~189.

[30] Wang J Y, Huang X J, Kao J C M, et al. Simultaneous removal of organic contaminants and heavy metals from kaolin using an upward electrokinetic soil remediation process [J]. Journal of Hazardous Materials, 2007, 144 (1~2)：292~299.

[31] Risco C, Rubi-Juárez H, Rodrigoc S, et al. Removal of oxyfluoffen from spiked soils using electrokinetic soil flushing with the surrounding arrangements of electrodes [J]. Science of the Total Environment, 2016, 559：94~102.

[32] 周际海, 黄荣霞, 樊后保, 等. 污染土壤修复技术研究进展 [J]. 水土保持研究, 2016, 23 (3)：366~372.

[33] Ammami M T, Portet-Kohalo F, Benamar A, et al. Application of biosurfactants and periodic voltage gradient for enhanced electrokinetic remediation of metals and PAHs in dredged marine sediments [J]. Chemosphere, 2015, 125: 1~8.

[34] Cang L, Fan G P, Zhou D M, et al. Enhanced-electrokinetic remediation of copper-pyrene co-contaminated soil with different oxidants and pH control [J]. Chemosphere, 2013, 90 (8): 2326~2338.

[35] Alantara M T, Gomez J, Pazos M, et al. Remediation of soil co-contaminated with petroleum and heavy metals by the integration of electrokinetics and biostimulation [J]. Journal of Hazardous Materials, 2013, 260: 399~408.

[36] 王宇, 李婷婷, 魏小娜, 等. 污染土壤电动修复技术研究进展 [J]. 化学研究, 2016, 27 (1): 34~43.

[37] Park S W, Lee J Y, Yang J S, et al. Electrokinetic remediation of contaminated soil with waste-lubricantoils and zinc [J]. Journal of Hazardous Materials, 2009, 169 (1~3): 1168~1172.

[38] 郑雪玲, 朱琨, 孙晋方, 等. 超声波强化电动法修复铜污染土壤的室内研究 [J]. 安全与环境学报, 2010, 10 (2): 57~60.

[39] Oh SeungJin, Oh Minah, Lee Jai-Young. Removal of As, cadmium and lead in sandy soil with sonification-electrokinetieremediation [J]. Soil & Groundwater Env, 2013, 18 (7): 1~11.

[40] Chung Ha Ik, Chun Byung Sik, Lee Yong Jae. The combined electrokinetic and ultrasonic remediation of sand contaminated with heavy metal and organic substance [J]. Geotechnical Engineering, 2006, 10 (5): 325~331.

[41] Ha Ik Chung. Removal of heavy metal and organic substance in contaminated soils by electrokinetic and ultrasonic remediation [J]. Jour ofthe KGS, 2003, 19 (3): 83~91.

[42] Zhu S F, Han D L, Zhou M, et al. Ammonia enhanced electrokinetics coupled with bamboo charcoal adsorption for remediation of fluorine-contaminated kaolin clay [J]. Electrochimica Acta, 2016, 198: 241~248.

[43] Esperanza Mena, Villasefior J, Rodrigo M A, et al. Electrokinetic remediation of soil polluted with insoluble organics using biological permeable reactive barriers: Effect of periodic polarity reversal and voltage gradient [J]. Chemical Engineering Journal, 2016, 299: 30~36.

[44] 邓一荣, 林挺, 肖荣波, 等. EKR. PRB 耦合技术在污染场地修复中的应用研究进展 [J]. 环境工程, 2015, 33 (10): 152~157.

[45] 陈升勇, 王成端, 付馨烈, 等. 可渗透反应墙在土壤和地下水修复中的应用 [J]. 资源节约与环保, 2015 (3): 253~254.

[46] Zhao S N, Fan L, Zhou M Y, et al. Remediation of copper contaminated kaolin by clectrokinetics coupled with permeable reactive barrier [J]. Procedia Environment Sciences, 2016, 31: 274~279.

[47] Ma J W, Wang F Y, Huang Z H, et al. Simultaneous removal of 2, 4-dichlorophenol and Cd from soils by electrokinetic remediation combined with activated bamboo charcoal [J]. Journal of Hazardous Materials, 2010, 176 (1~3): 715~720.

[48] 孙庆春. 渗透反应墙及电动技术修复重金属污染地下水和土壤 [D]. 合肥: 合肥工业大

学，2013．

[49] 周建军，周桔，冯仁国．我国土壤重金属污染现状及治理战略 [J]．中国科学院院刊，2014，29（3）：315~320．

[50] 姚曜晖．国内重金属土壤修复技术应用现状 [J]．科技创新导报，2017，14（19）：105~106．

[51] 王婷，常高峰．重金属污染土壤现状与修复技术研究进展 [J]．环境与发展，2017，29（1）：33~36．

[52] 李玉双，胡晓钧，孙铁珩，等．污染土壤淋洗修复技术研究进展 [J]．生态学杂志，2011，30（3）：596~602．

[53] 郭伟．淋洗法修复重金属污染土壤研究进展 [A]．《环境工程》2018年全国学术年会论文集（下册）[C]．2018：4．

[54] 王永强，蔡信德，肖立中．多金属污染农田土壤固化/稳定化修复进展 [J]．广西农业科学，2009，40（7）：881~888．

[55] 甄树聪，杨建明，董晓慧，等．磷酸钾镁胶结材料固化/稳定化重金属污染土壤的研究 [J]．安徽农业科学，2011，39（35）：21722~21725．

[56] 张新艳，等．巯基功能化沸石吸附 Hg^{2+} 特征及固化/稳定化含汞废物研究 [J]．环境科学学报，2009，29（10）：2134~2140

[57] 郝汉舟，陈同斌，靳孟贵，等．重金属污染土壤稳定/固化修复技术研究进展 [J]．应用生态学报，2011，22（3）：816~824．

[58] 彭莉，张蔚，吴迪．含重金属污染土壤固化/稳定化修复技术研究 [J]．环境与可持续发展，2018，43（5）：142~144．

[59] Dong Z Y，Huang W H，Xing D F，et al. Remediation of soil co-contaminated with petroleum and heavy metals by the integration of electrokinetics and biostimulation [J]. Journal of Hazardous Materials，2013，260：399~408．

[60] 卢聪．工业土壤重金属污染修复技术适用性评估 [J]．上海交通大学学报（农业科学版），2018，36（4）：66~71，78．

[61] 以土壤资源化利用推进污染场地修复——美国经典案例．生态修复网，http：//huanbao. bjx. com. cn/news/20180324/887525. shtml.

[62] 张益．《土壤污染防治行动计划》十问十答 [J]．中国战略新兴产业，2016（13）：77~79．

[63] 周建军，周桔，冯仁国．我国土壤重金属污染现状及治理战略 [J]．中国科学院院刊，2014（3）：45~50．

[64] 赵茜．重金属污染土壤修复技术对比与展望 [J]．资源节约与环保，2018（4）：104~108．

附　录

附录1　《中华人民共和国固体废物污染环境防治法》
（2020 年修订）

（1995 年 10 月 30 日第八届全国人民代表大会常务委员会第十六次会议通过
2004 年 12 月 29 日第十届全国人民代表大会常务委员会第十三次会议第一次修订
根据 2013 年 6 月 29 日第十二届全国人民代表大会常务委员会第三次会议《关于
修改〈中华人民共和国文物保护法〉等十二部法律的决定》第一次修正　根据
2015 年 4 月 24 日第十二届全国人民代表大会常务委员会第十四次会议《关于修
改〈中华人民共和国港口法〉等七部法律的决定》第二次修正　根据 2016 年 11
月 7 日第十二届全国人民代表大会常务委员会第二十四次会议《关于修改〈中华
人民共和国对外贸易法〉等十二部法律的决定》第三次修正　2020 年 4 月 29 日
第十三届全国人民代表大会常务委员会第十七次会议第二次修订）

目录
第一章　总则
第二章　监督管理
第三章　工业固体废物
第四章　生活垃圾
第五章　建筑垃圾、农业固体废物等
第六章　危险废物
第七章　保障措施
第八章　法律责任
第九章　附则

第一章　总　则

第一条　为了保护和改善生态环境，防治固体废物污染环境，保障公众健
康，维护生态安全，推进生态文明建设，促进经济社会可持续发展，制定本法。

第二条　固体废物污染环境的防治适用本法。

固体废物污染海洋环境的防治和放射性固体废物污染环境的防治不适用
本法。

第三条　国家推行绿色发展方式，促进清洁生产和循环经济发展。

国家倡导简约适度、绿色低碳的生活方式，引导公众积极参与固体废物污染环境防治。

第四条 固体废物污染环境防治坚持减量化、资源化和无害化的原则。

任何单位和个人都应当采取措施，减少固体废物的产生量，促进固体废物的综合利用，降低固体废物的危害性。

第五条 固体废物污染环境防治坚持污染担责的原则。

产生、收集、贮存、运输、利用、处置固体废物的单位和个人，应当采取措施，防止或者减少固体废物对环境的污染，对所造成的环境污染依法承担责任。

第六条 国家推行生活垃圾分类制度。

生活垃圾分类坚持政府推动、全民参与、城乡统筹、因地制宜、简便易行的原则。

第七条 地方各级人民政府对本行政区域固体废物污染环境防治负责。

国家实行固体废物污染环境防治目标责任制和考核评价制度，将固体废物污染环境防治目标完成情况纳入考核评价的内容。

第八条 各级人民政府应当加强对固体废物污染环境防治工作的领导，组织、协调、督促有关部门依法履行固体废物污染环境防治监督管理职责。

省、自治区、直辖市之间可以协商建立跨行政区域固体废物污染环境的联防联控机制，统筹规划制定、设施建设、固体废物转移等工作。

第九条 国务院生态环境主管部门对全国固体废物污染环境防治工作实施统一监督管理。国务院发展改革、工业和信息化、自然资源、住房城乡建设、交通运输、农业农村、商务、卫生健康、海关等主管部门在各自职责范围内负责固体废物污染环境防治的监督管理工作。

地方人民政府生态环境主管部门对本行政区域固体废物污染环境防治工作实施统一监督管理。地方人民政府发展改革、工业和信息化、自然资源、住房城乡建设、交通运输、农业农村、商务、卫生健康等主管部门在各自职责范围内负责固体废物污染环境防治的监督管理工作。

第十条 国家鼓励、支持固体废物污染环境防治的科学研究、技术开发、先进技术推广和科学普及，加强固体废物污染环境防治科技支撑。

第十一条 国家机关、社会团体、企业事业单位、基层群众性自治组织和新闻媒体应当加强固体废物污染环境防治宣传教育和科学普及，增强公众固体废物污染环境防治意识。

学校应当开展生活垃圾分类以及其他固体废物污染环境防治知识普及和教育。

第十二条 各级人民政府对在固体废物污染环境防治工作以及相关的综合利用活动中做出显著成绩的单位和个人，按照国家有关规定给予表彰、奖励。

第二章　监督管理

第十三条　县级以上人民政府应当将固体废物污染环境防治工作纳入国民经济和社会发展规划、生态环境保护规划，并采取有效措施减少固体废物的产生量、促进固体废物的综合利用、降低固体废物的危害性，最大限度降低固体废物填埋量。

第十四条　国务院生态环境主管部门应当会同国务院有关部门根据国家环境质量标准和国家经济、技术条件，制定固体废物鉴别标准、鉴别程序和国家固体废物污染环境防治技术标准。

第十五条　国务院标准化主管部门应当会同国务院发展改革、工业和信息化、生态环境、农业农村等主管部门，制定固体废物综合利用标准。

综合利用固体废物应当遵守生态环境法律法规，符合固体废物污染环境防治技术标准。使用固体废物综合利用产物应当符合国家规定的用途、标准。

第十六条　国务院生态环境主管部门应当会同国务院有关部门建立全国危险废物等固体废物污染环境防治信息平台，推进固体废物收集、转移、处置等全过程监控和信息化追溯。

第十七条　建设产生、贮存、利用、处置固体废物的项目，应当依法进行环境影响评价，并遵守国家有关建设项目环境保护管理的规定。

第十八条　建设项目的环境影响评价文件确定需要配套建设的固体废物污染环境防治设施，应当与主体工程同时设计、同时施工、同时投入使用。建设项目的初步设计，应当按照环境保护设计规范的要求，将固体废物污染环境防治内容纳入环境影响评价文件，落实防治固体废物污染环境和破坏生态的措施以及固体废物污染环境防治设施投资概算。

建设单位应当依照有关法律法规的规定，对配套建设的固体废物污染环境防治设施进行验收，编制验收报告，并向社会公开。

第十九条　收集、贮存、运输、利用、处置固体废物的单位和其他生产经营者，应当加强对相关设施、设备和场所的管理和维护，保证其正常运行和使用。

第二十条　产生、收集、贮存、运输、利用、处置固体废物的单位和其他生产经营者，应当采取防扬散、防流失、防渗漏或者其他防止污染环境的措施，不得擅自倾倒、堆放、丢弃、遗撒固体废物。

禁止任何单位或者个人向江河、湖泊、运河、渠道、水库及其最高水位线以下的滩地和岸坡以及法律法规规定的其他地点倾倒、堆放、贮存固体废物。

第二十一条　在生态保护红线区域、永久基本农田集中区域和其他需要特别保护的区域内，禁止建设工业固体废物、危险废物集中贮存、利用、处置的设施、场所和生活垃圾填埋场。

第二十二条 转移固体废物出省、自治区、直辖市行政区域贮存、处置的，应当向固体废物移出地的省、自治区、直辖市人民政府生态环境主管部门提出申请。移出地的省、自治区、直辖市人民政府生态环境主管部门应当及时商经接受地的省、自治区、直辖市人民政府生态环境主管部门同意后，在规定期限内批准转移该固体废物出省、自治区、直辖市行政区域。未经批准的，不得转移。

转移固体废物出省、自治区、直辖市行政区域利用的，应当报固体废物移出地的省、自治区、直辖市人民政府生态环境主管部门备案。移出地的省、自治区、直辖市人民政府生态环境主管部门应当将备案信息通报接受地的省、自治区、直辖市人民政府生态环境主管部门。

第二十三条 禁止中华人民共和国境外的固体废物进境倾倒、堆放、处置。

第二十四条 国家逐步实现固体废物零进口，由国务院生态环境主管部门会同国务院商务、发展改革、海关等主管部门组织实施。

第二十五条 海关发现进口货物疑似固体废物的，可以委托专业机构开展属性鉴别，并根据鉴别结论依法管理。

第二十六条 生态环境主管部门及其环境执法机构和其他负有固体废物污染环境防治监督管理职责的部门，在各自职责范围内有权对从事产生、收集、贮存、运输、利用、处置固体废物等活动的单位和其他生产经营者进行现场检查。被检查者应当如实反映情况，并提供必要的资料。

实施现场检查，可以采取现场监测、采集样品、查阅或者复制与固体废物污染环境防治相关的资料等措施。检查人员进行现场检查，应当出示证件。对现场检查中知悉的商业秘密应当保密。

第二十七条 有下列情形之一，生态环境主管部门和其他负有固体废物污染环境防治监督管理职责的部门，可以对违法收集、贮存、运输、利用、处置的固体废物及设施、设备、场所、工具、物品予以查封、扣押：

（一）可能造成证据灭失、被隐匿或者非法转移的；

（二）造成或者可能造成严重环境污染的。

第二十八条 生态环境主管部门应当会同有关部门建立产生、收集、贮存、运输、利用、处置固体废物的单位和其他生产经营者信用记录制度，将相关信用记录纳入全国信用信息共享平台。

第二十九条 设区的市级人民政府生态环境主管部门应当会同住房城乡建设、农业农村、卫生健康等主管部门，定期向社会发布固体废物的种类、产生量、处置能力、利用处置状况等信息。

产生、收集、贮存、运输、利用、处置固体废物的单位，应当依法及时公开固体废物污染环境防治信息，主动接受社会监督。

利用、处置固体废物的单位，应当依法向公众开放设施、场所，提高公众环境保护意识和参与程度。

第三十条　县级以上人民政府应当将工业固体废物、生活垃圾、危险废物等固体废物污染环境防治情况纳入环境状况和环境保护目标完成情况年度报告，向本级人民代表大会或者人民代表大会常务委员会报告。

第三十一条　任何单位和个人都有权对造成固体废物污染环境的单位和个人进行举报。

生态环境主管部门和其他负有固体废物污染环境防治监督管理职责的部门应当将固体废物污染环境防治举报方式向社会公布，方便公众举报。

接到举报的部门应当及时处理并对举报人的相关信息予以保密；对实名举报并查证属实的，给予奖励。

举报人举报所在单位的，该单位不得以解除、变更劳动合同或者其他方式对举报人进行打击报复。

第三章　工业固体废物

第三十二条　国务院生态环境主管部门应当会同国务院发展改革、工业和信息化等主管部门对工业固体废物对公众健康、生态环境的危害和影响程度等作出界定，制定防治工业固体废物污染环境的技术政策，组织推广先进的防治工业固体废物污染环境的生产工艺和设备。

第三十三条　国务院工业和信息化主管部门应当会同国务院有关部门组织研究开发、推广减少工业固体废物产生量和降低工业固体废物危害性的生产工艺和设备，公布限期淘汰产生严重污染环境的工业固体废物的落后生产工艺、设备的名录。

生产者、销售者、进口者、使用者应当在国务院工业和信息化主管部门会同国务院有关部门规定的期限内分别停止生产、销售、进口或者使用列入前款规定名录中的设备。生产工艺的采用者应当在国务院工业和信息化主管部门会同国务院有关部门规定的期限内停止采用列入前款规定名录中的工艺。

列入限期淘汰名录被淘汰的设备，不得转让给他人使用。

第三十四条　国务院工业和信息化主管部门应当会同国务院发展改革、生态环境等主管部门，定期发布工业固体废物综合利用技术、工艺、设备和产品导向目录，组织开展工业固体废物资源综合利用评价，推动工业固体废物综合利用。

第三十五条　县级以上地方人民政府应当制定工业固体废物污染环境防治工作规划，组织建设工业固体废物集中处置等设施，推动工业固体废物污染环境防治工作。

第三十六条　产生工业固体废物的单位应当建立健全工业固体废物产生、收集、贮存、运输、利用、处置全过程的污染环境防治责任制度，建立工业固体废物管理台账，如实记录产生工业固体废物的种类、数量、流向、贮存、利用、处置等信息，实现工业固体废物可追溯、可查询，并采取防治工业固体废物污染环境的措施。

禁止向生活垃圾收集设施中投放工业固体废物。

第三十七条 产生工业固体废物的单位委托他人运输、利用、处置工业固体废物的，应当对受托方的主体资格和技术能力进行核实，依法签订书面合同，在合同中约定污染防治要求。

受托方运输、利用、处置工业固体废物，应当依照有关法律法规的规定和合同约定履行污染防治要求，并将运输、利用、处置情况告知产生工业固体废物的单位。

产生工业固体废物的单位违反本条第一款规定的，除依照有关法律法规的规定予以处罚外，还应当与造成环境污染和生态破坏的受托方承担连带责任。

第三十八条 产生工业固体废物的单位应当依法实施清洁生产审核，合理选择和利用原材料、能源和其他资源，采用先进的生产工艺和设备，减少工业固体废物的产生量，降低工业固体废物的危害性。

第三十九条 产生工业固体废物的单位应当取得排污许可证。排污许可的具体办法和实施步骤由国务院规定。

产生工业固体废物的单位应当向所在地生态环境主管部门提供工业固体废物的种类、数量、流向、贮存、利用、处置等有关资料，以及减少工业固体废物产生、促进综合利用的具体措施，并执行排污许可管理制度的相关规定。

第四十条 产生工业固体废物的单位应当根据经济、技术条件对工业固体废物加以利用；对暂时不利用或者不能利用的，应当按照国务院生态环境等主管部门的规定建设贮存设施、场所，安全分类存放，或者采取无害化处置措施。贮存工业固体废物应当采取符合国家环境保护标准的防护措施。

建设工业固体废物贮存、处置的设施、场所，应当符合国家环境保护标准。

第四十一条 产生工业固体废物的单位终止的，应当在终止前对工业固体废物的贮存、处置的设施、场所采取污染防治措施，并对未处置的工业固体废物作出妥善处置，防止污染环境。

产生工业固体废物的单位发生变更的，变更后的单位应当按照国家有关环境保护的规定对未处置的工业固体废物及其贮存、处置的设施、场所进行安全处置或者采取有效措施保证该设施、场所安全运行。变更前当事人对工业固体废物及其贮存、处置的设施、场所的污染防治责任另有约定的，从其约定；但是，不得免除当事人的污染防治义务。

对 2005 年 4 月 1 日前已经终止的单位未处置的工业固体废物及其贮存、处置的设施、场所进行安全处置的费用，由有关人民政府承担；但是，该单位享有的土地使用权依法转让的，应当由土地使用权受让人承担处置费用。当事人另有约定的，从其约定；但是，不得免除当事人的污染防治义务。

第四十二条　矿山企业应当采取科学的开采方法和选矿工艺，减少尾矿、煤矸石、废石等矿业固体废物的产生量和贮存量。

国家鼓励采取先进工艺对尾矿、煤矸石、废石等矿业固体废物进行综合利用。

尾矿、煤矸石、废石等矿业固体废物贮存设施停止使用后，矿山企业应当按照国家有关环境保护等规定进行封场，防止造成环境污染和生态破坏。

第四章　生活垃圾

第四十三条　县级以上地方人民政府应当加快建立分类投放、分类收集、分类运输、分类处理的生活垃圾管理系统，实现生活垃圾分类制度有效覆盖。

县级以上地方人民政府应当建立生活垃圾分类工作协调机制，加强和统筹生活垃圾分类管理能力建设。

各级人民政府及其有关部门应当组织开展生活垃圾分类宣传，教育引导公众养成生活垃圾分类习惯，督促和指导生活垃圾分类工作。

第四十四条　县级以上地方人民政府应当有计划地改进燃料结构，发展清洁能源，减少燃料废渣等固体废物的产生量。

县级以上地方人民政府有关部门应当加强产品生产和流通过程管理，避免过度包装，组织净菜上市，减少生活垃圾的产生量。

第四十五条　县级以上人民政府应当统筹安排建设城乡生活垃圾收集、运输、处理设施，确定设施厂址，提高生活垃圾的综合利用和无害化处置水平，促进生活垃圾收集、处理的产业化发展，逐步建立和完善生活垃圾污染环境防治的社会服务体系。

县级以上地方人民政府有关部门应当统筹规划，合理安排回收、分拣、打包网点，促进生活垃圾的回收利用工作。

第四十六条　地方各级人民政府应当加强农村生活垃圾污染环境的防治，保护和改善农村人居环境。

国家鼓励农村生活垃圾源头减量。城乡结合部、人口密集的农村地区和其他有条件的地方，应当建立城乡一体的生活垃圾管理系统；其他农村地区应当积极探索生活垃圾管理模式，因地制宜，就近就地利用或者妥善处理生活垃圾。

第四十七条　设区的市级以上人民政府环境卫生主管部门应当制定生活垃圾清扫、收集、贮存、运输和处理设施、场所建设运行规范，发布生活垃圾分类指导目录，加强监督管理。

第四十八条　县级以上地方人民政府环境卫生等主管部门应当组织对城乡生

活垃圾进行清扫、收集、运输和处理，可以通过招标等方式选择具备条件的单位从事生活垃圾的清扫、收集、运输和处理。

第四十九条 产生生活垃圾的单位、家庭和个人应当依法履行生活垃圾源头减量和分类投放义务，承担生活垃圾产生者责任。

任何单位和个人都应当依法在指定的地点分类投放生活垃圾。禁止随意倾倒、抛撒、堆放或者焚烧生活垃圾。

机关、事业单位等应当在生活垃圾分类工作中起示范带头作用。

已经分类投放的生活垃圾，应当按照规定分类收集、分类运输、分类处理。

第五十条 清扫、收集、运输、处理城乡生活垃圾，应当遵守国家有关环境保护和环境卫生管理的规定，防止污染环境。

从生活垃圾中分类并集中收集的有害垃圾，属于危险废物的，应当按照危险废物管理。

第五十一条 从事公共交通运输的经营单位，应当及时清扫、收集运输过程中产生的生活垃圾。

第五十二条 农贸市场、农产品批发市场等应当加强环境卫生管理，保持环境卫生清洁，对所产生的垃圾及时清扫、分类收集、妥善处理。

第五十三条 从事城市新区开发、旧区改建和住宅小区开发建设、村镇建设的单位，以及机场、码头、车站、公园、商场、体育场馆等公共设施、场所的经营管理单位，应当按照国家有关环境卫生的规定，配套建设生活垃圾收集设施。

县级以上地方人民政府应当统筹生活垃圾公共转运、处理设施与前款规定的收集设施的有效衔接，并加强生活垃圾分类收运体系和再生资源回收体系在规划、建设、运营等方面的融合。

第五十四条 从生活垃圾中回收的物质应当按照国家规定的用途、标准使用，不得用于生产可能危害人体健康的产品。

第五十五条 建设生活垃圾处理设施、场所，应当符合国务院生态环境主管部门和国务院住房城乡建设主管部门规定的环境保护和环境卫生标准。

鼓励相邻地区统筹生活垃圾处理设施建设，促进生活垃圾处理设施跨行政区域共建共享。

禁止擅自关闭、闲置或者拆除生活垃圾处理设施、场所；确有必要关闭、闲置或者拆除的，应当经所在地的市、县级人民政府环境卫生主管部门商所在地生态环境主管部门同意后核准，并采取防止污染环境的措施。

第五十六条 生活垃圾处理单位应当按照国家有关规定，安装使用监测设备，实时监测污染物的排放情况，将污染排放数据实时公开。监测设备应当与所在地生态环境主管部门的监控设备联网。

第五十七条 县级以上地方人民政府环境卫生主管部门负责组织开展厨余垃

圾资源化、无害化处理工作。

产生、收集厨余垃圾的单位和其他生产经营者，应当将厨余垃圾交由具备相应资质条件的单位进行无害化处理。

禁止畜禽养殖场、养殖小区利用未经无害化处理的厨余垃圾饲喂畜禽。

第五十八条　县级以上地方人民政府应当按照产生者付费原则，建立生活垃圾处理收费制度。

县级以上地方人民政府制定生活垃圾处理收费标准，应当根据本地实际，结合生活垃圾分类情况，体现分类计价、计量收费等差别化管理，并充分征求公众意见。生活垃圾处理收费标准应当向社会公布。

生活垃圾处理费应当专项用于生活垃圾的收集、运输和处理等，不得挪作他用。

第五十九条　省、自治区、直辖市和设区的市、自治州可以结合实际，制定本地方生活垃圾具体管理办法。

第五章　建筑垃圾、农业固体废物等

第六十条　县级以上地方人民政府应当加强建筑垃圾污染环境的防治，建立建筑垃圾分类处理制度。

县级以上地方人民政府应当制定包括源头减量、分类处理、消纳设施和场所布局及建设等在内的建筑垃圾污染环境防治工作规划。

第六十一条　国家鼓励采用先进技术、工艺、设备和管理措施，推进建筑垃圾源头减量，建立建筑垃圾回收利用体系。

县级以上地方人民政府应当推动建筑垃圾综合利用产品应用。

第六十二条　县级以上地方人民政府环境卫生主管部门负责建筑垃圾污染环境防治工作，建立建筑垃圾全过程管理制度，规范建筑垃圾产生、收集、贮存、运输、利用、处置行为，推进综合利用，加强建筑垃圾处置设施、场所建设，保障处置安全，防止污染环境。

第六十三条　工程施工单位应当编制建筑垃圾处理方案，采取污染防治措施，并报县级以上地方人民政府环境卫生主管部门备案。

工程施工单位应当及时清运工程施工过程中产生的建筑垃圾等固体废物，并按照环境卫生主管部门的规定进行利用或者处置。

工程施工单位不得擅自倾倒、抛撒或者堆放工程施工过程中产生的建筑垃圾。

第六十四条　县级以上人民政府农业农村主管部门负责指导农业固体废物回收利用体系建设，鼓励和引导有关单位和其他生产经营者依法收集、贮存、运输、利用、处置农业固体废物，加强监督管理，防止污染环境。

　　第六十五条　产生秸秆、废弃农用薄膜、农药包装废弃物等农业固体废物的单位和其他生产经营者，应当采取回收利用和其他防止污染环境的措施。

　　从事畜禽规模养殖应当及时收集、贮存、利用或者处置养殖过程中产生的畜禽粪污等固体废物，避免造成环境污染。

　　禁止在人口集中地区、机场周围、交通干线附近以及当地人民政府划定的其他区域露天焚烧秸秆。

　　国家鼓励研究开发、生产、销售、使用在环境中可降解且无害的农用薄膜。

　　第六十六条　国家建立电器电子、铅蓄电池、车用动力电池等产品的生产者责任延伸制度。

　　电器电子、铅蓄电池、车用动力电池等产品的生产者应当按照规定以自建或者委托等方式建立与产品销售量相匹配的废旧产品回收体系，并向社会公开，实现有效回收和利用。

　　国家鼓励产品的生产者开展生态设计，促进资源回收利用。

　　第六十七条　国家对废弃电器电子产品等实行多渠道回收和集中处理制度。

　　禁止将废弃机动车船等交由不符合规定条件的企业或者个人回收、拆解。

　　拆解、利用、处置废弃电器电子产品、废弃机动车船等，应当遵守有关法律法规的规定，采取防止污染环境的措施。

　　第六十八条　产品和包装物的设计、制造，应当遵守国家有关清洁生产的规定。国务院标准化主管部门应当根据国家经济和技术条件、固体废物污染环境防治状况以及产品的技术要求，组织制定有关标准，防止过度包装造成环境污染。

　　生产经营者应当遵守限制商品过度包装的强制性标准，避免过度包装。县级以上地方人民政府市场监督管理部门和有关部门应当按照各自职责，加强对过度包装的监督管理。

　　生产、销售、进口依法被列入强制回收目录的产品和包装物的企业，应当按照国家有关规定对该产品和包装物进行回收。

　　电子商务、快递、外卖等行业应当优先采用可重复使用、易回收利用的包装物，优化物品包装，减少包装物的使用，并积极回收利用包装物。县级以上地方人民政府商务、邮政等主管部门应当加强监督管理。

　　国家鼓励和引导消费者使用绿色包装和减量包装。

　　第六十九条　国家依法禁止、限制生产、销售和使用不可降解塑料袋等一次性塑料制品。

　　商品零售场所开办单位、电子商务平台企业和快递企业、外卖企业应当按照国家有关规定向商务、邮政等主管部门报告塑料袋等一次性塑料制品的使用、回收情况。

　　国家鼓励和引导减少使用、积极回收塑料袋等一次性塑料制品，推广应用可循环、易回收、可降解的替代产品。

第七十条　旅游、住宿等行业应当按照国家有关规定推行不主动提供一次性用品。

机关、企业事业单位等的办公场所应当使用有利于保护环境的产品、设备和设施，减少使用一次性办公用品。

第七十一条　城镇污水处理设施维护运营单位或者污泥处理单位应当安全处理污泥，保证处理后的污泥符合国家有关标准，对污泥的流向、用途、用量等进行跟踪、记录，并报告城镇排水主管部门、生态环境主管部门。

县级以上人民政府城镇排水主管部门应当将污泥处理设施纳入城镇排水与污水处理规划，推动同步建设污泥处理设施与污水处理设施，鼓励协同处理，污水处理费征收标准和补偿范围应当覆盖污泥处理成本和污水处理设施正常运营成本。

第七十二条　禁止擅自倾倒、堆放、丢弃、遗撒城镇污水处理设施产生的污泥和处理后的污泥。

禁止重金属或者其他有毒有害物质含量超标的污泥进入农用地。

从事水体清淤疏浚应当按照国家有关规定处理清淤疏浚过程中产生的底泥，防止污染环境。

第七十三条　各级各类实验室及其设立单位应当加强对实验室产生的固体废物的管理，依法收集、贮存、运输、利用、处置实验室固体废物。实验室固体废物属于危险废物的，应当按照危险废物管理。

第六章　危险废物

第七十四条　危险废物污染环境的防治，适用本章规定；本章未作规定的，适用本法其他有关规定。

第七十五条　国务院生态环境主管部门应当会同国务院有关部门制定国家危险废物名录，规定统一的危险废物鉴别标准、鉴别方法、识别标志和鉴别单位管理要求。国家危险废物名录应当动态调整。

国务院生态环境主管部门根据危险废物的危害特性和产生数量，科学评估其环境风险，实施分级分类管理，建立信息化监管体系，并通过信息化手段管理、共享危险废物转移数据和信息。

第七十六条　省、自治区、直辖市人民政府应当组织有关部门编制危险废物集中处置设施、场所的建设规划，科学评估危险废物处置需求，合理布局危险废物集中处置设施、场所，确保本行政区域的危险废物得到妥善处置。

编制危险废物集中处置设施、场所的建设规划，应当征求有关行业协会、企业事业单位、专家和公众等方面的意见。

相邻省、自治区、直辖市之间可以开展区域合作，统筹建设区域性危险废物集中处置设施、场所。

第七十七条 对危险废物的容器和包装物以及收集、贮存、运输、利用、处置危险废物的设施、场所，应当按照规定设置危险废物识别标志。

第七十八条 产生危险废物的单位，应当按照国家有关规定制定危险废物管理计划；建立危险废物管理台账，如实记录有关信息，并通过国家危险废物信息管理系统向所在地生态环境主管部门申报危险废物的种类、产生量、流向、贮存、处置等有关资料。

前款所称危险废物管理计划应当包括减少危险废物产生量和降低危险废物危害性的措施以及危险废物贮存、利用、处置措施。危险废物管理计划应当报产生危险废物的单位所在地生态环境主管部门备案。

产生危险废物的单位已经取得排污许可证的，执行排污许可管理制度的规定。

第七十九条 产生危险废物的单位，应当按照国家有关规定和环境保护标准要求贮存、利用、处置危险废物，不得擅自倾倒、堆放。

第八十条 从事收集、贮存、利用、处置危险废物经营活动的单位，应当按照国家有关规定申请取得许可证。许可证的具体管理办法由国务院制定。

禁止无许可证或者未按照许可证规定从事危险废物收集、贮存、利用、处置的经营活动。

禁止将危险废物提供或者委托给无许可证的单位或者其他生产经营者从事收集、贮存、利用、处置活动。

第八十一条 收集、贮存危险废物，应当按照危险废物特性分类进行。禁止混合收集、贮存、运输、处置性质不相容而未经安全性处置的危险废物。

贮存危险废物应当采取符合国家环境保护标准的防护措施。禁止将危险废物混入非危险废物中贮存。

从事收集、贮存、利用、处置危险废物经营活动的单位，贮存危险废物不得超过一年；确需延长期限的，应当报经颁发许可证的生态环境主管部门批准；法律、行政法规另有规定的除外。

第八十二条 转移危险废物的，应当按照国家有关规定填写、运行危险废物电子或者纸质转移联单。

跨省、自治区、直辖市转移危险废物的，应当向危险废物移出地省、自治区、直辖市人民政府生态环境主管部门申请。移出地省、自治区、直辖市人民政府生态环境主管部门应当及时商经接受地省、自治区、直辖市人民政府生态环境主管部门同意后，在规定期限内批准转移该危险废物，并将批准信息通报相关省、自治区、直辖市人民政府生态环境主管部门和交通运输主管部门。未经批准的，不得转移。

危险废物转移管理应当全程管控、提高效率，具体办法由国务院生态环境主管部门会同国务院交通运输主管部门和公安部门制定。

第八十三条 运输危险废物，应当采取防止污染环境的措施，并遵守国家有关危险货物运输管理的规定。

禁止将危险废物与旅客在同一运输工具上载运。

第八十四条 收集、贮存、运输、利用、处置危险废物的场所、设施、设备和容器、包装物及其他物品转作他用时，应当按照国家有关规定经过消除污染处理，方可使用。

第八十五条 产生、收集、贮存、运输、利用、处置危险废物的单位，应当依法制定意外事故的防范措施和应急预案，并向所在地生态环境主管部门和其他负有固体废物污染环境防治监督管理职责的部门备案；生态环境主管部门和其他负有固体废物污染环境防治监督管理职责的部门应当进行检查。

第八十六条 因发生事故或者其他突发性事件，造成危险废物严重污染环境的单位，应当立即采取有效措施消除或者减轻对环境的污染危害，及时通报可能受到污染危害的单位和居民，并向所在地生态环境主管部门和有关部门报告，接受调查处理。

第八十七条 在发生或者有证据证明可能发生危险废物严重污染环境、威胁居民生命财产安全时，生态环境主管部门或者其他负有固体废物污染环境防治监督管理职责的部门应当立即向本级人民政府和上一级人民政府有关部门报告，由人民政府采取防止或者减轻危害的有效措施。有关人民政府可以根据需要责令停止导致或者可能导致环境污染事故的作业。

第八十八条 重点危险废物集中处置设施、场所退役前，运营单位应当按照国家有关规定对设施、场所采取污染防治措施。退役的费用应当预提，列入投资概算或者生产成本，专门用于重点危险废物集中处置设施、场所的退役。具体提取和管理办法，由国务院财政部门、价格主管部门会同国务院生态环境主管部门规定。

第八十九条 禁止经中华人民共和国过境转移危险废物。

第九十条 医疗废物按照国家危险废物名录管理。县级以上地方人民政府应当加强医疗废物集中处置能力建设。

县级以上人民政府卫生健康、生态环境等主管部门应当在各自职责范围内加强对医疗废物收集、贮存、运输、处置的监督管理，防止危害公众健康、污染环境。

医疗卫生机构应当依法分类收集本单位产生的医疗废物，交由医疗废物集中处置单位处置。医疗废物集中处置单位应当及时收集、运输和处置医疗废物。

医疗卫生机构和医疗废物集中处置单位，应当采取有效措施，防止医疗废物流失、泄漏、渗漏、扩散。

第九十一条 重大传染病疫情等突发事件发生时，县级以上人民政府应当统筹协调医疗废物等危险废物收集、贮存、运输、处置等工作，保障所需的车辆、场地、处置设施和防护物资。卫生健康、生态环境、环境卫生、交通运输等主管部门应当协同配合，依法履行应急处置职责。

第七章 保障措施

第九十二条 国务院有关部门、县级以上地方人民政府及其有关部门在编制国土空间规划和相关专项规划时，应当统筹生活垃圾、建筑垃圾、危险废物等固体废物转运、集中处置等设施建设需求，保障转运、集中处置等设施用地。

第九十三条 国家采取有利于固体废物污染环境防治的经济、技术政策和措施，鼓励、支持有关方面采取有利于固体废物污染环境防治的措施，加强对从事固体废物污染环境防治工作人员的培训和指导，促进固体废物污染环境防治产业专业化、规模化发展。

第九十四条 国家鼓励和支持科研单位、固体废物产生单位、固体废物利用单位、固体废物处置单位等联合攻关，研究开发固体废物综合利用、集中处置等的新技术，推动固体废物污染环境防治技术进步。

第九十五条 各级人民政府应当加强固体废物污染环境的防治，按照事权划分的原则安排必要的资金用于下列事项：

（一）固体废物污染环境防治的科学研究、技术开发；

（二）生活垃圾分类；

（三）固体废物集中处置设施建设；

（四）重大传染病疫情等突发事件产生的医疗废物等危险废物应急处置；

（五）涉及固体废物污染环境防治的其他事项。

使用资金应当加强绩效管理和审计监督，确保资金使用效益。

第九十六条 国家鼓励和支持社会力量参与固体废物污染环境防治工作，并按照国家有关规定给予政策扶持。

第九十七条 国家发展绿色金融，鼓励金融机构加大对固体废物污染环境防治项目的信贷投放。

第九十八条 从事固体废物综合利用等固体废物污染环境防治工作的，依照法律、行政法规的规定，享受税收优惠。

国家鼓励并提倡社会各界为防治固体废物污染环境捐赠财产，并依照法律、行政法规的规定，给予税收优惠。

第九十九条 收集、贮存、运输、利用、处置危险废物的单位，应当按照国家有关规定，投保环境污染责任保险。

第一百条　国家鼓励单位和个人购买、使用综合利用产品和可重复使用产品。

县级以上人民政府及其有关部门在政府采购过程中，应当优先采购综合利用产品和可重复使用产品。

第八章　法律责任

第一百零一条　生态环境主管部门或者其他负有固体废物污染环境防治监督管理职责的部门违反本法规定，有下列行为之一，由本级人民政府或者上级人民政府有关部门责令改正，对直接负责的主管人员和其他直接责任人员依法给予处分：

（一）未依法作出行政许可或者办理批准文件的；

（二）对违法行为进行包庇的；

（三）未依法查封、扣押的；

（四）发现违法行为或者接到对违法行为的举报后未予查处的；

（五）有其他滥用职权、玩忽职守、徇私舞弊等违法行为的。

依照本法规定应当作出行政处罚决定而未作出的，上级主管部门可以直接作出行政处罚决定。

第一百零二条　违反本法规定，有下列行为之一，由生态环境主管部门责令改正，处以罚款，没收违法所得；情节严重的，报经有批准权的人民政府批准，可以责令停业或者关闭：

（一）产生、收集、贮存、运输、利用、处置固体废物的单位未依法及时公开固体废物污染环境防治信息的；

（二）生活垃圾处理单位未按照国家有关规定安装使用监测设备、实时监测污染物的排放情况并公开污染排放数据的；

（三）将列入限期淘汰名录被淘汰的设备转让给他人使用的；

（四）在生态保护红线区域、永久基本农田集中区域和其他需要特别保护的区域内，建设工业固体废物、危险废物集中贮存、利用、处置的设施、场所和生活垃圾填埋场的；

（五）转移固体废物出省、自治区、直辖市行政区域贮存、处置未经批准的；

（六）转移固体废物出省、自治区、直辖市行政区域利用未报备案的；

（七）擅自倾倒、堆放、丢弃、遗撒工业固体废物，或者未采取相应防范措施，造成工业固体废物扬散、流失、渗漏或者其他环境污染的；

（八）产生工业固体废物的单位未建立固体废物管理台账并如实记录的；

（九）产生工业固体废物的单位违反本法规定委托他人运输、利用、处置工业固体废物的；

（十）贮存工业固体废物未采取符合国家环境保护标准的防护措施的；

（十一）单位和其他生产经营者违反固体废物管理其他要求，污染环境、破坏生态的。

有前款第一项、第八项行为之一，处五万元以上二十万元以下的罚款；有前款第二项、第三项、第四项、第五项、第六项、第九项、第十项、第十一项行为之一，处十万元以上一百万元以下的罚款；有前款第七项行为，处所需处置费用一倍以上三倍以下的罚款，所需处置费用不足十万元的，按十万元计算。对前款第十一项行为的处罚，有关法律、行政法规另有规定的，适用其规定。

第一百零三条　违反本法规定，以拖延、围堵、滞留执法人员等方式拒绝、阻挠监督检查，或者在接受监督检查时弄虚作假的，由生态环境主管部门或者其他负有固体废物污染环境防治监督管理职责的部门责令改正，处五万元以上二十万元以下的罚款；对直接负责的主管人员和其他直接责任人员，处二万元以上十万元以下的罚款。

第一百零四条　违反本法规定，未依法取得排污许可证产生工业固体废物的，由生态环境主管部门责令改正或者限制生产、停产整治，处十万元以上一百万元以下的罚款；情节严重的，报经有批准权的人民政府批准，责令停业或者关闭。

第一百零五条　违反本法规定，生产经营者未遵守限制商品过度包装的强制性标准的，由县级以上地方人民政府市场监督管理部门或者有关部门责令改正；拒不改正的，处二千元以上二万元以下的罚款；情节严重的，处二万元以上十万元以下的罚款。

第一百零六条　违反本法规定，未遵守国家有关禁止、限制使用不可降解塑料袋等一次性塑料制品的规定，或者未按照国家有关规定报告塑料袋等一次性塑料制品的使用情况的，由县级以上地方人民政府商务、邮政等主管部门责令改正，处一万元以上十万元以下的罚款。

第一百零七条　从事畜禽规模养殖未及时收集、贮存、利用或者处置养殖过程中产生的畜禽粪污等固体废物的，由生态环境主管部门责令改正，可以处十万元以下的罚款；情节严重的，报经有批准权的人民政府批准，责令停业或者关闭。

第一百零八条　违反本法规定，城镇污水处理设施维护运营单位或者污泥处理单位对污泥流向、用途、用量等未进行跟踪、记录，或者处理后的污泥不符合国家有关标准的，由城镇排水主管部门责令改正，给予警告；造成严重后果的，处十万元以上二十万元以下的罚款；拒不改正的，城镇排水主管部门可以指定有治理能力的单位代为治理，所需费用由违法者承担。

违反本法规定，擅自倾倒、堆放、丢弃、遗撒城镇污水处理设施产生的污泥和处理后的污泥的，由城镇排水主管部门责令改正，处二十万元以上二百万元以下的罚款，对直接负责的主管人员和其他直接责任人员处二万元以上十万元以下的罚款；造成严重后果的，处二百万元以上五百万元以下的罚款，对直接负责的主管人员和其他直接责任人员处五万元以上五十万元以下的罚款；拒不改正的，城镇排水主管部门可以指定有治理能力的单位代为治理，所需费用由违法者承担。

第一百零九条　违反本法规定，生产、销售、进口或者使用淘汰的设备，或者采用淘汰的生产工艺的，由县级以上地方人民政府指定的部门责令改正，处十万元以上一百万元以下的罚款，没收违法所得；情节严重的，由县级以上地方人民政府指定的部门提出意见，报经有批准权的人民政府批准，责令停业或者关闭。

第一百一十条　尾矿、煤矸石、废石等矿业固体废物贮存设施停止使用后，未按照国家有关环境保护规定进行封场的，由生态环境主管部门责令改正，处二十万元以上一百万元以下的罚款。

第一百一十一条　违反本法规定，有下列行为之一，由县级以上地方人民政府环境卫生主管部门责令改正，处以罚款，没收违法所得：

（一）随意倾倒、抛撒、堆放或者焚烧生活垃圾的；

（二）擅自关闭、闲置或者拆除生活垃圾处理设施、场所的；

（三）工程施工单位未编制建筑垃圾处理方案报备案，或者未及时清运施工过程中产生的固体废物的；

（四）工程施工单位擅自倾倒、抛撒或者堆放工程施工过程中产生的建筑垃圾，或者未按照规定对施工过程中产生的固体废物进行利用或者处置的；

（五）产生、收集厨余垃圾的单位和其他生产经营者未将厨余垃圾交由具备相应资质条件的单位进行无害化处理的；

（六）畜禽养殖场、养殖小区利用未经无害化处理的厨余垃圾饲喂畜禽的；

（七）在运输过程中沿途丢弃、遗撒生活垃圾的。

单位有前款第一项、第七项行为之一，处五万元以上五十万元以下的罚款；单位有前款第二项、第三项、第四项、第五项、第六项行为之一，处十万元以上一百万元以下的罚款；个人有前款第一项、第五项、第七项行为之一，处一百元以上五百元以下的罚款。

违反本法规定，未在指定的地点分类投放生活垃圾的，由县级以上地方人民政府环境卫生主管部门责令改正；情节严重的，对单位处五万元以上五十万元以下的罚款，对个人依法处以罚款。

第一百一十二条　违反本法规定，有下列行为之一，由生态环境主管部门责令改正，处以罚款，没收违法所得；情节严重的，报经有批准权的人民政府批准，可以责令停业或者关闭：

（一）未按照规定设置危险废物识别标志的；

（二）未按照国家有关规定制定危险废物管理计划或者申报危险废物有关资料的；

（三）擅自倾倒、堆放危险废物的；

（四）将危险废物提供或者委托给无许可证的单位或者其他生产经营者从事经营活动的；

（五）未按照国家有关规定填写、运行危险废物转移联单或者未经批准擅自转移危险废物的；

（六）未按照国家环境保护标准贮存、利用、处置危险废物或者将危险废物混入非危险废物中贮存的；

（七）未经安全性处置，混合收集、贮存、运输、处置具有不相容性质的危险废物的；

（八）将危险废物与旅客在同一运输工具上载运的；

（九）未经消除污染处理，将收集、贮存、运输、处置危险废物的场所、设施、设备和容器、包装物及其他物品转作他用的；

（十）未采取相应防范措施，造成危险废物扬散、流失、渗漏或者其他环境污染的；

（十一）在运输过程中沿途丢弃、遗撒危险废物的；

（十二）未制定危险废物意外事故防范措施和应急预案的；

（十三）未按照国家有关规定建立危险废物管理台账并如实记录的。

有前款第一项、第二项、第五项、第六项、第七项、第八项、第九项、第十二项、第十三项行为之一，处十万元以上一百万元以下的罚款；有前款第三项、第四项、第十项、第十一项行为之一，处所需处置费用三倍以上五倍以下的罚款，所需处置费用不足二十万元的，按二十万元计算。

第一百一十三条 违反本法规定，危险废物产生者未按照规定处置其产生的危险废物被责令改正后拒不改正的，由生态环境主管部门组织代为处置，处置费用由危险废物产生者承担；拒不承担代为处置费用的，处代为处置费用一倍以上三倍以下的罚款。

第一百一十四条 无许可证从事收集、贮存、利用、处置危险废物经营活动的，由生态环境主管部门责令改正，处一百万元以上五百万元以下的罚款，并报经有批准权的人民政府批准，责令停业或者关闭；对法定代表人、主要负责人、直接负责的主管人员和其他责任人员，处十万元以上一百万元以下的罚款。

未按照许可证规定从事收集、贮存、利用、处置危险废物经营活动的，由生态环境主管部门责令改正，限制生产、停产整治，处五十万元以上二百万元以下的罚款；对法定代表人、主要负责人、直接负责的主管人员和其他责任人员，处五万元以上五十万元以下的罚款；情节严重的，报经有批准权的人民政府批准，责令停业或者关闭，还可以由发证机关吊销许可证。

第一百一十五条　违反本法规定，将中华人民共和国境外的固体废物输入境内的，由海关责令退运该固体废物，处五十万元以上五百万元以下的罚款。

承运人对前款规定的固体废物的退运、处置，与进口者承担连带责任。

第一百一十六条　违反本法规定，经中华人民共和国过境转移危险废物的，由海关责令退运该危险废物，处五十万元以上五百万元以下的罚款。

第一百一十七条　对已经非法入境的固体废物，由省级以上人民政府生态环境主管部门依法向海关提出处理意见，海关应当依照本法第一百一十五条的规定作出处罚决定；已经造成环境污染的，由省级以上人民政府生态环境主管部门责令进口者消除污染。

第一百一十八条　违反本法规定，造成固体废物污染环境事故的，除依法承担赔偿责任外，由生态环境主管部门依照本条第二款的规定处以罚款，责令限期采取治理措施；造成重大或者特大固体废物污染环境事故的，还可以报经有批准权的人民政府批准，责令关闭。

造成一般或者较大固体废物污染环境事故的，按照事故造成的直接经济损失的一倍以上三倍以下计算罚款；造成重大或者特大固体废物污染环境事故的，按照事故造成的直接经济损失的三倍以上五倍以下计算罚款，并对法定代表人、主要负责人、直接负责的主管人员和其他责任人员处上一年度从本单位取得的收入百分之五十以下的罚款。

第一百一十九条　单位和其他生产经营者违反本法规定排放固体废物，受到罚款处罚，被责令改正的，依法作出处罚决定的行政机关应当组织复查，发现其继续实施该违法行为的，依照《中华人民共和国环境保护法》的规定按日连续处罚。

第一百二十条　违反本法规定，有下列行为之一，尚不构成犯罪的，由公安机关对法定代表人、主要负责人、直接负责的主管人员和其他责任人员处十日以上十五日以下的拘留；情节较轻的，处五日以上十日以下的拘留：

（一）擅自倾倒、堆放、丢弃、遗撒固体废物，造成严重后果的；

（二）在生态保护红线区域、永久基本农田集中区域和其他需要特别保护的区域内，建设工业固体废物、危险废物集中贮存、利用、处置的设施、场所和生活垃圾填埋场的；

（三）将危险废物提供或者委托给无许可证的单位或者其他生产经营者堆放、利用、处置的；

（四）无许可证或者未按照许可证规定从事收集、贮存、利用、处置危险废物经营活动的；

（五）未经批准擅自转移危险废物的；

（六）未采取防范措施，造成危险废物扬散、流失、渗漏或者其他严重后果的。

第一百二十一条 固体废物污染环境、破坏生态，损害国家利益、社会公共利益的，有关机关和组织可以依照《中华人民共和国环境保护法》《中华人民共和国民事诉讼法》《中华人民共和国行政诉讼法》等法律的规定向人民法院提起诉讼。

第一百二十二条 固体废物污染环境、破坏生态给国家造成重大损失的，由设区的市级以上地方人民政府或者其指定的部门、机构组织与造成环境污染和生态破坏的单位和其他生产经营者进行磋商，要求其承担损害赔偿责任；磋商未达成一致的，可以向人民法院提起诉讼。

对于执法过程中查获的无法确定责任人或者无法退运的固体废物，由所在地县级以上地方人民政府组织处理。

第一百二十三条 违反本法规定，构成违反治安管理行为的，由公安机关依法给予治安管理处罚；构成犯罪的，依法追究刑事责任；造成人身、财产损害的，依法承担民事责任。

第九章 附 则

第一百二十四条 本法下列用语的含义：

（一）固体废物，是指在生产、生活和其他活动中产生的丧失原有利用价值或者虽未丧失利用价值但被抛弃或者放弃的固态、半固态和置于容器中的气态的物品、物质以及法律、行政法规规定纳入固体废物管理的物品、物质。经无害化加工处理，并且符合强制性国家产品质量标准，不会危害公众健康和生态安全，或者根据固体废物鉴别标准和鉴别程序认定为不属于固体废物的除外。

（二）工业固体废物，是指在工业生产活动中产生的固体废物。

（三）生活垃圾，是指在日常生活中或者为日常生活提供服务的活动中产生的固体废物，以及法律、行政法规规定视为生活垃圾的固体废物。

（四）建筑垃圾，是指建设单位、施工单位新建、改建、扩建和拆除各类建筑物、构筑物、管网等，以及居民装饰装修房屋过程中产生的弃土、弃料和其他固体废物。

（五）农业固体废物，是指在农业生产活动中产生的固体废物。

（六）危险废物，是指列入国家危险废物名录或者根据国家规定的危险废物鉴别标准和鉴别方法认定的具有危险特性的固体废物。

（七）贮存，是指将固体废物临时置于特定设施或者场所中的活动。

（八）利用，是指从固体废物中提取物质作为原材料或者燃料的活动。

（九）处置，是指将固体废物焚烧和用其他改变固体废物的物理、化学、生物特性的方法，达到减少已产生的固体废物数量、缩小固体废物体积、减少或者消除其危险成分的活动，或者将固体废物最终置于符合环境保护规定要求的填埋场的活动。

第一百二十五条　液态废物的污染防治，适用本法；但是，排入水体的废水的污染防治适用有关法律，不适用本法。

第一百二十六条　本法自 2020 年 9 月 1 日起施行。

附录 2 《中华人民共和国土壤污染防治法》

（2018 年 8 月 31 日第十三届全国人民代表大会
常务委员会第五次会议通过）

第一章 总则
第二章 规划、标准、普查和监测
第三章 预防和保护
第四章 风险管控和修复
第五章 保障和监督
第六章 法律责任
第七章 附则

第一章 总 则

第一条 为了保护和改善生态环境，防治土壤污染，保障公众健康，推动土壤资源永续利用，推进生态文明建设，促进经济社会可持续发展，制定本法。

第二条 在中华人民共和国领域及管辖的其他海域从事土壤污染防治及相关活动，适用本法。

本法所称土壤污染，是指因人为因素导致某种物质进入陆地表层土壤，引起土壤化学、物理、生物等方面特性的改变，影响土壤功能和有效利用，危害公众健康或者破坏生态环境的现象。

第三条 土壤污染防治应当坚持预防为主、保护优先、分类管理、风险管控、污染担责、公众参与的原则。

第四条 任何组织和个人都有保护土壤、防止土壤污染的义务。

土地使用权人从事土地开发利用活动，企业事业单位和其他生产经营者从事生产经营活动，应当采取有效措施，防止、减少土壤污染，对所造成的土壤污染依法承担责任。

第五条 地方各级人民政府应当对本行政区域土壤污染防治和安全利用负责。

国家实行土壤污染防治目标责任制和考核评价制度，将土壤污染防治目标完成情况作为考核评价地方各级人民政府及其负责人、县级以上人民政府负有土壤污染防治监督管理职责的部门及其负责人的内容。

第六条 各级人民政府应当加强对土壤污染防治工作的领导，组织、协调、督促有关部门依法履行土壤污染防治监督管理职责。

第七条 国务院生态环境主管部门对全国土壤污染防治工作实施统一监督管

理；国务院农业农村、自然资源、住房城乡建设、林业草原等主管部门在各自职责范围内对土壤污染防治工作实施监督管理。

地方人民政府生态环境主管部门对本行政区域土壤污染防治工作实施统一监督管理；地方人民政府农业农村、自然资源、住房城乡建设、林业草原等主管部门在各自职责范围内对土壤污染防治工作实施监督管理。

第八条　国家建立土壤环境信息共享机制。

国务院生态环境主管部门应当会同国务院农业农村、自然资源、住房城乡建设、水利、卫生健康、林业草原等主管部门建立土壤环境基础数据库，构建全国土壤环境信息平台，实行数据动态更新和信息共享。

第九条　国家支持土壤污染风险管控和修复、监测等污染防治科学技术研究开发、成果转化和推广应用，鼓励土壤污染防治产业发展，加强土壤污染防治专业技术人才培养，促进土壤污染防治科学技术进步。

国家支持土壤污染防治国际交流与合作。

第十条　各级人民政府及其有关部门、基层群众性自治组织和新闻媒体应当加强土壤污染防治宣传教育和科学普及，增强公众土壤污染防治意识，引导公众依法参与土壤污染防治工作。

第二章　规划、标准、普查和监测

第十一条　县级以上人民政府应当将土壤污染防治工作纳入国民经济和社会发展规划、环境保护规划。

设区的市级以上地方人民政府生态环境主管部门应当会同发展改革、农业农村、自然资源、住房城乡建设、林业草原等主管部门，根据环境保护规划要求、土地用途、土壤污染状况普查和监测结果等，编制土壤污染防治规划，报本级人民政府批准后公布实施。

第十二条　国务院生态环境主管部门根据土壤污染状况、公众健康风险、生态风险和科学技术水平，并按照土地用途，制定国家土壤污染风险管控标准，加强土壤污染防治标准体系建设。

省级人民政府对国家土壤污染风险管控标准中未作规定的项目，可以制定地方土壤污染风险管控标准；对国家土壤污染风险管控标准中已作规定的项目，可以制定严于国家土壤污染风险管控标准的地方土壤污染风险管控标准。地方土壤污染风险管控标准应当报国务院生态环境主管部门备案。

土壤污染风险管控标准是强制性标准。国家支持对土壤环境背景值和环境基准的研究。

第十三条　制定土壤污染风险管控标准，应当组织专家进行审查和论证，并征求有关部门、行业协会、企业事业单位和公众等方面的意见。

土壤污染风险管控标准的执行情况应当定期评估，并根据评估结果对标准适时修订。

省级以上人民政府生态环境主管部门应当在其网站上公布土壤污染风险管控标准，供公众免费查阅、下载。

第十四条　国务院统一领导全国土壤污染状况普查。国务院生态环境主管部门会同国务院农业农村、自然资源、住房城乡建设、林业草原等主管部门，每十年至少组织开展一次全国土壤污染状况普查。

国务院有关部门、设区的市级以上地方人民政府可以根据本行业、本行政区域实际情况组织开展土壤污染状况详查。

第十五条　国家实行土壤环境监测制度。

国务院生态环境主管部门制定土壤环境监测规范，会同国务院农业农村、自然资源、住房城乡建设、水利、卫生健康、林业草原等主管部门组织监测网络，统一规划国家土壤环境监测站（点）的设置。

第十六条　地方人民政府农业农村、林业草原主管部门应当会同生态环境、自然资源主管部门对下列农用地地块进行重点监测：

（一）产出的农产品污染物含量超标的；

（二）作为或者曾作为污水灌溉区的；

（三）用于或者曾用于规模化养殖，固体废物堆放、填埋的；

（四）曾作为工矿用地或者发生过重大、特大污染事故的；

（五）有毒有害物质生产、贮存、利用、处置设施周边的；

（六）国务院农业农村、林业草原、生态环境、自然资源主管部门规定的其他情形。

第十七条　地方人民政府生态环境主管部门应当会同自然资源主管部门对下列建设用地地块进行重点监测：

（一）曾用于生产、使用、贮存、回收、处置有毒有害物质的；

（二）曾用于固体废物堆放、填埋的；

（三）曾发生过重大、特大污染事故的；

（四）国务院生态环境、自然资源主管部门规定的其他情形。

第三章　预防和保护

第十八条　各类涉及土地利用的规划和可能造成土壤污染的建设项目，应当依法进行环境影响评价。环境影响评价文件应当包括对土壤可能造成的不良影响及应当采取的相应预防措施等内容。

第十九条　生产、使用、贮存、运输、回收、处置、排放有毒有害物质的单位和个人，应当采取有效措施，防止有毒有害物质渗漏、流失、扬散，避免土壤受到污染。

　　第二十条　国务院生态环境主管部门应当会同国务院卫生健康等主管部门，根据对公众健康、生态环境的危害和影响程度，对土壤中有毒有害物质进行筛查评估，公布重点控制的土壤有毒有害物质名录，并适时更新。

　　第二十一条　设区的市级以上地方人民政府生态环境主管部门应当按照国务院生态环境主管部门的规定，根据有毒有害物质排放等情况，制定本行政区域土壤污染重点监管单位名录，向社会公开并适时更新。

　　土壤污染重点监管单位应当履行下列义务：

　　（一）严格控制有毒有害物质排放，并按年度向生态环境主管部门报告排放情况；

　　（二）建立土壤污染隐患排查制度，保证持续有效防止有毒有害物质渗漏、流失、扬散；

　　（三）制定、实施自行监测方案，并将监测数据报生态环境主管部门。

　　前款规定的义务应当在排污许可证中载明。

　　土壤污染重点监管单位应当对监测数据的真实性和准确性负责。生态环境主管部门发现土壤污染重点监管单位监测数据异常，应当及时进行调查。

　　设区的市级以上地方人民政府生态环境主管部门应当定期对土壤污染重点监管单位周边土壤进行监测。

　　第二十二条　企业事业单位拆除设施、设备或者建筑物、构筑物的，应当采取相应的土壤污染防治措施。

　　土壤污染重点监管单位拆除设施、设备或者建筑物、构筑物的，应当制定包括应急措施在内的土壤污染防治工作方案，报地方人民政府生态环境、工业和信息化主管部门备案并实施。

　　第二十三条　各级人民政府生态环境、自然资源主管部门应当依法加强对矿产资源开发区域土壤污染防治的监督管理，按照相关标准和总量控制的要求，严格控制可能造成土壤污染的重点污染物排放。

　　尾矿库运营、管理单位应当按照规定，加强尾矿库的安全管理，采取措施防止土壤污染。危库、险库、病库以及其他需要重点监管的尾矿库的运营、管理单位应当按照规定，进行土壤污染状况监测和定期评估。

　　第二十四条　国家鼓励在建筑、通信、电力、交通、水利等领域的信息、网络、防雷、接地等建设工程中采用新技术、新材料，防止土壤污染。

　　禁止在土壤中使用重金属含量超标的降阻产品。

　　第二十五条　建设和运行污水集中处理设施、固体废物处置设施，应当依照法律法规和相关标准的要求，采取措施防止土壤污染。

　　地方人民政府生态环境主管部门应当定期对污水集中处理设施、固体废物处置设施周边土壤进行监测；对不符合法律法规和相关标准要求的，应当根据监测结果，要求污水集中处理设施、固体废物处置设施运营单位采取相应改进措施。

地方各级人民政府应当统筹规划、建设城乡生活污水和生活垃圾处理、处置设施，并保障其正常运行，防止土壤污染。

第二十六条 国务院农业农村、林业草原主管部门应当制定规划，完善相关标准和措施，加强农用地农药、化肥使用指导和使用总量控制，加强农用薄膜使用控制。

国务院农业农村主管部门应当加强农药、肥料登记，组织开展农药、肥料对土壤环境影响的安全性评价。

制定农药、兽药、肥料、饲料、农用薄膜等农业投入品及其包装物标准和农田灌溉用水水质标准，应当适应土壤污染防治的要求。

第二十七条 地方人民政府农业农村、林业草原主管部门应当开展农用地土壤污染防治宣传和技术培训活动，扶持农业生产专业化服务，指导农业生产者合理使用农药、兽药、肥料、饲料、农用薄膜等农业投入品，控制农药、兽药、化肥等的使用量。

地方人民政府农业农村主管部门应当鼓励农业生产者采取有利于防止土壤污染的种养结合、轮作休耕等农业耕作措施；支持采取土壤改良、土壤肥力提升等有利于土壤养护和培育的措施；支持畜禽粪便处理、利用设施的建设。

第二十八条 禁止向农用地排放重金属或者其他有毒有害物质含量超标的污水、污泥，以及可能造成土壤污染的清淤底泥、尾矿、矿渣等。

县级以上人民政府有关部门应当加强对畜禽粪便、沼渣、沼液等收集、贮存、利用、处置的监督管理，防止土壤污染。

农田灌溉用水应当符合相应的水质标准，防止土壤、地下水和农产品污染。地方人民政府生态环境主管部门应当会同农业农村、水利主管部门加强对农田灌溉用水水质的管理，对农田灌溉用水水质进行监测和监督检查。

第二十九条 国家鼓励和支持农业生产者采取下列措施：

（一）使用低毒、低残留农药以及先进喷施技术；

（二）使用符合标准的有机肥、高效肥；

（三）采用测土配方施肥技术、生物防治等病虫害绿色防控技术；

（四）使用生物可降解农用薄膜；

（五）综合利用秸秆、移出高富集污染物秸秆；

（六）按照规定对酸性土壤等进行改良。

第三十条 禁止生产、销售、使用国家明令禁止的农业投入品。

农业投入品生产者、销售者和使用者应当及时回收农药、肥料等农业投入品的包装废弃物和农用薄膜，并将农药包装废弃物交由专门的机构或者组织进行无害化处理。具体办法由国务院农业农村主管部门会同国务院生态环境等主管部门制定。

国家采取措施，鼓励、支持单位和个人回收农业投入品包装废弃物和农用薄膜。

第三十一条　国家加强对未污染土壤的保护。

地方各级人民政府应当重点保护未污染的耕地、林地、草地和饮用水水源地。

各级人民政府应当加强对国家公园等自然保护地的保护，维护其生态功能。

对未利用地应当予以保护，不得污染和破坏。

第三十二条　县级以上地方人民政府及其有关部门应当按照土地利用总体规划和城乡规划，严格执行相关行业企业布局选址要求，禁止在居民区和学校、医院、疗养院、养老院等单位周边新建、改建、扩建可能造成土壤污染的建设项目。

第三十三条　国家加强对土壤资源的保护和合理利用。对开发建设过程中剥离的表土，应当单独收集和存放，符合条件的应当优先用于土地复垦、土壤改良、造地和绿化等。

禁止将重金属或者其他有毒有害物质含量超标的工业固体废物、生活垃圾或者污染土壤用于土地复垦。

第三十四条　因科学研究等特殊原因，需要进口土壤的，应当遵守国家出入境检验检疫的有关规定。

第四章　风险管控和修复

第一节　一般规定

第三十五条　土壤污染风险管控和修复，包括土壤污染状况调查和土壤污染风险评估、风险管控、修复、风险管控效果评估、修复效果评估、后期管理等活动。

第三十六条　实施土壤污染状况调查活动，应当编制土壤污染状况调查报告。

土壤污染状况调查报告应当主要包括地块基本信息、污染物含量是否超过土壤污染风险管控标准等内容。污染物含量超过土壤污染风险管控标准的，土壤污染状况调查报告还应当包括污染类型、污染来源以及地下水是否受到污染等内容。

第三十七条　实施土壤污染风险评估活动，应当编制土壤污染风险评估报告。

土壤污染风险评估报告应当主要包括下列内容：

（一）主要污染物状况；

（二）土壤及地下水污染范围；

（三）农产品质量安全风险、公众健康风险或者生态风险；

（四）风险管控、修复的目标和基本要求等。

第三十八条 实施风险管控、修复活动，应当因地制宜、科学合理，提高针对性和有效性。

实施风险管控、修复活动，不得对土壤和周边环境造成新的污染。

第三十九条 实施风险管控、修复活动前，地方人民政府有关部门有权根据实际情况，要求土壤污染责任人、土地使用权人采取移除污染源、防止污染扩散等措施。

第四十条 实施风险管控、修复活动中产生的废水、废气和固体废物，应当按照规定进行处理、处置，并达到相关环境保护标准。

实施风险管控、修复活动中产生的固体废物以及拆除的设施、设备或者建筑物、构筑物属于危险废物的，应当依照法律法规和相关标准的要求进行处置。

修复施工期间，应当设立公告牌，公开相关情况和环境保护措施。

第四十一条 修复施工单位转运污染土壤的，应当制定转运计划，将运输时间、方式、线路和污染土壤数量、去向、最终处置措施等，提前报所在地和接收地生态环境主管部门。

转运的污染土壤属于危险废物的，修复施工单位应当依照法律法规和相关标准的要求进行处置。

第四十二条 实施风险管控效果评估、修复效果评估活动，应当编制效果评估报告。

效果评估报告应当主要包括是否达到土壤污染风险评估报告确定的风险管控、修复目标等内容。

风险管控、修复活动完成后，需要实施后期管理的，土壤污染责任人应当按照要求实施后期管理。

第四十三条 从事土壤污染状况调查和土壤污染风险评估、风险管控、修复、风险管控效果评估、修复效果评估、后期管理等活动的单位，应当具备相应的专业能力。

受委托从事前款活动的单位对其出具的调查报告、风险评估报告、风险管控效果评估报告、修复效果评估报告的真实性、准确性、完整性负责，并按照约定对风险管控、修复、后期管理等活动结果负责。

第四十四条 发生突发事件可能造成土壤污染的，地方人民政府及其有关部门和相关企业事业单位以及其他生产经营者应当立即采取应急措施，防止土壤污染，并依照本法规定做好土壤污染状况监测、调查和土壤污染风险评估、风险管控、修复等工作。

第四十五条　土壤污染责任人负有实施土壤污染风险管控和修复的义务。土壤污染责任人无法认定的，土地使用权人应当实施土壤污染风险管控和修复。

地方人民政府及其有关部门可以根据实际情况组织实施土壤污染风险管控和修复。

国家鼓励和支持有关当事人自愿实施土壤污染风险管控和修复。

第四十六条　因实施或者组织实施土壤污染状况调查和土壤污染风险评估、风险管控、修复、风险管控效果评估、修复效果评估、后期管理等活动所支出的费用，由土壤污染责任人承担。

第四十七条　土壤污染责任人变更的，由变更后承继其债权、债务的单位或者个人履行相关土壤污染风险管控和修复义务并承担相关费用。

第四十八条　土壤污染责任人不明确或者存在争议的，农用地由地方人民政府农业农村、林业草原主管部门会同生态环境、自然资源主管部门认定，建设用地由地方人民政府生态环境主管部门会同自然资源主管部门认定。认定办法由国务院生态环境主管部门会同有关部门制定。

第二节　农用地

第四十九条　国家建立农用地分类管理制度。按照土壤污染程度和相关标准，将农用地划分为优先保护类、安全利用类和严格管控类。

第五十条　县级以上地方人民政府应当依法将符合条件的优先保护类耕地划为永久基本农田，实行严格保护。

在永久基本农田集中区域，不得新建可能造成土壤污染的建设项目；已经建成的，应当限期关闭拆除。

第五十一条　未利用地、复垦土地等拟开垦为耕地的，地方人民政府农业农村主管部门应当会同生态环境、自然资源主管部门进行土壤污染状况调查，依法进行分类管理。

第五十二条　对土壤污染状况普查、详查和监测、现场检查表明有土壤污染风险的农用地地块，地方人民政府农业农村、林业草原主管部门应当会同生态环境、自然资源主管部门进行土壤污染状况调查。

对土壤污染状况调查表明污染物含量超过土壤污染风险管控标准的农用地地块，地方人民政府农业农村、林业草原主管部门应当会同生态环境、自然资源主管部门组织进行土壤污染风险评估，并按照农用地分类管理制度管理。

第五十三条　对安全利用类农用地地块，地方人民政府农业农村、林业草原主管部门，应当结合主要作物品种和种植习惯等情况，制定并实施安全利用方案。

安全利用方案应当包括下列内容：

（一）农艺调控、替代种植；

（二）定期开展土壤和农产品协同监测与评价；

（三）对农民、农民专业合作社及其他农业生产经营主体进行技术指导和培训；

（四）其他风险管控措施。

第五十四条 对严格管控类农用地地块，地方人民政府农业农村、林业草原主管部门应当采取下列风险管控措施：

（一）提出划定特定农产品禁止生产区域的建议，报本级人民政府批准后实施；

（二）按照规定开展土壤和农产品协同监测与评价；

（三）对农民、农民专业合作社及其他农业生产经营主休进行技术指导和培训；

（四）其他风险管控措施。

各级人民政府及其有关部门应当鼓励对严格管控类农用地采取调整种植结构、退耕还林还草、退耕还湿、轮作休耕、轮牧休牧等风险管控措施，并给予相应的政策支持。

第五十五条 安全利用类和严格管控类农用地地块的土壤污染影响或者可能影响地下水、饮用水水源安全的，地方人民政府生态环境主管部门应当会同农业农村、林业草原等主管部门制定防治污染的方案，并采取相应的措施。

第五十六条 对安全利用类和严格管控类农用地地块，土壤污染责任人应当按照国家有关规定以及土壤污染风险评估报告的要求，采取相应的风险管控措施，并定期向地方人民政府农业农村、林业草原主管部门报告。

第五十七条 对产出的农产品污染物含量超标，需要实施修复的农用地地块，土壤污染责任人应当编制修复方案，报地方人民政府农业农村、林业草原主管部门备案并实施。修复方案应当包括地下水污染防治的内容。

修复活动应当优先采取不影响农业生产、不降低土壤生产功能的生物修复措施，阻断或者减少污染物进入农作物食用部分，确保农产品质量安全。

风险管控、修复活动完成后，土壤污染责任人应当另行委托有关单位对风险管控效果、修复效果进行评估，并将效果评估报告报地方人民政府农业农村、林业草原主管部门备案。

农村集体经济组织及其成员、农民专业合作社及其他农业生产经营主体等负有协助实施土壤污染风险管控和修复的义务。

第三节 建设用地

第五十八条 国家实行建设用地土壤污染风险管控和修复名录制度。

建设用地土壤污染风险管控和修复名录由省级人民政府生态环境主管部门会

同自然资源等主管部门制定，按照规定向社会公开，并根据风险管控、修复情况适时更新。

第五十九条　对土壤污染状况普查、详查和监测、现场检查表明有土壤污染风险的建设用地地块，地方人民政府生态环境主管部门应当要求土地使用权人按照规定进行土壤污染状况调查。

用途变更为住宅、公共管理与公共服务用地的，变更前应当按照规定进行土壤污染状况调查。

前两款规定的土壤污染状况调查报告应当报地方人民政府生态环境主管部门，由地方人民政府生态环境主管部门会同自然资源主管部门组织评审。

第六十条　对土壤污染状况调查报告评审表明污染物含量超过土壤污染风险管控标准的建设用地地块，土壤污染责任人、土地使用权人应当按照国务院生态环境主管部门的规定进行土壤污染风险评估，并将土壤污染风险评估报告报省级人民政府生态环境主管部门。

第六十一条　省级人民政府生态环境主管部门应当会同自然资源等主管部门按照国务院生态环境主管部门的规定，对土壤污染风险评估报告组织评审，及时将需要实施风险管控、修复的地块纳入建设用地土壤污染风险管控和修复名录，并定期向国务院生态环境主管部门报告。

列入建设用地土壤污染风险管控和修复名录的地块，不得作为住宅、公共管理与公共服务用地。

第六十二条　对建设用地土壤污染风险管控和修复名录中的地块，土壤污染责任人应当按照国家有关规定以及土壤污染风险评估报告的要求，采取相应的风险管控措施，并定期向地方人民政府生态环境主管部门报告。风险管控措施应当包括地下水污染防治的内容。

第六十三条　对建设用地土壤污染风险管控和修复名录中的地块，地方人民政府生态环境主管部门可以根据实际情况采取下列风险管控措施：

（一）提出划定隔离区域的建议，报本级人民政府批准后实施；

（二）进行土壤及地下水污染状况监测；

（三）其他风险管控措施。

第六十四条　对建设用地土壤污染风险管控和修复名录中需要实施修复的地块，土壤污染责任人应当结合土地利用总体规划和城乡规划编制修复方案，报地方人民政府生态环境主管部门备案并实施。修复方案应当包括地下水污染防治的内容。

第六十五条　风险管控、修复活动完成后，土壤污染责任人应当另行委托有关单位对风险管控效果、修复效果进行评估，并将效果评估报告报地方人民政府生态环境主管部门备案。

第六十六条　对达到土壤污染风险评估报告确定的风险管控、修复目标的建设用地地块,土壤污染责任人、土地使用权人可以申请省级人民政府生态环境主管部门移出建设用地土壤污染风险管控和修复名录。

省级人民政府生态环境主管部门应当会同自然资源等主管部门对风险管控效果评估报告、修复效果评估报告组织评审,及时将达到土壤污染风险评估报告确定的风险管控、修复目标且可以安全利用的地块移出建设用地土壤污染风险管控和修复名录,按照规定向社会公开,并定期向国务院生态环境主管部门报告。

未达到土壤污染风险评估报告确定的风险管控、修复目标的建设用地地块,禁止开工建设任何与风险管控、修复无关的项目。

第六十七条　土壤污染重点监管单位生产经营用地的用途变更或者在其土地使用权收回、转让前,应当由土地使用权人按照规定进行土壤污染状况调查。土壤污染状况调查报告应当作为不动产登记资料送交地方人民政府不动产登记机构,并报地方人民政府生态环境主管部门备案。

第六十八条　土地使用权已经被地方人民政府收回,土壤污染责任人为原土地使用权人的,由地方人民政府组织实施土壤污染风险管控和修复。

第五章　保障和监督

第六十九条　国家采取有利于土壤污染防治的财政、税收、价格、金融等经济政策和措施。

第七十条　各级人民政府应当加强对土壤污染的防治,安排必要的资金用于下列事项:

（一）土壤污染防治的科学技术研究开发、示范工程和项目;

（二）各级人民政府及其有关部门组织实施的土壤污染状况普查、监测、调查和土壤污染责任人认定、风险评估、风险管控、修复等活动;

（三）各级人民政府及其有关部门对涉及土壤污染的突发事件的应急处置;

（四）各级人民政府规定的涉及土壤污染防治的其他事项。

使用资金应当加强绩效管理和审计监督,确保资金使用效益。

第七十一条　国家加大土壤污染防治资金投入力度,建立土壤污染防治基金制度。设立中央土壤污染防治专项资金和省级土壤污染防治基金,主要用于农用地土壤污染防治和土壤污染责任人或者土地使用权人无法认定的土壤污染风险管控和修复以及政府规定的其他事项。

对本法实施之前产生的,并且土壤污染责任人无法认定的污染地块,土地使用权人实际承担土壤污染风险管控和修复的,可以申请土壤污染防治基金,集中用于土壤污染风险管控和修复。

土壤污染防治基金的具体管理办法,由国务院财政主管部门会同国务院生态环境、农业农村、自然资源、住房城乡建设、林业草原等主管部门制定。

第七十二条　国家鼓励金融机构加大对土壤污染风险管控和修复项目的信贷投放。

国家鼓励金融机构在办理土地权利抵押业务时开展土壤污染状况调查。

第七十三条　从事土壤污染风险管控和修复的单位依照法律、行政法规的规定，享受税收优惠。

第七十四条　国家鼓励并提倡社会各界为防治土壤污染捐赠财产，并依照法律、行政法规的规定，给予税收优惠。

第七十五条　县级以上人民政府应当将土壤污染防治情况纳入环境状况和环境保护目标完成情况年度报告，向本级人民代表大会或者人民代表大会常务委员会报告。

第七十六条　省级以上人民政府生态环境主管部门应当会同有关部门对土壤污染问题突出、防治工作不力、群众反映强烈的地区，约谈设区的市级以上地方人民政府及其有关部门主要负责人，要求其采取措施及时整改。约谈整改情况应当向社会公开。

第七十七条　生态环境主管部门及其环境执法机构和其他负有土壤污染防治监督管理职责的部门，有权对从事可能造成土壤污染活动的企业事业单位和其他生产经营者进行现场检查、取样，要求被检查者提供有关资料、就有关问题作出说明。

被检查者应当配合检查工作，如实反映情况，提供必要的资料。

实施现场检查的部门、机构及其工作人员应当为被检查者保守商业秘密。

第七十八条　企业事业单位和其他生产经营者违反法律法规规定排放有毒有害物质，造成或者可能造成严重土壤污染的，或者有关证据可能灭失或者被隐匿的，生态环境主管部门和其他负有土壤污染防治监督管理职责的部门，可以查封、扣押有关设施、设备、物品。

第七十九条　地方人民政府安全生产监督管理部门应当监督尾矿库运营、管理单位履行防治土壤污染的法定义务，防止其发生可能污染土壤的事故；地方人民政府生态环境主管部门应当加强对尾矿库土壤污染防治情况的监督检查和定期评估，发现风险隐患的，及时督促尾矿库运营、管理单位采取相应措施。

地方人民政府及其有关部门应当依法加强对向沙漠、滩涂、盐碱地、沼泽地等未利用地非法排放有毒有害物质等行为的监督检查。

第八十条　省级以上人民政府生态环境主管部门和其他负有土壤污染防治监督管理职责的部门应当将从事土壤污染状况调查和土壤污染风险评估、风险管控、修复、风险管控效果评估、修复效果评估、后期管理等活动的单位和个人的执业情况，纳入信用系统建立信用记录，将违法信息记入社会诚信档案，并纳入全国信用信息共享平台和国家企业信用信息公示系统向社会公布。

第八十一条 生态环境主管部门和其他负有土壤污染防治监督管理职责的部门应当依法公开土壤污染状况和防治信息。

国务院生态环境主管部门负责统一发布全国土壤环境信息；省级人民政府生态环境主管部门负责统一发布本行政区域土壤环境信息。生态环境主管部门应当将涉及主要食用农产品生产区域的重大土壤环境信息，及时通报同级农业农村、卫生健康和食品安全主管部门。

公民、法人和其他组织享有依法获取土壤污染状况和防治信息、参与和监督土壤污染防治的权利。

第八十二条 土壤污染状况普查报告、监测数据、调查报告和土壤污染风险评估报告、风险管控效果评估报告、修复效果评估报告等，应当及时上传全国土壤环境信息平台。

第八十三条 新闻媒体对违反土壤污染防治法律法规的行为享有舆论监督的权利，受监督的单位和个人不得打击报复。

第八十四条 任何组织和个人对污染土壤的行为，均有向生态环境主管部门和其他负有土壤污染防治监督管理职责的部门报告或者举报的权利。

生态环境主管部门和其他负有土壤污染防治监督管理职责的部门应当将土壤污染防治举报方式向社会公布，方便公众举报。

接到举报的部门应当及时处理并对举报人的相关信息予以保密；对实名举报并查证属实的，给予奖励。

举报人举报所在单位的，该单位不得以解除、变更劳动合同或者其他方式对举报人进行打击报复。

第六章 法律责任

第八十五条 地方各级人民政府、生态环境主管部门或者其他负有土壤污染防治监督管理职责的部门未依照本法规定履行职责的，对直接负责的主管人员和其他直接责任人员依法给予处分。

依照本法规定应当作出行政处罚决定而未作出的，上级主管部门可以直接作出行政处罚决定。

第八十六条 违反本法规定，有下列行为之一的，由地方人民政府生态环境主管部门或者其他负有土壤污染防治监督管理职责的部门责令改正，处以罚款；拒不改正的，责令停产整治：

（一）土壤污染重点监管单位未制定、实施自行监测方案，或者未将监测数据报生态环境主管部门的；

（二）土壤污染重点监管单位篡改、伪造监测数据的；

（三）土壤污染重点监管单位未按年度报告有毒有害物质排放情况，或者未建立土壤污染隐患排查制度的；

（四）拆除设施、设备或者建筑物、构筑物，企业事业单位未采取相应的土壤污染防治措施或者土壤污染重点监管单位未制定、实施土壤污染防治工作方案的；

（五）尾矿库运营、管理单位未按照规定采取措施防止土壤污染的；

（六）尾矿库运营、管理单位未按照规定进行土壤污染状况监测的；

（七）建设和运行污水集中处理设施、固体废物处置设施，未依照法律法规和相关标准的要求采取措施防止土壤污染的。

有前款规定行为之一的，处二万元以上二十万元以下的罚款；有前款第二项、第四项、第五项、第七项规定行为之一，造成严重后果的，处二十万元以上二百万元以下的罚款。

第八十七条　违反本法规定，向农用地排放重金属或者其他有毒有害物质含量超标的污水、污泥，以及可能造成土壤污染的清淤底泥、尾矿、矿渣等的，由地方人民政府生态环境主管部门责令改正，处十万元以上五十万元以下的罚款；情节严重的，处五十万元以上二百万元以下的罚款，并可以将案件移送公安机关，对直接负责的主管人员和其他直接责任人员处五日以上十五日以下的拘留；有违法所得的，没收违法所得。

第八十八条　违反本法规定，农业投入品生产者、销售者、使用者未按照规定及时回收肥料等农业投入品的包装废弃物或者农用薄膜，或者未按照规定及时回收农药包装废弃物交由专门的机构或者组织进行无害化处理的，由地方人民政府农业农村主管部门责令改正，处一万元以上十万元以下的罚款；农业投入品使用者为个人的，可以处二百元以上二千元以下的罚款。

第八十九条　违反本法规定，将重金属或者其他有毒有害物质含量超标的工业固体废物、生活垃圾或者污染土壤用于土地复垦的，由地方人民政府生态环境主管部门责令改正，处十万元以上一百万元以下的罚款；有违法所得的，没收违法所得。

第九十条　违反本法规定，受委托从事土壤污染状况调查和土壤污染风险评估、风险管控效果评估、修复效果评估活动的单位，出具虚假调查报告、风险评估报告、风险管控效果评估报告、修复效果评估报告的，由地方人民政府生态环境主管部门处十万元以上五十万元以下的罚款；情节严重的，禁止从事上述业务，并处五十万元以上一百万元以下的罚款；有违法所得的，没收违法所得。

前款规定的单位出具虚假报告的，由地方人民政府生态环境主管部门对直接负责的主管人员和其他直接责任人员处一万元以上五万元以下的罚款；情节严重的，十年内禁止从事前款规定的业务；构成犯罪的，终身禁止从事前款规定的业务。

本条第一款规定的单位和委托人恶意串通，出具虚假报告，造成他人人身或者财产损害的，还应当与委托人承担连带责任。

第九十一条 违反本法规定，有下列行为之一的，由地方人民政府生态环境主管部门责令改正，处十万元以上五十万元以下的罚款；情节严重的，处五十万元以上一百万元以下的罚款；有违法所得的，没收违法所得；对直接负责的主管人员和其他直接责任人员处五千元以上二万元以下的罚款：

（一）未单独收集、存放开发建设过程中剥离的表土的；

（二）实施风险管控、修复活动对土壤、周边环境造成新的污染的；

（三）转运污染土壤，未将运输时间、方式、线路和污染土壤数量、去向、最终处置措施等提前报所在地和接收地生态环境主管部门的；

（四）未达到土壤污染风险评估报告确定的风险管控、修复目标的建设用地地块，开工建设与风险管控、修复无关的项目的。

第九十二条 违反本法规定，土壤污染责任人或者土地使用权人未按照规定实施后期管理的，由地方人民政府生态环境主管部门或者其他负有土壤污染防治监督管理职责的部门责令改正，处一万元以上五万元以下的罚款；情节严重的，处五万元以上五十万元以下的罚款。

第九十三条 违反本法规定，被检查者拒不配合检查，或者在接受检查时弄虚作假的，由地方人民政府生态环境主管部门或者其他负有土壤污染防治监督管理职责的部门责令改正，处二万元以上二十万元以下的罚款；对直接负责的主管人员和其他直接责任人员处五千元以上二万元以下的罚款。

第九十四条 违反本法规定，土壤污染责任人或者土地使用权人有下列行为之一的，由地方人民政府生态环境主管部门或者其他负有土壤污染防治监督管理职责的部门责令改正，处二万元以上二十万元以下的罚款；拒不改正的，处二十万元以上一百万元以下的罚款，并委托他人代为履行，所需费用由土壤污染责任人或者土地使用权人承担；对直接负责的主管人员和其他直接责任人员处五千元以上二万元以下的罚款：

（一）未按照规定进行土壤污染状况调查的；

（二）未按照规定进行土壤污染风险评估的；

（三）未按照规定采取风险管控措施的；

（四）未按照规定实施修复的；

（五）风险管控、修复活动完成后，未另行委托有关单位对风险管控效果、修复效果进行评估的。

土壤污染责任人或者土地使用权人有前款第三项、第四项规定行为之一，情节严重的，地方人民政府生态环境主管部门或者其他负有土壤污染防治监督管理职责的部门可以将案件移送公安机关，对直接负责的主管人员和其他直接责任人员处五日以上十五日以下的拘留。

第九十五条　违反本法规定，有下列行为之一的，由地方人民政府有关部门责令改正；拒不改正的，处一万元以上五万元以下的罚款：

（一）土壤污染重点监管单位未按照规定将土壤污染防治工作方案报地方人民政府生态环境、工业和信息化主管部门备案的；

（二）土壤污染责任人或者土地使用权人未按照规定将修复方案、效果评估报告报地方人民政府生态环境、农业农村、林业草原主管部门备案的；

（三）土地使用权人未按照规定将土壤污染状况调查报告报地方人民政府生态环境主管部门备案的。

第九十六条　污染土壤造成他人人身或者财产损害的，应当依法承担侵权责任。

土壤污染责任人无法认定，土地使用权人未依照本法规定履行土壤污染风险管控和修复义务，造成他人人身或者财产损害的，应当依法承担侵权责任。

土壤污染引起的民事纠纷，当事人可以向地方人民政府生态环境等主管部门申请调解处理，也可以向人民法院提起诉讼。

第九十七条　污染土壤损害国家利益、社会公共利益的，有关机关和组织可以依照《中华人民共和国环境保护法》《中华人民共和国民事诉讼法》《中华人民共和国行政诉讼法》等法律的规定向人民法院提起诉讼。

第九十八条　违反本法规定，构成违反治安管理行为的，由公安机关依法给予治安管理处罚；构成犯罪的，依法追究刑事责任。

第七章　附　则

第九十九条　本法自 2019 年 1 月 1 日起施行。